一般社団法人 日本エクステリア学会 編著

エクステリアの植栽

基礎からわかる計画・施工・管理・積算

建築資料研究社

出版に寄せて

　日本の住まいには"庭づくり"という伝統があり、造園という名の業種が古くから存在して、日本の住宅の外部空間づくりを担ってきました。しかし、近年、住宅を取り巻く外部住空間は大きく変わったため、従来の"庭づくり"だけでは解決できなくなってきています。住まいの敷地内だけではなく、街づくりや景観など公共的空間や持続的自然環境の視点も加えて住環境を捉える必要が出てきました。

　こうした背景により、総合的に外部環境を捉える"エクステリア"という概念が生まれました。全国の自治体などでも、「街づくり条例」や「景観条例」などの名称で街並み景観や街づくりを意識したエクステリア計画を推進しつつあります。そして、「エクステリア工事」などの名のもとに、全国多数の方々がエクステリア分野に参画し、外部住空間の設計および施工に携わるようになっています。

　しかし、"エクステリア"という言葉が意味するところの理解も含めて、「エクステリア工事」の設計や施工についての確たる拠り所が明確に示されないまま進んでいるのが実情です。したがって、景観や周囲の自然環境との調和を図りながら、同時に住む人の快適で豊かな住環境の向上を実現する"エクステリア"分野の重要性は今ますます高まっており、現在、その設計や施工などにおける基準の整備が急ぎ求められているといえるでしょう。

　以上のような問題意識を持つ有志が集い、「エクステリア品質向上委員会」の名のもとに活動を始め、この委員会活動を前身として2013年4月に「一般社団法人　日本エクステリア学会」が発足しました。日本エクステリア学会では現在、エクステリア業界に関係する多くの人々の参加を募りながら、エクステリア分野における基準の整備やエクステリアについての知識の普及の一環として、技術委員会、品質向上委員会、歴史委員会、製品開発委員会、植栽委員会、製図規格委員会、街並み委員会、国際委員会を組織して活動しています。そして、2014年より活動の成果を順次書籍としてまとめ出版してきました。今回の『エクステリアの植栽』は学会が上梓する書籍として5冊目になります。

　これまでの日本エクステリア学会が上梓した書籍の中には、エクステリアや造園分野に従事し関わってきた、そして、植物や植栽などの研究、エクステリア製品分野の開発などに携わってきた多くの先人・先輩の業績や技術、知見、研究が凝縮されています。技術や知識は一朝一夕には完成できないものであり多くの方が関わる中で常に更新と進歩を繰り返していくものです。今回『エクステリアの植栽』を上梓するにあたっても、改めて多くの先人・先輩に感謝するとともに、私たちが編集した書籍が現在エクステリアに関わる人々に広く資するものであることを願い、またエクステリアの技術や知識の正統な継承やたゆまぬ進歩と発展につながることを期待しています。

　　　　　　　　　　　　　　　　　　　　　　　　　　　　　　　　　　　　　2019年2月吉日
　　　　　　　　　　　　　　　　　　　　　　　　一般社団法人　日本エクステリア学会　理事長　吉田克己

はじめに

　エクステリアの計画、施工、管理では、樹木や植物を扱うことは日常的に行われますが、植栽については従来、樹木の姿や花の色や大きさなど、形や美しさが中心に語られてきたように思われます。しかし、例えば、植物の生理生態や植物を育てる土壌など、植物や植栽のことを十分理解していないために、植物の機能や効果を十全に発揮できていない、樹木が生育障害を起こし病虫害に侵される、周囲の景観や自然環境・植生と調和しない、あるいは、植栽の表現や工事費用が計画者の裁量範囲で曖昧にされているなど、問題と課題を抱えてきました。

　その背景には、従来からの庭づくりが手法的なことが中心であり、人々の日常生活における植物の重要性についての視点が抜け落ちていたのかもしれません。さらに、植栽が計画者の好みの範囲内だけで決められていることも見受けられ、その結果、植物の使い方や表現技法、施工方法、工事費用の積算なども個人の経験だけに頼ってしまっていると感じられることがあります。

　日本エクステリア学会は、これらの曖昧な点を解消し、植物自体が健全に育成しながら人や地域に潤いを与え、快適で美しい景観を創造して欲しい、また、適切な施工方法や、適正な工事費の積算の基準をまとめて明確に示そうと考えて「植栽委員会」を立ち上げ、2015年4月より活動してきました。そして今回、植栽委員会での活動の成果をまとめ、『エクステリアの植栽』として出版することになりました。

　本書は、植物についての基本的な知識の理解からはじめ、植栽計画や施工、植栽の表現方法、植栽に関わる工事費の算出にまでわたる内容となっています。

　エクステリアの設計者・施工者だけでなく、各教育機関などにおいてエクステリアの植栽の教本や参考図書としていただくなど、エクステリアに携わる多くの方々に活用していただき、たくさんのご意見、ご指摘をいただければ幸いと思っています。

　末筆ながら、執筆や編集にご尽力、ご協力いただいた委員各位、出版社の関係者に感謝いたします。

2019年2月
一般社団法人 日本エクステリア学会 植栽委員会

■日本エクステリア学会　植栽委員会

吉田　克己	吉田造園設計工房
松枝　雅子	株式会社 松枝建築計画研究所
大嶋　陽子	株式会社 ペレニアル
碇　　友美	株式会社 ユニマットリック
石原　昌明	有限会社 環境設計工房 プタハ
片岡　愛子	小田急ランドフローラー 株式会社
加藤　美榮子	
林　　好治	有限会社 林庭園設計事務所
菱木　幸子	garden design Frog Space

目次

出版に寄せて ·· 2
はじめに ·· 3

第1章　植物の生理

1-1　植物と土壌 ··· 10
- 1-1-1　土壌の構成
- 1-1-2　土壌の硬さと植物の生育関係
- 1-1-3　植物にとって良い土壌とは

1-2　植物と水 ·· 14
- 1-2-1　植物内における水の循環
- 1-2-2　植物の成長と水
- 1-2-3　植物の体勢維持と水
- 1-2-4　水が運ぶ物質
- 1-2-5　水の上昇の仕組み
- 1-2-6　蒸散による体温調節

1-3　植物と温度 ··· 17
- 1-3-1　耐寒性・耐暑性
- 1-3-2　温度障害
- 1-3-3　植生分布

1-4　植物と栄養 ··· 19
- 1-4-1　植物に必要な栄養素
- 1-4-2　栄養の供給
- 1-4-3　光合成

1-5　植物と大気 ··· 21
- 1-5-1　植物の大気浄化機能
- 1-5-2　大気浄化に適した植物
- 1-5-3　大気汚染に対して抵抗力のある植物

1-6　都市建築空間における植物と風 ············ 24
- 1-6-1　風への対策と植栽方法
- 1-6-2　風に強い植物・樹木
- 1-6-3　風に強い植栽方法

1-7　植物と光 ·· 27
- 1-7-1　光合成
- 1-7-2　日照と明るさ
- 1-7-3　陽性植物と陰性植物

第2章　植物の生態

2-1　樹木の形状寸法と区分 ·························· 32
- 2-1-1　形状寸法区分の考え方
- 2-1-2　自然のあり方での区分

2-2　樹形 ·· 32
- 2-2-1　自然樹形
- 2-2-2　人工樹形
- 2-2-3　植栽樹木の形状寸法
- 2-2-4　その他の特殊樹木の形状表示
- 2-2-5　樹木の形状寸法の表示（植栽リスト例）

2-3　分類（形態・性質・意匠） ························ 36
- 2-3-1　樹木の形態による分類
- 2-3-2　草花の形態による分類
- 2-3-3　樹木・草花の性質による分類
- 2-3-4　意匠による分類

2-4　植生 ·· 46
- 2-4-1　自然植生と代償植生
- 2-4-2　植生の遷移

2-5　根の役割・特性 ····································· 48
- 2-5-1　根の働き
- 2-5-2　根の色と成分
- 2-5-3　根のタイプ
- 2-5-4　様々な根
- 2-5-5　根の形態

第3章　植栽の機能と効果

3-1　植栽と騒音 ··· 54
- 3-1-1　騒音の基準と植栽による低減効果
- 3-1-2　植栽の物理的効果
- 3-1-3　自然の音で騒音を包み込む効果

3-2　植栽と遮光 ··· 55
- 3-2-1　落葉樹と常緑樹の遮光
- 3-2-2　樹冠の粗密と遮光
- 3-2-3　樹冠の高さと遮光
- 3-2-4　植栽による日照量のコントロール

3-3　植栽と大気浄化 ····································· 57
- 3-3-1　植物による大気汚染物質吸収能力
- 3-3-2　大気汚染への耐性と浄化能力

3-4　植栽と防火 ··· 59
- 3-4-1　樹木の延焼抑制機能
- 3-4-2　防火用としての植栽配置計画

3-5　植栽と気温緩和 ····································· 61
- 3-5-1　ヒートアイランドの要因
- 2-5-2　夏の熱帯夜などの気温緩和と植栽

3-6　植栽と防風 ··· 62
- 3-6-1　住宅の防風樹林

3-6-2　ランドスケープからみた防風樹林
3-6-3　防風樹林の構成と防風効果
3-7　植栽と防潮 …………………………… 64
3-7-1　防潮林の効果
3-7-2　耐潮性の強い植物
3-8　植栽と防雪 …………………………… 64
3-8-1　雪害の問題点
3-8-2　雪害への対応
3-9　植栽による遮蔽 ……………………… 65
3-9-1　敷地と道路、隣地との遮蔽
3-9-2　敷地内での隔離
3-9-3　植栽遮蔽の特性
3-9-4　遮蔽のための配植
3-9-5　生垣による遮蔽
3-10　植栽と景観 …………………………… 68
3-10-1　景観をつくる機能的な植栽
3-10-2　景観をつくる植栽のデザイン的要素

第4章　樹種の選定

4-1　樹木の機能と効果 …………………… 72
4-1-1　遮光
4-1-2　目隠し
4-1-3　防草
4-1-4　防風
4-1-5　防音
4-1-6　防火
4-2　植栽地の適応性 ……………………… 76
4-2-1　環境
4-2-2　気候
4-2-3　立地
4-3　樹木の性質 …………………………… 78
4-3-1　樹高による分類
4-3-2　葉の形状による分類
4-3-3　葉の更新と冬季の状態による分類
4-3-4　気温耐性による分類
4-3-5　科目と属目による分類
4-4　生態系と在来種、外来種の関係 …… 79
4-4-1　在来種の織りなす生態系
4-4-2　外来種とその生育環境
4-5　不適切な樹木 ………………………… 80
4-5-1　成長速度による弊害とその違い
4-5-2　樹形別の成長とともに現れる弊害
4-5-3　維持管理に不適切な樹木とその特徴
4-6　樹高による樹木の組み合わせ ……… 81
4-6-1　高木の割合
4-6-2　中木の割合
4-6-3　低木の割合
4-6-4　ツル植物の割合
4-7　樹形による選定 ……………………… 82
4-7-1　基本的な樹形の特徴
4-7-2　環境によって変化する樹形
4-8　常緑樹と落葉樹の選定 ……………… 84
4-8-1　常緑樹の特徴と利点
4-8-2　落葉樹の特徴と利点
4-8-3　常緑樹と落葉樹の選定比率

第5章　配植の手法

5-1　植栽の目的 …………………………… 86
5-1-1　街並みや地域の住環境の美観向上
5-1-2　快適生活空間をつくる
5-1-3　自然環境調節機能
5-1-4　居住環境向上機能
5-1-5　視覚環境調節機能
5-1-6　住環境安全機能
5-2　植栽方法の分類と計画 ……………… 87
5-2-1　単植と群植（寄せ植え）
5-2-2　植栽デザインの平面計画
5-2-3　植栽デザインの立面計画
5-2-4　庭園の配植によるデザイン形式
5-2-5　植栽による空間強調の手法
5-3　機能別・目的別の植栽方法 ………… 94
5-3-1　目隠しをする（遮蔽植栽・目隠し植栽）
5-3-2　癒やし効果への期待
5-3-3　空間をつくる・囲う・仕切る
5-3-4　環境向上を目的とした機能と効果
5-4　敷地の接道条件による留意事項 …… 97
5-4-1　南側道路に面する敷地
5-4-2　北側道路に面する敷地
5-4-3　西側道路に面する敷地
5-5　ゾーン別の植栽方法 ………………… 99
5-5-1　門廻りの植栽
5-5-2　アプローチの植栽
5-5-3　駐車スペースの植栽
5-5-4　境界の植栽

5-5-5　主庭の植栽
　5-5-6　中庭や機能庭の植栽
5-6　建物の内部空間と植栽 …………… 112
　5-6-1　地窓前の植栽
　5-6-2　テラス戸から楽しむ植栽
　5-6-3　腰窓から楽しむ植栽
　5-6-4　高窓や小窓から楽しむ植栽

第6章　植栽と調和

6-1　素材と植栽 …………………………… 118
　6-1-1　レンガと植栽
　6-1-2　石材と植栽
　6-1-3　タイルと植栽
　6-1-4　木材と植栽
　6-1-5　コンクリート（製品）と植栽
　6-1-6　金属と植栽
　6-1-7　その他の製品と植栽

6-2　構築物と植物 ………………………… 124
　6-2-1　門廻りと植栽
　6-2-2　パーゴラ・アーチと植栽
　6-2-3　テラスと植栽
　6-2-4　あずまやと植栽
　6-2-5　フェンスと植栽
　6-2-6　壁・塀と植栽
　6-2-7　花壇と植栽
　6-2-8　園路と植栽
　6-2-9　水場と植栽
　6-2-10　階段と植栽
　6-2-11　その他の構築物と植栽

6-3　庭園添景物と植栽 …………………… 132
　6-3-1　和風の風景をつくる樹種・樹形・下草
　6-3-2　和風庭園のしつらえ・添景物
　6-3-3　洋風の風景をつくる樹種・樹形・下草
　6-3-4　洋風庭園のしつらえ・添景物

第7章　植栽の施工

7-1　植物の手配 …………………………… 140
　7-1-1　植物材料の拾い出しと整理
　7-1-2　材料の発注と引き取り（荷受け）
　7-1-3　運搬と品質の確認
　7-1-4　材料の仕入れ方と流通

7-2　植物の栽培 …………………………… 141
　7-2-1　地植え栽培
　7-2-2　ポット、鉢植え栽培
　7-2-3　ポット栽培と地植え栽培の比較
　7-2-4　植物の商品価値

7-3　植物の移植、技法 …………………… 144
　7-3-1　掘り取り（掘り上げ）
　7-3-2　根巻き（案行巻き）
　7-3-3　根巻き（ミカン巻き）
　7-3-4　タル巻き

7-4　植物の植え付け ……………………… 150
　7-4-1　振るい鉢の植え付け
　7-4-2　ポット物の植え付け
　7-4-3　根巻き物の植え付け
　7-4-4　土壌改良と養生
　7-4-5　自然、野趣的な植栽の場合
　7-4-6　仕上げと確認

7-5　植え付け後の管理 …………………… 154
　7-5-1　灌水と活着
　7-5-2　支柱や幹巻きを外す時期
　7-5-3　土壌管理と活着の観察
　7-5-4　剪定、整姿管理と庭づくりの意識
　7-5-5　病害虫への対応
　7-5-6　健康な植物の育て方と環境

第8章　植栽の管理

8-1　樹木の剪定と整姿 …………………… 160
　8-1-1　剪定時期
　8-1-2　切除すべき枝と種類
　8-1-3　剪定方法、生垣の刈り込み

8-2　その他の樹木管理 …………………… 166
　8-2-1　灌水
　8-2-2　施肥
　8-2-3　エアレーション
　8-2-4　防寒・防雪
　8-2-5　樹木保護としての支柱
　8-2-6　移植の時期、作業方法、注意点

8-3　草花の管理 …………………………… 167
　8-3-1　灌水
　8-3-2　花柄摘みと切り戻し
　8-3-3　追肥
　8-3-4　補植

8-3-5　植え替え
8-3-6　除草
8-3-7　病害虫防除

8-4　芝生の管理 …………………… 173
8-4-1　主なシバの種類
8-4-2　芝刈り機とシバ管理のための道具類
8-4-3　芝生の年間管理の基本

8-5　病害虫の予防 …………………… 177
8-5-1　薬剤を使わずに防除する方法
8-5-2　薬剤による防除
8-5-3　主な病気の予防と防除
8-5-4　主な害虫の防除
8-5-5　農薬散布の仕方

8-6　施肥 …………………………… 181
8-6-1　三大栄養素
8-6-2　肥料の種類
8-6-3　肥料の特徴と効果
8-6-4　施肥の種類と施肥方法

8-7　土壌改良 ……………………… 183
8-7-1　土の観察
8-7-2　主な土壌改良材
8-7-3　土壌改良時期
8-7-4　天地返し

第9章　植栽の表現

9-1　図面の用途による植栽の描き方 ……… 188
9-1-1　提案図書での植栽表現
9-1-2　設計図書用の植栽表現

9-2　樹木の描き方 …………………… 193
9-2-1　高木、中木、低木の表現
9-2-2　常緑樹と落葉樹の区分
9-2-3　針葉樹と広葉樹の区分
9-2-4　特殊樹木の表現
9-2-5　下草・灌木の表現
9-2-6　地被植物の表現
9-2-7　生垣の表現

9-3　樹木の形状寸法の書き方 ……… 196
9-4　植栽の位置の表し方 …………… 197
9-5　植栽計画図（設計図書用）参考例 ……… 197

第10章　植栽の積算

10-1　適用範囲 ……………………… 200
10-2　用語の定義 …………………… 200
10-3　樹姿と樹勢の品質規格 ……… 200
10-3-1　樹姿
10-3-2　樹勢
10-3-3　地被類の材料

10-4　直接工事費の算出方法 ……… 201
10-5　施工歩掛り …………………… 202
10-5-1　工種
10-5-2　植栽工
10-5-3　植穴
10-5-4　客土と土壌改良

10-6　樹木の支柱設置 ……………… 209
10-6-1　樹木の支柱設置施工
10-6-2　支柱材料
10-6-3　施工歩掛り表

10-7　移植工 ………………………… 217
10-7-1　掘取り工
10-7-2　掘取り工歩掛り表
10-7-3　幹巻き
10-7-4　幹巻き歩掛り表
10-7-5　樹木運搬工
10-7-6　運搬歩掛り表

10-8　地被類植付け工 ……………… 221
10-8-1　シバの植付け施工
10-8-2　シバ類の品質規格
10-8-3　シバ張りの歩掛り表
10-8-4　その他の地被類植付け工
10-8-5　その他の地被類の植付け歩掛り表

10-9　樹木整枝工 …………………… 223
10-9-1　材料
10-9-2　発生材の処理
10-9-3　高中木剪定・整枝工
10-9-4　軽剪定
10-9-5　低木剪定・整枝工
10-9-6　除草工

引用・参考文献 ………………………… 238

第1章　植物の生理

　植物は何年にもわたって生育を続けるものだが、この間、毎年同様な生理的な活動を行っている。植物は、土の中の水分や栄養分を根を通して吸収し、呼吸によって空気中からは酸素を吸収し、光によって光合成を行う。光合成では、葉を通して二酸化炭素を吸収し、酸素を排出している。植物の生育にはその他にも、気温や土壌の状況、風、水など生育に大きく関わる要素がある。本章では土壌や水などの植物の生育にとって必要な要素についての基本的知識を、植物の生理と関係づけながらみていく。

第1章　植物の生理

1-1　植物と土壌

「土壌」とは『広辞苑』（第7版、新村出編、岩波書店、2018）によると「陸地の表面にあって、光・温度・降水など外囲の条件が整えば植物の生育を支えることができるもの。岩石の風化物や堆積物を母材として生成される。生態系の要をなし、植物を初めとする陸上生物を養うとともに、落葉や動物の遺体などを分解して元素の正常な生物地球化学的循環を司る。大気・水とともに環境構成要素の一つ」と説明されている。

土壌と土は区別して使われることが一般的である。地殻中のマグマが地表に噴出し、冷やされて岩石になり、雨水などの影響で崩落し、風化して細かくなった物を土と呼んでいる。この土が微生物や植物の働きで植物育成に適した物になったのが土壌である。土壌ができたのは4〜5億年前と推定されていて、生態系の要をなし、植物の生育を支えている。

1-1-1　土壌の構成

土壌は土粒子と粒子間の隙間にある水と空気の三相で構成されている。粒子の部分は「固相」というが、粒子間にある孔隙のうち水で満たされた部分を「液相」、空気で満たされた部分を「気相」と呼び、三相構造になっている。土＋有機物＋無機物である固相と空気の気相、水の液相の三相の分布状況がどのような割合になっているかにより土壌の性質が異なる。

植物にとって三相分布の好ましい割合をその構成比で見ると、気相と液相である空気と水が合わせて過半を占め、固相である土は全体の40％程度の比率になっている状態であるといわれている（図1-1）。

土壌の固相である土粒子は、粒子の大きさで分類され、「粘土」が一番細かく→「シルト」（微砂）→「細砂」→「粗砂」→「礫」の順に粒径が大きくなる。

植物の生育に好ましい土性は粘土含量25.0〜37.4％の土壌といわれている（表1-1）。

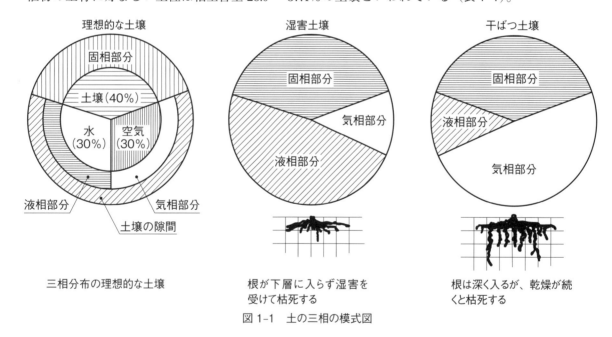

図1-1　土の三相の模式図

表1-1　砂と粘土含量で分類した土性の特性表（日本農学会法）

土壌	略記号	粘土含量	土性
砂土	S	12.4％以下	排水が良すぎ保水力、保肥力に欠ける
砂壌土	SL	12.5〜24.9％	保水力があり、排水性良好
壌土	L	25.0〜37.4％	排水、通気、保水力が適度にある
埴壌土	CL	37.5〜49.9％	重い、保水力が強い、排水性不良
埴土	C	50.0％以上	粘りがあり重く、排水や通気に欠ける。肥料分解が遅い

1-1-2 土壌の硬さと植物の生育関係

土壌の硬度は、土壌硬度計により計測する（図1-2）。山中式硬度計では、一定の力のスプリングで計測筒に支えられた円錐状の金属棒を土に差して、計測筒の動きの量（mm）で土の硬さを示す。土が軟らかければ計測筒の動きは少なく（例えば10mm、力が小さくても差し込める）、硬ければ計測筒の動きが大きくなる（例えば30mm、強い力をかけなければ差し込めない）。

土壌硬度と植物の生育の関係を表1-2に、感触による土性の調べ方を表1-3に示す。

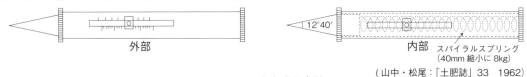

図1-2　山中式硬度計

（山中・松尾：「土肥誌」33　1962）

表1-2　土壌の硬度と植物の生育関係

土壌の硬度	植物の生育状況
10mm未満	乾燥のため発芽、活着不良になる。定着した植物の生育は良好
10～25mm	地上部、地下部とも生育は良好。樹木の植栽は可能
23～30mm	根茎の伸長が妨げられる。樹種植栽は不適
30mm以上	根茎の伸長は不可能である
軟岩・硬岩	根茎の伸長は困難であるが、岩に節理がある場合は根茎の伸長が可能

表1-3　感触による土性の調べ方

粘土と砂土との割合の感じ方	サラサラとほとんど砂の感じ	大部分が砂の感じでわずかに粘土を感じる	砂と粘土が半々の感じ	大部分が粘土の感じでわずかに砂を感じる	ほとんど砂を感じずヌルヌルとした粘土の感じ強い
分析による粘土	12.4%以下	12.5～24.9%以下	25.0～37.4%以下	37.5～49.9%以下	50.0%以上
記号	S	SL	L	CL	C
区分	砂土	砂壌土	壌土	埴壌土	埴土
簡易な判定法	箸にも棒にもならない	棒にはできない	鉛筆ぐらいの太さにできる	マッチ棒くらいの太さにできる	こよりのように細くなる

「土壌診断なるほどガイド」（JA全農、2008）を一部改変

1-1-3 植物にとって良い土壌とは

植物が良く育つためには、根の健全な働きが必要となる。そのためには、土の状態が根にとって快適でなければならない（図1-3）。植物にとって快適な土壌の条件を、物理的性質、化学的性質などから整理してみる。

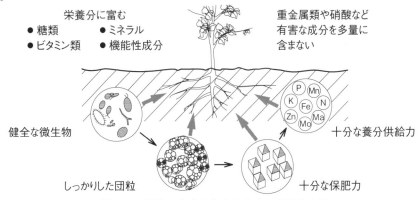

図1-3　植物の十分な生育のために必要な土壌

A 土壌の物理的性質と植物

土壌の物理的性質には、透水性、通気性、排水性、保水性、土壌の緻密性・硬度などが挙げられる。土壌の緻密性・硬度については、前述した（1-1-2 土壌の硬さと植物の生育関係）。

透水性、通気性、排水性、保水性は、別々の要素のようでもあるが、実は土壌の粒子の大きさや詰まり方と深い関係がある。

土壌の粒の間の空隙(すきま)は、詰まり方に関係する。同じ重さの土でも、ふわっと箱に入れた場合と、箱を叩いて密実に入れた場合、ぎゅっと押し詰めた場合では、全体の容積（嵩）は違ってくる。逆に言えば、ふわっと入れた場合は空隙（孔隙）が多く、ぎゅっと詰めた場合は空隙（孔隙）が少ない。全体の容積に対する空隙（孔隙）の割合を孔隙率という。

土壌粒子の配列と孔隙率の関係をモデル的に示したのが図1-4である。

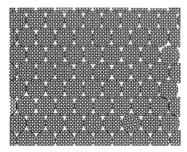
単粒（斜列）孔隙率25.95%

単粒（正列）孔隙率47.64%

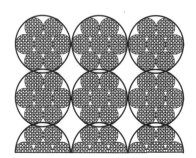
団粒構造（孔隙率61.22%）

図1-4　土壌粒子の配列と孔隙率

この図からもわかるように、孔隙率を高くするために重要なことは、土壌を団粒構造にしていくことである。そのためには、耕起が大切であり、さらに、腐植土を混和することで物理的な団粒化や土中生物による団粒化が促進される。

この土壌の中の空隙（孔隙）は、通常は空気が入っているので、孔隙率が高いということは通気性を担保するうえで重要となる。

空隙（孔隙）のある土壌に水を注いでいけば、水が空気と入れ替わってゆく。

最初に入ってきた水は、まず土壌粒子の表面に吸着される（吸着水）。吸着水は粒子の表面に強力に吸着している水分なので、植物が利用することはできない。

全ての土壌粒子が吸着水で被われると、その後に入ってきた水は吸着水に表面張力で張り付く（毛管水）。この毛管水は植物に利用しやすい状態であり、土壌中に長く留まることができ、土壌の保水力となる。

水分量が、吸着水と毛管水として土壌に留まることができる水分量を超えた場合は、土壌中の空気と水分が入れ替わって空隙（孔隙）を埋めて行くが、吸着されないので、鉢植えの場合は底の穴から重力で流出してしまう（重力水）。

このように、土壌の中に存在する水分は、土壌粒子との結合状態によって、吸着水、毛管水、重力水の三種類に分類される（図1-5）。

土壌中の吸着水の量は、土壌粒子の表面積に比例すると考えてよい。同じ量の土でも、土壌粒子が細かいほど表面積は大きくなり、吸着される水（吸着水）の量も大きくなる。

つまり、土壌粒子が細かい粘土性の土では吸着された水分は脱落しにくいため、毛管水を含めて

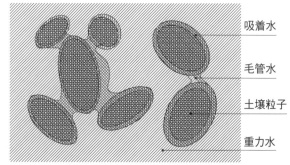
図1-5　土壌中の水分の三分類

土中に占める水分量が多い状態で保たれ、保水性は高く、排水性が悪いという性質を持つ。

一方、土壌粒子が大きい砂質土では、土粒子の表面積が小さく、吸着される水（吸着水）の量が少ないので、毛管水の量も少なく、土中に入った水分の多くが重力水となるので、保水性が低く、排水性が良いという性質になる。

B 土壌の化学的性質と植物

植栽に適する土壌の化学的性質は、酸性度（アルカリ性度）と保肥力が問われる。

①酸性度（アルカリ性度）

一般に、水に溶けて水素イオンを生ずるものを酸、水酸化イオンを生ずるものを塩基（アルカリ）といい、酸としての強さを酸性度、塩基としての強さをアルカリ性度という。酸性度・アルカリ性度は、水素イオン指数（pH）で示される。通常、最も酸性度が強いpH＝0から最もアルカリ性度が強いpH＝14までの範囲で示され、中性はpH＝7となる。

土壌には、様々な酸性度を示すものがあるが、植物の生育にとっては、pH＝4～7くらいがよいとされ、4以下、8以上はよくないとされている。

土壌のpHを測定するには、土壌を蒸留水に溶かして、リトマス試験紙を使用する。

②保肥力

肥料成分を保持する力を保肥力という。植物に必要な肥料成分は、窒素（N）、リン酸（P）、カリウム（K）を三大要素といい、カルシウム（Ca）、マグネシウム（Mg）を加えて5大要素という。さらに、銅、亜鉛などを含む17元素を必須元素という。これらの肥料成分の多くは、水に溶けると陽イオン（K^+、Ca^+、NH^+、Mg^+など）になる。

一方、土壌中の粘土や腐植はマイナスに荷電しているので、陽イオンを引きつける力がある。この力は、一定量の土壌が保持できる陽イオンの量を表す陽イオン交換容量（Cation Exchange Capacity、CEC）で測定され、単位は$cmol(+)\cdot kg^{-1}$で表される。CECが大きい土ほど肥料成分を引きつける力が大きい土、すなわち保肥力のある土ということができる（図1-6、表1-4）。

C 土壌の生物的性質と植物

土壌は、岩石が破砕されて細かくなってできる砂から粘土にいたる無機物としての土壌粒子のほかに、生物由来の物質（有機物）が含まれる。

土壌中には、モグラやミミズ、昆虫、ダニなどの土壌動物や微生物が生きていて、枯れ葉や枯れ枝、倒伏した植物を食物とし、分解して、腐植として土壌の構成物質を生みだしている。人為的に施される腐葉土なども土壌構成物質に含まれる。

D 土壌生物と植物

土壌の隙間にある空気や水のなかには沢山の土壌生物が棲息している。こうした生物が土壌の浄化作用をしたり、土壌の鉱物の溶解、腐植の生成など土を土壌化する作用をしている。

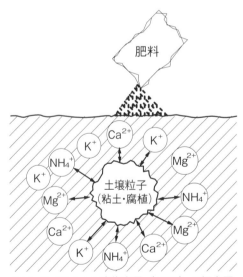

図1-6 陽イオン交換容量（CEC）の概念図

表1-4 土壌のCEC

土壌の種類	CEC [$cmol(+)\cdot kg^{-1}$]
砂丘未熟土	5～6程度
灰色低地土	10～20程度
黒ボク土	20～50程度
褐色森林土	20程度
ラテライト	5以下

1-2　植物と水

植物は、約35億年前に海で誕生し、その後長い間海の中を生活の場としてきた。植物にとって水というものは、生活をする場所であり、命の源であり、子孫を残すための場所だった。そして、現在のように地上へとその生活の場所を変えてからもなお、植物にとって水はなくてはならないものであり、欠かすことのできないものである。

植物の体は、細胞でできており、この細胞の原形質という水のたくさんつまっている部分は、根から吸い上げた水が元であり、水がなくなると細胞は干乾び、当然植物は枯れてしまう。

植物の葉は、太陽の光をエネルギーにして、根から吸い上げた水と二酸化炭素（CO_2）から栄養分をつくり、植物体を成長させる。また、植物の根が土中の水に溶けている養分を吸収することで、植物は生育している。水に溶けていない養分は根から吸い上げることができない。

つまり、水がないと、葉は栄養をつくることができず、根から養分を吸い上げることもできないため、植物は枯れてしまう。このように水は重要な働きをし、植物にとって不可欠である。

1-2-1　植物内における水の循環

植物は、地中の水分を、根から吸い上げる。植物の根は、土の中を掘り進みながら成長していき、植物の体を支えると同時に、水を吸収する働きもしている。根には、細い毛のような根毛が生えていて、主にここから水を取り込み、根毛を伸ばすことで、土から水を吸収する表面積は広がる。

取り込まれた水は、細胞から細胞へと受け渡されて根の中心に集まり、茎へと送られる。根が吸い上げた水は、植物の体を潤しながら、木の幹や草花の茎の中の管（＝道管）を通って、上へ、葉の方へと上がっていく。葉に届いた水は、葉脈を通って葉も潤し、葉で蒸散する（図1-7）。

また、葉では、光合成が行われ、水はそれにも使われる。植物は太陽などからの光のエネルギーを使って、二酸化炭素（CO_2）と水（H_2O）から、酸素（O_2）と炭水化物（糖やデンプンなど）をつくだす。炭水化物は植物の栄養のもととなり、木の幹や草花の茎の中の管（＝師管）を通って、今度は上から下へ、根の方へと下がっていく。そうして、栄養は植物の体に行きわたり、最後は根まで届くことになる。管の中での栄養は水に溶けており、水が栄養を運ぶ役目をしている。

このように、水は植物の体を潤し、栄養を与えながら、植物の体をグルグルとめぐっている。

「良い根」とは、水を求めて伸びて行った根のことであり、少しの水分も無駄にせず吸収できる。よく張った根は、植物体を自立させ、効率よく水や養分を吸収する。根の張っていない植物は、不安定で自立しにくくて倒れたり、必要な水を吸収できずに軟弱になってしまう。しかし、必要以上に水を与えると、水を求めることを怠り、根はほとんど伸びることはなく、株は不健康になっていく。適切な灌水があれば根は水を求めてよく伸び続け、株が健全に保たれる。

多肉植物においては、根から吸収した水分を体内に貯水する機能があるため、乾燥に強く、他の植物よりも水が少なくても生きられる仕組みを持っている。「多肉だから乾燥が好き」なのではなく、多肉にはそういう機能が備わっている。

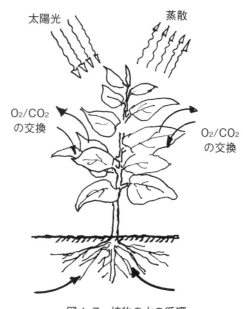

図1-7　植物の水の循環

1-2-2　植物の成長と水

植物は空気中の二酸化炭素（CO_2）を吸収し、光合成により酸素（O_2）を放出するとともに糖分をつくり、それをもとにして体を構成する様々な物質を合成していく。光合成の際、水は原料として不可欠なものである。

植物にとって水は、「生命維持」のために必要で、植物の細胞単位で水が存在し、水が枯れれば、細胞も枯れて死ぬことになり、一度死んだ細胞は、再び水を与えても生き返ることはない。成長するときには細胞も増える状態であり、水分で構成された細胞を増やすためには、水が必要である。

水は根から吸収されて葉から蒸散するまでの間に、植物の体内をめぐり続けるので、水が供給されることが重要となる。この供給が維持されない場合、つまり植物が必要とする水分が適度に補給されない場合、葉から水分が蒸散されて、細胞や組織に蓄えられた水分を使い果たしてしまい、細胞は萎びて再起不能になる。

1-2-3　植物の体勢維持と水

茎や葉の柔らかい植物でもしっかりと体を支えていられるのは、植物の体の9割前後が水で占められていることと関係している。植物の個々の細胞は外部から水を吸収することで自ら膨れようとし、その時周りの細胞を圧迫しようとする力が働く。植物体全体にその力が働くことで体勢が維持できることになる。

そのため、水が不足すればその力が小さくなって空気の抜けたようになり、しおれてしまう（図1-8）。

植物が、いつも生き生きとした姿勢を保ち続けていられるのは、植物の細胞に膨圧が働いているからだ。膨圧は浸透圧に対抗して細胞の内部から外に向かって働く圧力で、その原動力は水である。細胞内の水が不足すると膨圧が低下し、植物はしおれの症状を見せ始める（図1-9）。

植物は根を張り、自らの体を支えるとともに、根毛から水を取り込み、茎や葉へ水を運んでいる。その水の通り道を「道管」と呼び、その吸い上げる力として「根圧」「毛細管現象」「凝集力」「葉の気孔で行われる蒸散」の4つの力が関わっている。

植物の水を吸収する速度が葉からの蒸散の速度に追いつかずに、体内の水分が一時的に不足してしまうと、「しおれ症状」が見られる。草花のように小さい苗ほどすぐしおれて下を向きやすいが、これは急性のいわば一時的な状態であって、気温

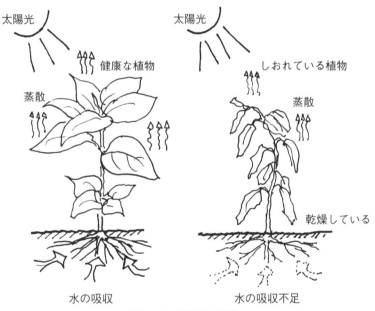

図1-8　植物体の維持

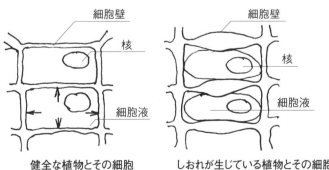

健全な植物とその細胞
膨圧により細胞の堅固性が保たれている

しおれが生じている植物とその細胞
膨圧の低下により構造強度が失われる

図1-9　植物の細胞と水分量の関係

の下降とともにすぐに回復する。もし夜になっても
しおれが回復しない場合は、植物が慢性的に水分ス
トレスを受けている可能性がある。

しおれには、日中に起こり夜に回復する一時的な
しおれと、乾燥が続き給水されないことで生じる慢
性のしおれがある。

水分ストレスには、過剰な水と酸素不足によるも
のと、水不足と過剰な酸素によるものの2つがあり、
どちらも水が植物の細胞まで上手く運ばれていない
状態である。後者は水をたっぷりと与えれば治るが、
前者、つまり土壌は湿っているのに植物がしおれて
いる場合は、根の周りの土をつついて土中に空気を
入れるようにする。

水は、私たち人間と同様、植物にとっても生死を
握るとても重要なものである。植物は、生命の静
止状態である種子の時には、全体の5～20％しか
水分を含まないが、生きている植物体では、その
80％～90％は水からできている（図1-10）。そして、
この水がわずかに減ってもその形態を維持できなく
なる。それがしおれ症状である。

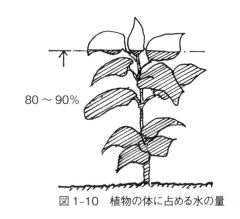
図1-10 植物の体に占める水の量

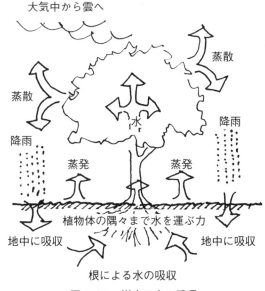
図1-11 樹木の水の循環

1-2-4 水が運ぶ物質

水は大地と大気の間を循環しているが、その一部は植物を通しても循環している。

水は根から吸収されると、道管を通り、茎や葉、花など体の隅々の細胞まで運ばれて行く。そして、細胞を正常に保ち、光合成の材料に使われた後、余分な水は体内から放出される。窒素（N）やカリウム（K）などの生育に必要な成分は、土壌中から水に溶けた状態で根から吸収されて、植物体の隅々まで運ばれて行く。そして、植物体をつくるのに必要な成分の合成や分解も、水に溶けた状態で初めて可能となる。循環の原動力は太陽エネルギー、そして根から水を上昇させる主な力は蒸散といわれている（図1-11）。

水の役割として、光合成のときに必要な水素（H）の供給や、土の中に溶け込んだ養分を溶かして根から吸収させたり、また、体内を移動しながら細胞に養分を運ぶことが挙げられる。植物が根から吸収する水には、土中に溶け込んだ養分が混じっており、それを一緒に吸収して、葉まで運搬することで光合成に水が利用される。光合成でつくりだした栄養分（ショ糖、果糖、デンプンなど）などの成長に不可欠なエネルギー成分もまた、この水が成長点まで運搬することになる。逆に、光合成するときに「水」が不足すれば、水素の供給もなく、また養分の運搬が効率的に行われなくなるので、植物は成長が鈍り、新鮮な養分や酸素を含んだ水までもが細胞に行き渡らなくなって、株が老化してしまう。

1-2-5 水の上昇の仕組み

樹木が高い梢まで水を上げる仕組みはどのようになっているのだろうか？ 従来から様々な説が提唱され、議論されてきたが、いまだ十分に解明されていないようである。

大気中は1気圧であるので、水は約1.0mしか上昇することはできないが、100mを超えるような樹

木の先端にまで水が運ばれる仕組みは、樹木の葉の中にある細胞の「浸透圧」といわれている。浸透圧の高まりにより、細胞間の浸透圧に勾配が生じ、葉の道管から水が引き出され、細胞間を移動し、道管内に負の圧力が生じて水を引き上げようとする力が生じると説明されている。この浸透圧は樹木の葉からの蒸散によって葉の中の細胞が水を失い、細胞溶液の濃度が高まり、浸透圧が上昇することによって引き起こされる。さらに道管内の水は、水の分子同士の凝集力が働くために、道管内に水の柱ができて、水柱全体が引き上げられることになる。

葉の中の道管内の水が引き上げられることによって、根の道管内にも負の圧力が働くことになる。また根には、根の外から内側への浸透圧の差によって根圧が生じており、土壌中の水が根の表皮細胞から吸収され道管に達する。

したがって、水が引き上げられる原動力は、葉から水が蒸散する時に生じる吸引力に起因し、水が空気中に蒸発する時の圧力差が道管内の水柱を引き上げると考えられている。

1-2-6 蒸散による体温調節

植物体の「体温調節」も水の役割の一つである。植物は、葉から水分を蒸散させることで体温を調節する。蒸散によって葉の水分が水蒸気に変わる際に、多くの熱が失われることで葉の温度を下げるというのが、その仕組みである。そのため、夏の日中、直射日光のもとでは、石の表面が手で触れないほど熱くなるのに、隣の植物はそこまで熱くならず、葉焼けすることなく正常に育つことができる。水が不足したら、蒸散作用がうまく機能しないため、体温調節ができなくなり、体温が上昇して細胞が死ぬことにもなる。

植物の葉に現れる「葉焼け」には幾つかの要因があるが、水は大きな要因の一つであり、水が不足して体温調節ができないことは、生命維持だけではなく、光合成にも悪影響がでてくるし、葉焼けなどにも関係してくる。

ただし、蒸散作用による体温調整だけでは植物体の温度を下げられない場合、それが葉焼けの原因になることもある。水が十分に与えてあっても、その植物に適した温度を超過した場合には、吸収と蒸散のバランスが悪くなって、害が出る。植物が葉焼けを起こしてしまったとき、「日差しが強すぎるからだ」と考えるが、実は光の量よりも通気が悪くて周辺が高温になってしまい、体温調節が必要なのに、それに必要な水分が供給されなかったりすることが原因であることも多い。

1-3　植物と温度

植物が生育するために温度は非常に重要な要素の一つである。

温度が上昇すると植物は生育するが、温度が上昇しすぎると生育が悪くなる、あるいは生育が止まり、高温により枯れてしまう。反対に温度が低下すると生育が抑制され、さらに下がると生育停止、温度低下に耐えられず枯死することもある。

植物は葉で光合成し養分をつくるが、同時に呼吸もしている。光合成はある一定の高温状態までは活発だが、温度が上昇しすぎると停止し、呼吸量が増加するために衰弱してしまう（図1-12）。植物はCO_2を吸収するが（真の光合成）、呼吸により植物がCO_2を排出するために、見かけの光合成（実際

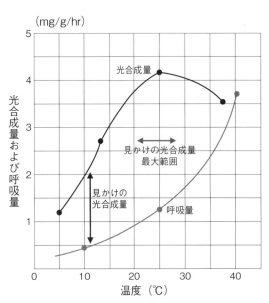

図1-12　植物の光合成量・呼吸量に及ぼす温度の影響

のCO_2消費量）は、真の光合成より数値が小さくなる。温度が上がることにより25℃を境に光合成量は停止してCO_2排出量が増えるので、見かけの光合成の減少が顕著に表れる。特に夏の夜間の高温は非常に植物を弱らせ、生育に大きく影響する。

1-3-1 耐寒性・耐暑性

植物の生育適温は種類によって違うが、多くは15～25℃が適温で生育良好となる。しかし、それぞれの植物の原産地によって生育適温は違うので、原産地の気候を調べることで目安とすることができる。植物には寒さや暑さに耐えられる限界があり、これを耐寒性、耐暑性という。その程度は原産地の温度環境による。

- 耐寒性……寒さに対する強さの度合い。
- 耐暑性……暑さに対する強さの度合い。

原産地の気候条件と植栽予定地の気候条件を照合し、温度環境に大きな差がないように注意しなければならない。

耐寒性の強い植物は秋から冬にかけて落葉あるいは地上部を枯らし、根が越冬する。この場合、地下部分の根は休眠状態となって温度低下に適応して生存し（冬季の自然低温により一時的に生育が停止）、春の温度上昇によって生育を再び開始する。このような植物を、草花の場合には宿根草と呼ぶ。また、寒さによって地際で葉が密集した状態で生育しないことをロゼットという。

原産地の気候による植物の生育適温は次のようになる。

- 熱帯・亜熱帯原産……25～30℃。5℃以下で寒害。
- 温帯原産……15～25℃。
- 亜寒帯・寒帯……10～15℃。25℃以上で高温障害。

1-3-2 温度障害

植物は生育に適さない低温や高温により生育を停止し、温度障害を受ける。気象、天候による植物の被害として凍害、冷害、寒風害、霜害、晩霜害などが挙げられる。

植物は一定温度よりも1年で周期的に温度変化する方が生育や開花が順調なことが多く、これは原産地の気候の影響によるもので、これを温周性と呼ぶ。特に、宿根草、球根、花木類は一年を通した温度変化である年温周性が強く影響している。

植栽後の急激な温度上昇により新芽や葉がしおれて生育不良となったり、最悪の場合は枯死することもある。土壌部分に灌水して水分補給するなどの対処では回復しない場合、その植物の生育限界を超える温度となっていることが原因であることも多い。一時的に昼間の直射日光や温度上昇で弱ることはあっても、夜に温度が下がれば回復する場合も多いが、一般的に草花類は衰弱しやすいので、気温が下がったら十分な灌水（葉水をかけるのも良い）で植物体内の水分を補い回復を促す。そうしたことを避けるためにも温度環境、生育環境に適した植物選びは重要となる。

1-3-3 植生分布

植物の生育する環境要因の一つに気候的要因があり、中でも温度は日本の植生分布に大きな影響を与えている。日本列島は四季の変化に富み、年間を通じて温暖な温帯に属しているが、北から南にかけて縦長のため、寒帯、亜寒帯、温帯、亜熱帯へと変化していく。

また、山岳地と低地では温度差がかなり大きく、高度が100m上がると0.5～0.6℃温度が下がる。こういった温度の変化は日本の特色であり、自然植生を決定づける要因となっている。

よって、日本の植生は緯度による水平分布と高度による垂直分布の2つを組み合わせた分布となって

いる。
- 水平分布……経度（南北）の温度変化による植生分布。
- 垂直分布……高度の温度変化による植生分布（図1-13）。

日本の潜在的な自然植生（樹林）を地方により分けると次のようになる。
- 照葉樹林（常緑広葉樹林）……沖縄〜関東地方。
- 落葉広葉樹林……北海道、東北、本州中部地方以北の高地、中国地方高地、九州高地。
- 常葉針葉樹林……北海道および本州中部以北の高地、四国の高地。

A　植生図

ある地域を覆っている植物の総称を植生といい、それらの面的な配分状況を地図上に表現したものが植生図である。自然環境保全基礎調査の植生調査（環境省、生物多様性センター）では、調査時点で実際に生育している現存植生を対象にした現存植生図が作成されている。

B　日本の植生分布

日本列島は、北海道から沖縄まで北から南に約3,000kmと弓状に長く、海岸から高山まで様々な地形を有し、それぞれの地域に応じた多様な生物相が形成されている。高等植物だけでも約6,000種以上といわれ、地域に応じた植生（植物群落）が形成されている。植物の分布は、基本的には気温と降水量に対応しており、3,000mを越える山脈を有する日本列島では、緯度に伴う水平分布と標高による垂直分布による植生の分布パターンがみられる（図1-14）。

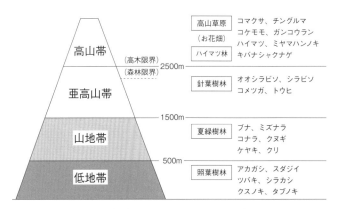

図1-13　本州中部地方に見られる植生の垂直分布の模式図
[鈴木恕・毛利秀雄『解明 新生物』文英堂、1987]より作成

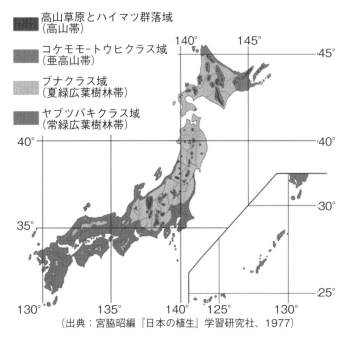

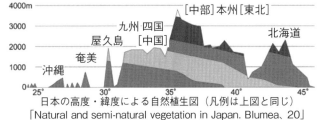

図1-14　自然環境保全基礎調査

1-4　植物と栄養

植物は、太陽のエネルギーと空気、水と無機物から有機物を合成することができる。そして、植物がその有機物を地球環境に提供することは、生命活動の軸になっている。私たちが生活する上で、植物が非常に重要な要素となることは言うまでもないが、より効果を上げるためには健康な植物であること、良い植物環境を維持することが大切だ。そのためには、健康を維持するための栄養素と光合成について理解を深める必要がある。

1-4-1 植物に必要な栄養素

植物が空気・水から得る成分には酸素（O）、水素（H）、炭素（C）がある。さらに、その他の根から吸収する成分と役割などを表1-5、1-6に整理しておく。

1-4-2 栄養の供給

自然界では動物の糞や死骸などの有機物が、土壌中の菌類、微生物に分解されて無機物に変えられ、植物の根から吸収される。

栄養素が含まれた水分は、毛根から取り入れられ、根、幹、枝の道管を通り、葉に送られ、蒸散したり光合成が行われる。

1-4-3 光合成

植物は葉で受けた太陽のエネルギーを利用して、二酸化炭素（CO_2）、水（H_2O）、無機栄養素から養

表1-5　根から吸収する養分1

栄養	役割	欠乏	欠乏条件	過剰	蓄積部位
窒素(N)	・根の発育 ・茎葉の伸長 ・葉の緑色	・葉緑素の生成悪化（葉の色黄色） ・生成衰え（葉が硬く、成熟期早い） ・茎葉黄色い果実が大きくならない	・アンモニア態窒素（土壌コロイドに吸着） ・硝酸態窒素（土壌溶液中） ・雨水、灌がい水で流亡	・繁殖しすぎて下葉が黄化落葉 ・伸びすぎ倒伏、葉肥大化 ・病気が出やすい ・果実の色が着かない ・カルシウムの吸収が悪い ・異常落葉	葉
リン酸(P)	・細胞の増加 ・根の先端、子実の形成 ・強健 ・病気の抵抗力	・葉の光沢悪く暗い濃緑色 ・生育初期に表れる ・病状は古葉の葉柄、葉脈より出る ・成長点の細胞増殖阻害 ・茎の伸び悪く太らない ・根の伸び、太りも悪い ・新梢の伸び止まる ・果皮が厚く、酸味が多くなる	・土壌がリン酸を固定する（難溶性になる） ・リン酸吸収を悪くする要素（カリウム、鉄、亜鉛、銅）	・障害が表れにくい ・果実の成熟早くなる ・鉄、亜鉛、銅の欠乏おこる	花粉
カリウム(K)	・炭水化物の合成を助ける ・炭水化物がショ糖の形で子実に移行運搬する ・生長点に多く、古葉に少ない ・水分調節 ・タンパク合成の手助け	・成長衰え ・古葉の先端が黄色、落葉 ・新葉は暗褐色で伸びが悪く、小葉となる ・白斑症状 ・草丈が伸びない ・葉が細い、褐色斑点	・窒素に次いで土壌から流れやすい ・堆きゅう肥不足 ・カリの吸収移動を助ける（ホウ素、鉄、マンガン） ・カリウムの吸収を悪くする（窒素、カルシウム、マグネシウム）	・マグネシウム欠乏症	分裂組織
カルシウム(Ca)	・葉に多く含む。代謝作用の時、有機酸を中和する ・硝酸、ペクチンと結合 ・古い葉に沈積 ・糖分の移動に関係	・野菜、果実に出やすい ・葉の先端が黄白色、伸び止まる ・褐色から周辺部が枯れ ・新葉の葉緑部に黄焼、黄化症状 ・内側に湾曲 ・古葉は褐色斑点	・有機物不足 ・水不足 ・塩類濃度高い ・アンモニア形態のまま吸収 ・わら類、家畜糞尿の過剰施用	・土壌が中性からアルカリ性の時にマンガン、鉄、亜鉛、ホウ素の吸収悪化	葉樹皮

分（炭水化物）を合成する。これを光合成といい、葉の葉緑体で行われ、葉緑体には光を吸収する葉緑素（クロロフィル）が含まれているので、葉は緑色に見える。つくられた養分は水に溶ける物質（ショ糖）となり、師管を通して全体の細胞に運ばれる。そして、成長するための養分に使われたり、果実や種子、茎や根などでデンプンに変えられ貯蔵される。

1-5 植物と大気

植物は大気に影響を受けてその生育が左右され、生育することで大気に影響を与えてもいる。植物が大気に影響を与える「大気浄化機能」に関してみていく。

1-5-1 植物の大気浄化機能

植物による大気浄化機能については、従来から工場周辺や幹線道路沿線などの緑地で、浮遊粉塵が葉面に付着したり、二酸化硫黄（SO_2）、二酸化窒素（NO_2）などの汚染ガスが葉面に吸着・吸収されてい

表1-6 根から吸収する養分2（微量元素）

栄養	役割	欠乏	欠乏条件	過剰	蓄積部位
マグネシウム (Mg)	・葉緑素を構成している ・炭水化物の合成 ・体内転流をする ・リン酸の移動 ・ケイ酸の吸収促進	・古い葉から表れる ・葉緑部の黄化（葉脈だけ緑残り） ・葉全体に黄色斑点 ・カリウム欠乏と似る ・栄養成長、花芽形成悪化 ・ケイ酸の吸収悪くなる	・土壌が酸性に傾くと流亡激しい ・置換性マグネシウム10%以下 ・カリウムが多すぎる場合	・pHが高くなる ・ホウ素欠乏 ・マンガン欠乏 ・亜鉛欠乏	葉
イオウ (S)	・硫黄化合物をつくる ・硫酸同化 ・解毒作用 ・還元酵素	・植物体が小型化 ・葉は淡緑色 ・葉が細くなる	・カリウムが不足の土壌でSO_2障害がでる ・タンパク質の合成低下	・植物体が小型化 ・葉は淡緑色 ・葉が細くなる ・下部の葉から障害が出やすい	葉 種子
鉄 (Fe)	・生体内で酵素活性化 ・光合成、呼吸	・鉄黄変と呼ばれる黄白色 ・可溶化しづらい	・重金属濃度が高い ・石灰の多用 ・中性、アルカリ性	・酸化力が高いため起きない	葉
マンガン (Mn)	・葉緑体 ・光合成（酸素発生） ・解糖 ・酵素の活性化	・葉脈間黄化、小斑点 ・生育不良 ・Fe欠乏に似る ・アンドシアンの色づきが悪い ・灰斑病、黄斑病	・柑橘類、ブドウ ・pH高い ・有機質多い ・酸化され不溶	・葉に褐色の斑点、黄化 ・異常落葉 ・キャベツ、レタスで葉がカップ状になる ・イネ、茶、ミカン、リンゴの葉の緑が黄化	葉
亜鉛 (Zn)	・光合成・葉緑体で必要 ・DNAに含まれる	・古葉より葉脈間黄白化 ・葉の小型化 ・細根の発達不良	・pH高い ・有機質多い ・リン酸濃度高い	・新葉の黄化 ・葉柄に赤褐化斑点 ・若い枝の節間が短縮	根 茎
塩素 (Cl)	・生育促進効果 ・気孔の開閉	・しおれやすい（気孔の開閉ができなくなる） ・根の伸長が止まる	・植物の含有量多い ・キウイ（レタス、キャベツ）は感受性が高い	・ナトリウムとともに過剰害 ・光合成機能低下 ・過剰蓄積葉は褐色変、塩害 ・根の成長が止まる	葉

ることが知られている。こうした植物の大気浄化機能は、植物に固有の光合成、蒸散といった機能と深い関わりがある。

植物は、葉面に存在する気孔を通じて、大気と葉中の間で二酸化炭素（CO_2）と酸素（O_2）の交換を行い、光合成や呼吸を行うとともに、葉中の水分を放出し、葉温調節や根からの養分・水分の吸い上げを行っている。SO_2、NO_2などのガス状大気汚染物質もまた、この気孔を通じて、植物体内へと吸収されるため、植物の大気浄化能力は気孔の開き具合や光合成の能力などの生理活性に比例する（図1-15）。つまり、気孔開度が大きく、光合成を活発に行っている植物ほどSO_2やNO_2などの吸収効果が高いといえる。

また、ガス状物質の吸収しやすさは、単葉で比較した場合、一般に常緑樹よりも落葉樹の方が高い傾向を示していることが知られている（図1-16）。しかし、常緑樹は落葉樹と異なり冬季でも葉を着けているため、夏季の1/2～1/3程度ではあるが光合成を行っており、それに伴って汚染物質を吸収・吸着していると考えられる。このため、光合成の能力の季節変動や着葉量、着葉期間なども考慮すると、落葉樹と常緑樹との差はそれほどない可能性も十分にあるものと考えられる。

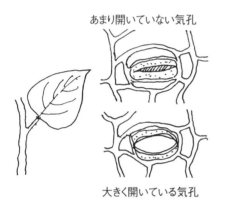

図1-15　ツユクサの葉裏の気孔の開閉

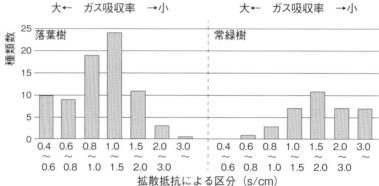

葉面拡散抵抗は植物体のガス吸収能力の指標で、数値が大きいほど抵抗が大きく、ガスが吸収されにくいことを示す。藤沼ら（1985）は、屋外条件下で広葉樹113種（落葉樹78種、常緑樹35種）の葉の裏面の葉面拡散抵抗と気孔開度を測定。図は、葉面抵抗値と大きさにより分類した落葉広葉樹と常緑広葉樹の分布。ガス状物質の吸収能力は常緑樹よりも落葉樹の方が大きいことが示唆される。

図1-16　葉面拡散抵抗値の大きさにより分類した広葉樹種のガス吸収能率の分布（環境再生保全機構「大気浄化植樹マニュアル　2014年度改訂版」より）

1-5-2　大気浄化に適した植物

大気浄化に配慮した植栽を行ううえで、必要な植栽樹木の条件は以下の項目が挙げられる。

①大気汚染物質の吸収能力が高いこと。
②大気汚染に対して抵抗力があること。
③環境条件や植物体の生理的変動によって吸収能力が影響されにくいこと。
④都市部においては都市の特殊環境（劣悪土壌、日照不足、ビル風など）に耐え得る、環境への適応性が高い植物であること。
⑤美観の形成上、景観的に優れた樹種で、住民嗜好にあった観賞性の高い樹種であること。
⑥移植や維持管理が容易なこと。
⑦市場性に優れ、大量使用する場合には購入費が安価で調達が容易なこと。

旧国立公害研究所（現国立環境研究所）では、比較的広範な範囲の樹種において、葉面のガス吸収能力の目安である葉面拡散抵抗を測定し、その大きさによって大気浄化能力の種間差の検討を行っている。この結果を表1-7にまとめた。しかし、これはあくまでも大気浄化能力の目安でしかなく、実際にはその季節変動や葉量、着葉期間などが考慮されなければならないと考えられる。

表1-7 葉面拡散抵抗により推定した単葉における広葉樹のガス吸収能力

ガス吸収能力	常緑樹	落葉樹
ガス吸収能率・高	マルバユーカリ、オオムラサキ、ニシキギ、ヤマモモ	キリ、ケヤキ、シンジュ、コウゾ、センダン、エノキ、オニグルミ、キササゲ、テウチグルミ、ムクゲ、ツルウメモドキ、クヌギ、カキノキ、モモ、ミズナラ、トサミズキ、ヤマハギ、シダレザクラ、ナンキンハゼ、オオヤマザクラ、ユリノキ、ニワトコ、エゴノキ、レンギョ、ニセアカシヤ、シラカバ、アメリカマンサク、シデコブシ、ミズキ、ハナズオウ、マユミ、イチョウ、サルスベリ、キブシ、ハルニレ、ヤブツギ、アオギリ
ガス吸収能率・中	チャノキ、サネカズラ、サンゴジュ、ムベ、ルリヤナギ、クロガネモチ、タイサンボク、ヒメタイサンボク、マルバシャリンバイ、スダジイ、シラカシ、ウバメガシ、クロモジ、クスノキ、モッコク、ヤツデ、アラカシ、マテバシイ	ソメイヨシノ、スズカケ、イヌシデ、カルミヤ、サトザクラ、イヌエンジュ、オオデマリ、モミジバフウ、ハンノキ、アケビ、オオベニカシワ、ヌルデ、ノウゼンカツラ、ウメモドキ、ギンカエデ、ヤマツツジ、コナラ、ウメ、アベリア、オオバヤシャブシ、コブシ、ポーポーノキ、カシワ、トチノキ、カリン、クリ、ヤマフジ、リョウブ、ダンコウバイ、トウカエデ、スズカケノキ、ナツハゼ、ライラック、イヌブナ、アカカエデ
ガス吸収能率・低	タブノキ、ベニカナメモチ、トウネズミモチ、ユズリハ、シロダモ、タラヨウ、キンモクセイ、サザンカ、アオキ、ヤブツバキ、ヒサカキ、ヒイラギナンテン、サカキ、アセビ	ダイオウグミ、キヅタ、ゴヨウツツジ、ハクウンボク

(注1) 旧国立公害研究所（現国立環境研究所）の成果の一つ。植物の葉面拡散抵抗を野外条件で計測したもの。計測はポロメータ法による。対象樹種は広葉樹で、42科、113種（常緑樹35種、落葉樹78種）
(注2) ガス吸収能率は、葉面拡散抵抗の大きさによって、高（葉面拡散抵抗1S・cm−1未満）、中（同1S・cm−1以上2S・cm−1未満）、低（同2S・cm−1以上）とした
(注3) 出典／藤沼康実・町田孝・岡野邦夫・名取俊樹・戸塚績（1985）：大気浄化植物の検索－広葉樹における葉面拡散抵抗特性の種間差異－・国立公害研究所（現国立環境研究所）研究報告第82号、13−28

1-5-3 大気汚染に対して抵抗力のある植物

　植物が大気浄化能力を有するとはいっても、大気汚染物質を好んで吸収しているのではないため、ある一定レベル以上の大気汚染物質濃度下では生理活性が徐々に低下し、植物の成長そのものも阻害される。東京都農業試験場が行った、都市の緑化樹に対する大気汚染の影響を調べた報告によれば、戸外で生育された植物と、大気を浄化した温室内で生育された植物との光合成速度を比較したところ、戸外の植物の方が浄化室内の植物に比べて50％も光合成速度が低下しており、なおかつ葉の黄変や落葉、成長の鈍化などの可視障害も生じていた。

　したがって、大気浄化植樹に用いられる植物には、慢性化した大気汚染状況下でも成長量があまり左右されない植物が求められる。しかし一方で、24種の植物の大気浄化能力と大気汚染耐性の評価を行った結果（表1-8）より、大気浄化能力の大きい樹種は大気汚染耐性が弱く、浄化能力の小さい樹種は耐性が強い傾向があることが分かっている。このことから、樹種の選定には大気汚染物質に対して抵抗性を有しながら、なおかつ、大気浄化効果が期待できる植物が望まれる。例えば、表1-8ではミズキ、ヤシャブシなどが比較的浄化能力が高く、かつ大気汚染耐性が強い傾向が読みとれる。

　また、植栽場所の大気汚染状況に応じて、沿道など大気汚染濃度が高レベルな場所では浄化能力が比較的小さくても大気汚染に対する耐性の強いものを選び、学校、病院などのように大気汚染濃度が低レベルな場所では大気汚染耐性が弱くても、大気浄化能力の高い樹種を選ぶなどの検討を行う必要があると考えられる。

　以上のように、大気浄化植樹を推進するにあたっては、慢性化した大気汚染状況や都市内の特殊な、決して植物の生育に適しているとはいえない環境の下でも、成長量があまり左右されず、なおかつ浄化能力を期待できる植物を選択することが重要となる。

表1-8 24種類の樹木の大気浄化能力および大気汚染耐性の比較

	大 ←			大気浄化能力			→ 小
落葉樹	ポプラ	エゴノキ ケヤキ エノキ	クヌギ コナラ ミズキ ヤシャブシ	ハナミズキ ガマズミ コブシ ムクノキ	トウカエデ	イチョウ	
常緑樹			シャリンバイ	シラカシ サンゴジュ スダジイ	ヤブツバキ シロダモ サザンカ	ヤマモモ カクレミノ マテバシイ	サカキ
	大 ←			大気汚染耐性能力			→ 小
落葉樹	ポプラ	エゴノキ ケヤキ エノキ	クヌギ コナラ ミズキ ヤシャブシ	ハナミズキ ガマズミ コブシ ムクノキ	トウカエデ	イチョウ	
常緑樹	サカキ	マテバシイ ヤマモモ	カクレミノ サザンカ サンゴジュ	シャリンバイ ヤブツバキ シラカシ	スダジイ シロダモ		

（出典：久野春子、横山仁「都市近郊の大気環境下における樹木の生理的特徴（Ⅱ）」『日本緑化工学会誌』28巻4号、2003）

　1987～1988年にかけて環境庁大気保全局（現環境省水・大気環境局）に設けられた「大気環境に関する緑地機能の検討会」では、植物の大気浄化能力と、それぞれの樹種特性（大気汚染耐性、耐乾性、耐陰性など）を照らし合わせながら、「大気浄化植樹のための植樹リスト」を作成している。このリストに、事例調査によって得られた建築物空間に植栽例の多い樹種や、道路緑化において多用されている樹種についての記述が加えられ、一部改変されたものを表1-9に紹介する。

　この表では、対象地域の大気汚染状況によって、樹種選定のポイントを大気浄化能力におくか、大気汚染耐性におくかが異なるので、住宅街など大気汚染濃度レベルの比較的低い地域の場合と、工場、幹線道路周辺など大気汚染濃度レベルの高い地域の場合に分けて示されている。

　この他、都市部の緑化においては、一般的に求められる樹木の諸条件を十分考慮することが必要と考えられる。

1-6　都市建築空間における植物と風

　私たちが住む建築空間、特に都市の建築空間は日照、降水、土壌、風など、植物にとっての生育条件が厳しいため、それらの点を十分検討する必要がある。季節によって大きく変化する風は、他の建築物との位置関係、高さ関係から予測が困難であり、乾燥による生育障害、場合によっては風倒といった障害も発生させてしまう。

1-6-1　風への対策と植栽方法

　都市建築空間の植栽地は、自然地盤の植栽地に比べて一般的に風が強いにもかかわらず、それを支える土壌の厚さは、普通、一般の植栽地よりも薄いことが多い。このため、樹木の風倒対策として、通常の地盤よりもいっそう確実な植物体の支持が必要となる場合がある。特にビルの屋上などの人工地盤では土壌厚が薄いこと、土壌が軽量であることなどから、従来の支柱方法（布掛、八ッ掛支柱など）が適用できない場合がある。

　そのような場合、現在では新しい緑化資材や緑化工法の開発が進められつつあるので、その対策の選択の幅も広がっている。ワイヤー支柱や根鉢固定式支柱（図1-17）などを用いる場合は、植物体を十分に支持することに注意する必要がある。これらは、樹木などの植物に対する直接的な防風対策だが、建築空間緑化の際には、人工の軽量土壌を使用する場合も多いので、土壌表面にマルチングをするなど

表1-9 大気浄化植樹のための樹種リスト（関東地方周辺）

	比較的濃度レベルの低い地域（住宅街など）	濃度レベルの高い地域（工場、幹線道路周辺など）
高木	〈常緑樹〉 ヤマモモ、ウバメガシ、シラカシ、アラカシ、スダジイ、タイサンボク、クスノキ、タブノキ、クロガネモチ、モッコク、カクレミノ、カイズカイブキ、モチノキ、サンゴジュ、 〈落葉樹〉 ケヤキ、エノキ、ムクノキ、ハルニレ、イチョウ、クヌギ、アキニレ、ユリノキ、シンジュ、アオギリ、サルスベリ、クリ、ヤマモミジ、コブシ、ハクモクレン、ヤマザクラ、ソメイヨシノ、イロハモミジ、イヌシデ、アカシデ、トチノキ、エンジュ、トウカエデ、コナラ、スズカケノキ、モミジバスズカケノキ、センダン、カキノキ、シダレヤナギ、ナンキンハゼ、エゴノキ、ニセアカシヤ、ミズキ、サトザクラ、オオシマザクラ、ハンノキ、モミジバフウ、カシワ、リョウブ、モモ、 以上の他これに準じる樹種	〈常緑樹〉 ヤマモモ、ウバメガシ、シラカシ、アラカシ、スダジイ、タイサンボク、クスノキ、タブノキ、クロガネモチ、モッコク、カクレミノ、カイズカイブキ、モチノキ、サンゴジュ、 〈落葉樹〉 イチョウ、クヌギ、アキニレ、ユリノキ、シンジュ、アオギリ、トウカエデ、コナラ、スズカケノキ、モミジバスズカケノキ、センダン、ナンキンハゼ、ニセアカシヤ、サトザクラ、オオシマザクラ、ハンノキ、モミジバフウ、カシワ 以上の他これに準じる樹種
中木	〈常緑樹〉 イヌツゲ、マサキ、キョウチクトウ 〈落葉樹〉 ウメ、ニワトコ、ハナズオウ、マユミ、シデコブシ、シモクレン 以上の他これに準じる樹種	〈落葉樹〉 イヌツゲ、マサキ、キョウチクトウ 〈落葉樹〉 ニワトコ、マユミ 以上の他これに準じる樹種
低木	〈常緑樹〉 オオムラサキ、ヤマツツジ、シャリンバイ、マルバシャリンバイ、ヤツデ、サツキ、ヒラドツツジ、アベリア、チャノキ 〈落葉樹〉 ムクゲ、レンギョ、トサミズキ、ヒュウガミズキ、ヤマハギ、ニシキギ、ハコネウツギ、オオデマリ、ウメモドキ 以上の他これに準じる樹種	〈常緑樹〉 オオムラサキ、シャリンバイ、マルバシャリンバイ、ヤツデ、サツキ、ヒラドツツジ、アベリア、チャノキ 〈落葉樹〉 ムクゲ、レンギョ、ハコネウツギ、オオデマリ、ウメモドキ 以上の他これに準じる樹種
ツル性植物	〈常緑〉 サネカズラ、ムベ、キヅタ、テイカカズラ、セイヨウキヅタ 〈落葉〉 ツルウメモドキ、フジ、ヤマフジ、スイカズラ、ノウゼンカズラ、アケビ、ミツバアケビ、ナツツタ 以上の他これに準じる樹種	〈常緑〉 サネカズラ、ムベ、テイカカズラ、セイヨウキヅタ 以上の他これに準じる樹種

（注1） 造園材料としての樹木は、造園上の使いやすさなどから、次のように樹高のおおよその目安によって高木・中木・低木に3区分した。
高木：3m以上、中木：1m以上3m未満、低木：1m未満、ただし、生物的特性がこれらをこえるものであっても、生垣、刈込み物等のように剪定等によって樹高、枝張調整され、造園上では中木・低木扱いとすることが多い樹種については、それぞれ中木・低木とした。

（注2） 以上の他に、汚染ガス吸収能率は低いが大気汚染に対する抵抗性が強く被陰などにも一般的によく耐えて道路緑化などに多く用いられている樹種に次のようなものがある。上記の種群を主に植栽し、これらの樹種をまじえることは差し支えない。
高木（常緑樹）：トウネズミモチ、サカキ、ユズリハ、ヒメユズリハ、シロダモ
中木（常緑樹）：カナメモチ、サザンカ、ヒサカキ、ヤブツバキ、ヒイラギモクセイ、ヒイラギ
低木（常緑樹）：ハマヒサカキ、ヒイラギナンテン、アオキ、アセビ、トベラ、ジンチョウゲ、クチナシ

（注3） ツル植物についてはこの他に大気浄化能力について調べられてはいないが、壁面緑化によく使われている植物として以下のようなものがある。
（常緑）：イタビカズラ類、カロライナジャスミン、ツルニチニチソウ類、ツルマサキ、ヘデラ類
（落葉）：シナサルナシ（キウイフルーツ）、ツタ類、ツリガネカズラ、ツルバラ類、ブドウ

（環境再生保全機構「大気浄化植樹マニュアル 2014年度改訂版」より作成）

して、これら軽量土壌そのものが風で飛ばされないように配慮する必要もある。

マルチングの効果としては他にも、水分蒸発の抑制、雑草繁茂の抑制、土膜形成の防止、踏圧の軽減のほか、化粧用（地面が露出のままでは見栄えが悪い、ということで緑を引き立たせる）、あるいは泥はね防止ということもある。マルチング材の素材としては、バーク（樹皮を粉砕発酵してつくった土壌改良材）を用いたものや石材、不織布などがあり、主要な用途に応じて使い分ける必要がある。

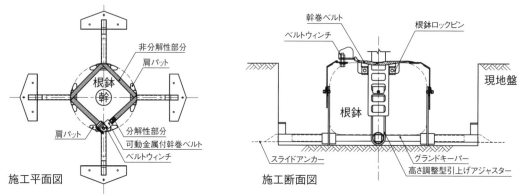

図1-17　根鉢固定式支柱（東邦レオ・横打式地下支柱／フィット・SGS）

1-6-2　風に強い植物・樹木

都市建築空間において風に強い植物・樹木に関して検討を加える場合、その根系が深根性（太く真っすぐな根が下に伸びる）か浅根性（直根がなく、根をあまり深く伸ばさない）に着目することが一般的と考えられる。そして、その適用も植栽計画地の特徴・条件によって変わってくる。

都市部の建築空間において、平面的にその根張りを確保することは、植桝のスペースによって制限されることが多いと考えられる。また、ビルの屋上緑化など、土壌の厚さに制限がある場合は深度もかなり影響する。

一般的に中低木は高木に比べて根張りも浅く、土壌の厚さを確保できない植栽地では、中低木を主体とした植栽計画になるだろうし、逆に、高層ビルの足元植栽のような場合は、予測困難なビル風に備えて垂直方向の土壌厚を確保し、深根性の樹木を選択する方策も考えられる。

主な樹木の根系に関して表1-10に、深根性、浅根性、中根に分類、整理しておく。

表1-10　主な樹木の根系の形態

根系の形態	針葉樹	常緑樹	落葉樹
深根性	アカマツ、クロマツ、コウヨウザン、スギ、ストローブマツ、ダイオウショウ、チョウセンゴヨウ、ツガ、ヒマラヤゴヨウ、ヒマラヤスギ、ヒメコマツ、モミノキ、ラクウショウ、<u>アベマキ</u>、<u>キンモクセイ</u>、<u>サザンカ</u>、<u>ツバキ</u>	アカガシ、スダジイ、ツブラジイ、マテバシイ、ヤブツバキ、ヤブニッケイ、ヤマモモ	オニグルミ、カシワ、カツラ、クヌギ、コナラ、サワグルミ、シナサワグルミ、トチノキ、ナラガシワ、ハクモクレン、ヒメユズリハ、プラタナス、ムクノキ、ヤマモミジ、トネリコ
中根	イヌマキ、カヤ	イスノキ、ギンドロ	アオギリ、アキニレ、イイギリ、イチョウ、イヌエンジュ、イヌシデ、イロハモミジ、カリン、キリ、クマシデ、ザイフリボク、シダレヤナギ、ハルニレ
浅根性	カラマツ、コウヤマキ、サワラ、タラヨウ、ドイツトウヒ、ヒノキ、ビャクシン	アスナロ、アラカシ、イチイガシ、クロガネモチ、シラカシ、ナギ	アオハダ、アカシデ、アカメガシワ、アメリカディゴ、エノキ、エンジュ、オオシマザクラ、カラマツ、カロリナポプラ、クリ、ケヤキ、ザクロ、サトザクラ、シダレザクラ、シラカバ、ソメイヨシノ、ナンキンハゼ、ニセアカシア、ブナ、ポプラ

（注）<u>アンダーライン</u>は中木の分類でありながら、根の形態は深根性

1-6-3 風に強い植栽方法

植栽の構成としては、都市建築空間に特有の様々な環境圧[*1]を低減させるために、可能であれば常緑樹と落葉樹、高木・中木・低木・地被植物・芝などを適宜組み合わせた多層構造の複合植栽方式とするのが望ましいと考えられる（図1-18）。

風が強い場所では、高木樹種の生育が難しいため、無理に高木を植栽したりせずに、中低木や地被類を主体とした植栽方法の検討も必要である。人工地盤などの土壌厚が薄い場合も同様である。

高木を植栽する場合も、風上側に耐乾性・耐風性の強い常緑の高木を配し、中低木を密植するなどして植栽地内部に強風を入れないようにし、環境圧が緩和されたその風下側に観賞性の高い樹種を植栽するなど、配植にも工夫が必要となる。

また、高木などを屋上に植栽することにより周辺に日照阻害を引き起こしたり、落葉や土壌などの飛散、倒木などの落下被害などの悪影響が生じないように、周辺環境に配慮した植栽配置が求められる。

個々の植樹の支柱配置も風の方向に配慮した設置が必要となる。

*1 有効土層の薄さ、乾燥化、日照不足、照り返し、ビル風など、植物にとって生育するためのあらゆる環境的な負荷

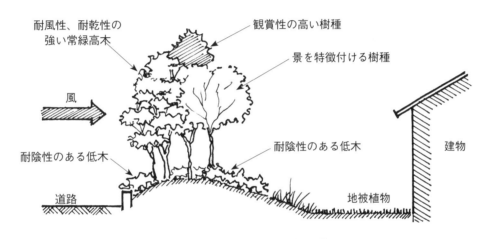

図1-18 多層構造の植栽帯

1-7 植物と光

植物は光をエネルギーとして光合成を行い、光合成でつくられた炭水化物が、植物が育つためのエネルギー源となる。光合成に光は欠かせないが、植物によってその要求量（日射量）は様々である。ここでは、光合成を中心に、植物と光（日射）の基本事項をまとめておく。

1-7-1 光合成

A　光合成の化学反応

植物は、その体をつくり成長の材料となる炭水化物をつくるため、光合成を行っている。主として植物の葉にある葉緑体で、空気中から吸収する二酸化炭素（CO_2）と根から吸収する水（H_2O）を材料とし、光のエネルギーを使って炭水化物（ブドウ糖）と酸素をつくり出している。植物が二酸化炭素（炭酸ガス）を吸収し、酸素を放出するので環境にやさしい存在といわれるのは、このためである。

その反応を化学式で表せば、次のようになる。

$6CO_2$（二酸化炭素）$+12H_2O$（水）$+688kcal$（光エネルギー）
　　→ $C_6H_{12}O_6$（ブドウ糖）$+6H_2O$（水）$+6O_2$（酸素）

B　葉のはたらき

植物の葉の細胞には葉緑体があって、ここで光合成反応が行われる。使われる水は、根から道管を通

じて運ばれ、二酸化炭素は、葉の裏側にある気孔から取り入れられる。

気孔はまた、水を蒸散させる役目もあり、植物の体温が上昇しすぎるのをコントロールする働きも担っている。

C　環境と光合成の活動量

光合成の活動は、様々な要素の影響を受ける。

最も端的に表れるのは光の量である。光の強さが大きくなれば光合成の活動量は増加し、光の強さが弱ければ活動量は少なくなる。

光合成では、二酸化炭素を吸収して酸素を放出するが、植物も生きていくために呼吸をしていて、呼吸では酸素を吸収して二酸化炭素を放出する。光の強さで変わる光合成活動で吸収する二酸化炭素の量は光の強さで変わるが、呼吸で放出する二酸化炭素の量は光の強さに関係なく、ほぼ一定である。

この光合成で吸収する二酸化炭素の量と呼吸で放出する二酸化炭素の量が釣り合う光の強さを光補償点と呼ぶ。光補償点より光が弱くなれば、実質的に光合成によって炭水化物をつくることができないので、植物が生育できないことになる。反対に、光が強くなれば光合成活動は大きくなるが、光が強くなってもそれ以上光合成活動が大きくならない光の強さを、光飽和点という（図1-19）。

同様に、水や二酸化炭素が不足すると光合成は十分に行われない。また、気温も重要な要素である。温度が低くなると活動が鈍ってしまうが、暖かい場所では光合成は盛んになる。温度が上がると呼吸も活発になるので、その分、見かけの光合成活動は伸びなくなる。適当な温度の範囲は自生する場所の気候に適応した結果として、植物の種類によって異なっているようだ（「1-3-1　生育と気温」参照）。

その他の栄養分も欠かせない。特に窒素（N）は光合成反応に必要な酵素であるタンパク質の原料として欠かせない。

1-7-2　日照と明るさ

植栽を考えるとき、日当たりの良し悪しが問題にされる。一般的には、日当たりが良いというと半日以上日光が当たり、日当たりが悪いというと直射日光が当たらない、というイメージではないか。もう少し具体的にみていくことにする。

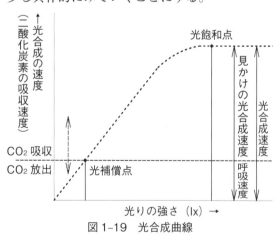

図1-19　光合成曲線

表1-11　天候による屋外の照度
（全天空照度、単位：lx＝ルクス）

薄曇	50,000lx	薄曇りによる散乱光で空全体が明るい状態
明るい日	30,000	雲による散乱光で空全体が明るい状態
普通の日	15,000	厚い雲による散乱光の状態
暗い日	5,000	雨、霧等
日向	100,000	直射日光が当たる場所
日陰	10,000	直射日光が当たらない場所
屋内（参考）	100～300	

A　明るさ

植物に必要な光合成という視点からは、明るさが必要であって、必ずしも直射日光でなくてもよい。植物が受ける光の量を示す明るさは、照度という単位で計れる。

表1-11は、天候による屋外の照度（全天空照度）を示したものである。

全天空照度というのは、周りに遮るものがなく、空全体が見える360度開けた場所での照度という意味である。全天空に対する空の見える部分の割合を天空率という。空が半分しか見えない場合は天空率

50％となり、この場合は薄曇りでも照度は25,000lx（ルクス）になる。ちなみに、建築の設計に当たって留意しなければならない室内の明るさの基準は、学校の教室などでは300〜500lx、一般住宅の部屋は200lx程度、製図など細かい作業をする場所では750lx必要とされている。

植物を植える場所の明るさ、つまり光合成がきちんとできるかどうかを判断するには、空の見える割合（天空率）を考慮することが必要である。空が半分見えなくても、建物の表面の状態によっては反射によって明るさが増すということも考えられる。

なお、明るさの指標である照度は、照度計を使って直接測定することができる。

B　日向と日陰

日向と日陰では、光合成活動に必要な光の強さが異なるのは明らかだが、植物にとって日向と日陰は別の面でも違いがある。

日向では、日照によって地面や植物自体の温度が気温以上に上がることがあるが、日陰ではそのような影響はない。日向では、温度が上がりやすいことから、乾燥しやすいという影響がある。また、日向では、直射日光のために植物自体の温度が上がってしまうなどにより、葉焼けを生じることもある。

1-7-3　陽性植物と陰性植物

一般に、日向を好み日陰では育ちにくい植物を陽生植物といい、日陰でも生育するが直射日光に弱い植物を陰生植物という（表1-12）。

陽生植物は直射日光を好むとされるが、日光不足に耐える力（耐陰性）を備えているものもある。もともとは熱帯などの強い光の中で生育してきた植物だが、室内へ持ち込んでも十分生きていける観葉植物などが、その例である。陽生植物は一般的に、光補償点が高く、光飽和点も高い。そのため、光の弱い場所では、生育に必要となる十分な光合成ができない。

陰生植物は、光補償点が低いので、弱い光、少ない光の中でも光合成をして生育できる。多くの場合、光飽和点も低いので、光が強くなっても光合成活動がそれ以上強くならない性質をもっている。また、直射日光に耐えられない種類もあるので、注意が必要である。

表1-12　陽生植物と陰生植物の例

	樹木	草本植物
陽生植物	アカマツ、シラカンバ、ヤシャブシ、アカメガシワ、クサギ、ウツギなど	ススキ、シバ、タンポポ、ナズナ、ニシキソウ、エノコログサなど 畑の作物、いわゆる雑草のほとんどは陽生植物
陰生植物	アオキ、ヤブツバキ、ネズミモチ、ヒサカキ、アリドオシなどの常緑広葉樹木	カンアオイ、ジャノヒゲ、キチジョウソウ、フッキソウ、カンスゲ、イノデ、ヤブソテツなどの常緑植物 ヤブマオ、ムカゴイラクサ、ドクダミ、ミズ、チャルメルソウなどコケ植物の多くは陰生植物

第 2 章　植物の生態

　第 1 章では植物の基本的な生理についてまとめたが、この章では植物の生態についてまとめていく。植物の生態とは、植物が自然の中で生育しているありさまのことで、これは環境によって大きく変化する。その視点も多岐にわたるため、ここでは 5 つの項目に分けて、主に樹木や草花の区分や分類、表示方法の違いについてと、植生、根の役割についてみていく。

2-1 樹木の形状寸法と区分

樹木の形状寸法としては一般的に、樹高（H）、目通り（C＝地上1.2mの高さでの幹の外周の長さ）、葉張り・枝張り（W）で表示されているが（「2-2-3 植栽樹木の形状寸法」参照）、高木や低木などの区分は統一されたものではない。ここでは、最初に区分について基本的事項をまとめておく。

2-1-1 形状寸法区分の考え方

森の中で小さな木があると、高木の芽生えなのか、高木の下で一生を終える低木なのか区別することは難しい。発芽して数年経った幼い木では判断が難しいが、もう少し大きくなれば、その木が高木か低木かの違いがはっきりしてくる。

緑化に際して用いられる高木〜低木の区分は、樹高6〜7mを超えるものを高木、4〜6mのものを中木、2〜3m以下のものを低木ということが多いが、国土交通省の「道路緑化技術基準」のように、樹高3m以上を高木、1〜3mを中木、1m以下を低木と呼ぶケースもある。

もともとは、これらの区分の基礎として樹形が単幹性（1本の幹から立ち上がる樹形）か株立ち性（地際から複数の幹が広がる樹形）かによって分けられたこと、緑化に際しては従来、樹高3m程度で区分することが植栽するうえで都合がよかったことなどの理由から、このような区分の仕方がされてきたといえる。

しかし、やはり本来の自然のあり方に従った区分を知っておくことが、まずは重要だと思われる。自然のあり方に沿った区分とは、森を構成する場所、構成していない場所で見ると次のようになる。

- 森を構成する場所……最も上層に出現する樹木を高木、中層に出現して、それがその種の最大樹高となる樹木を亜高木、下層に出現して、その下層で最大樹高をとる樹木を低木としている。
- 森を構成していない場所……森の縁（林縁）や湿地、痩せて乾燥した尾根などでは、低木がその場を占めることが多い。

その他、高木性樹種や亜高木性樹種という区分もあるが、生育環境により高木、亜高木にはならず、低木と共存していることが多い。

2-1-2 自然のあり方での区分

樹木の高さを表す時、自然の中で本来の性質をともなって生育する場合と、人工的に植樹する場合では、内容と表記が違ってくる。表2-1では、自然の中で生育した樹木の場合の区分を示す。

表2-1 樹木の高さによる区分

区分	定義
高木	樹高15m以上、幹は単幹性で樹冠の広がりは様々
亜高木（中木）	樹高6〜15m、幹は単幹性ないし2〜3本の幹による株立ち
低木	樹高6m以下、幹は株立ちが多いが、単幹性もある
高木性樹種	成熟すれば、高木に達するもの
亜高木性樹種	成熟すれば、亜高木に達するもの
低木性樹種	成熟しても低木に留まるもの

（高田研一、鷲尾金弥、高梨武彦共著、京都造形芸術大学編『森と生態と花修景』［角川書店、1998］より）

2-2 樹形

樹形は根、幹、枝、葉などからつくりだされる樹木の全体的な外形、外観をいう。一般に、樹木はその高さにより、高木、中木（亜高木）、低木に区分され、樹種ごとに特有の樹形を持っている。また、樹形は環境条件の違いによっても大きく変化する。例えば、単独で生育している木と、林の中の木では異なる樹形になり、高山や海岸など風の強い地域に生育している木は、風衝形になる。さらに、多雪地帯では根曲がりなどの現象も見られる（「4-7-2 環境よって変化する樹形 図4-5〜4-8」参照）。樹

形変化の主な環境因子としては、日照、風当たり、気温、積雪などの気象条件、地下水の水位、土壌の肥沃度、土地の形状などの条件が考えられる。樹齢によっても幼木形、成木形、老木形と区分された変化が見られる（図2-1）。

樹木を人の手を加えずに成長させ、枝葉を伸ばすと樹種特有の樹形になる。これを自然樹形と呼ぶ。人の手が加わることによる人為形（人工樹形）と、人の手の加わらない自然樹形に分けられる。さらに、自然樹形の樹木でも、幹や枝が四方へ均一に出る整形と、不均整な不整形などの樹形とに大別される。

整形な樹形は、樹冠の形により円柱形、円錐形、尖頭形、半鐘形、卵形、杯形、半球形などに分けられ、不整形な樹形は枝垂形、匍匐形、つる状形などに分けられる。一方、人為形には、整姿、剪定が行われる街路樹や庭園の木、枝打ちなどが行われる植林地の木などがある。また、常緑樹と落葉樹の樹形にも違いが見られ、常緑樹に対し、落葉樹は季節による樹形の変化が著しいといえる（図2-2）。

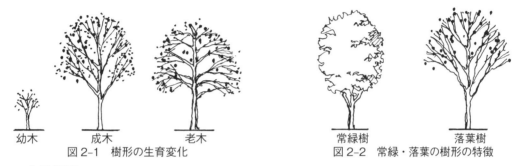

図2-1　樹形の生育変化　　　　　図2-2　常緑・落葉の樹形の特徴

2-2-1　自然樹形

自然に活着し、自然のままに生育した樹木は自然樹形になる。その木の持つ性質のままに育つが、活着した場所の自然環境に影響されながら生育するので、日当たりの良いほうだけよく育ったり、強風で枝の一部が折れていたりする。また、徒長枝などもそのまま育つので、一部が過密になって下枝が発育不全になっていたり、逆に一部がまばらな空間になっていたりする。

表2-2では、自然樹形の場合の主な樹形とその形状を示し、各樹形に当てはまる樹木をあげている。また、図2-3では、各樹形の形状を図で示した。

表2-2　自然樹形と樹木

樹形	形状	樹木名
円錐形	先端が尖り、下へ向かって広がる	コウヤマキ、サワラ、スギ、メタセコイア
円柱形	先端から下方までほぼ同じ広がりを持つ	スギ、メタセコイア、カイヅカイブキ
半鐘形	上部が円形で下部が円柱形となる	キンモクセイ、サザンカ、カナメモチ、ヒイラギ
杯形	枝の上部で杯（さかずき）のように逆円錐形をとる	ケヤキ、ネムノキ、ヤマザクラ
卵形	丸みを持ち、球あるいは卵状になる	クスノキ、プラタナス、マテバシイ
半球形	地面近くで丸みを持つ、灌木類に多い	クチナシ、ジンチョウゲ、ヤマブキ、レンギョウ
枝垂れ形	幹は上に伸びるが枝が下垂する	シダレザクラ、シダレウメ、シダレヤナギ
匍匐形	幹枝が地面を這うように伸びる	ハイビャクシン、ハイネズ

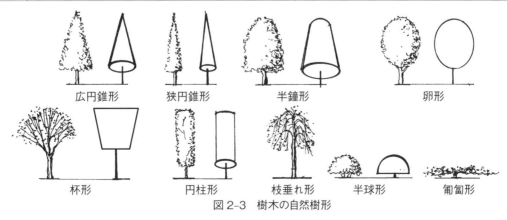

図2-3　樹木の自然樹形

2-2-2 人工樹形

　人工樹形とは、整枝や剪定をして人工的に形づくった樹形の総称。生垣などの目的に合わせて刈り込んだ樹形と、鳥や動物などの形に刈り込んで楽しむ樹形（トピアリー）、樹木の特性を生かして自然風に刈り込んだ樹形など様々である。また、人工樹形には、幹枝の形態を仕立てるものと、枝葉の形態をつくるものに大別される。

A　幹枝の形態を仕立てるもの（図2-4）

①直幹仕立て

　樹幹を直立させて育てた樹木で、主としてスギ、ヒマラヤスギ、ヒバなどの高木樹種に使われる仕立て方で、主幹がまっすぐに伸びた樹形。安定性があり、すっきりとした感じに仕上がる。

②曲幹仕立て

　樹幹を曲げて仕立てたもので、幹が自然に曲がったように仕立てる。日本庭園によく使われる樹形で、クロマツ、アカマツ、ゴヨウマツ、ウメ、カエデなどによく見られる。仕立て方は二通りあり、人工的に幹に「割り」を入れて曲げていく方法と、斜めに出る枝などをうまく利用して仕立てていく方法がある。

③斜幹仕立て

　樹幹を斜めに仕立てたもので、「流枝仕立て」や「懸崖（けんがい）仕立て」などがある。流枝仕立ては、主幹より主枝のほうが長い樹形で、片枝だけ長い片流れ枝仕立てもある。池や水の流れの上に枝を差出した形に仕立てたもので、クロマツ、キャラボク、ウメ、イヌツゲなどによく見られる。また、懸崖作りは、崖の上から垂れ下がる形に仕立てたものをいう。

④寸胴（寸胴切り）仕立て

　高木の太い樹幹を地上から3～4mで切り詰め、樹冠から小枝を伸長させたもので、太い幹の先を切り詰め、主枝も幹近くから切り戻す。幹から玉状の枝葉が直接でたように仕立てる。北山杉のみに用いられる台杉という樹形がある。

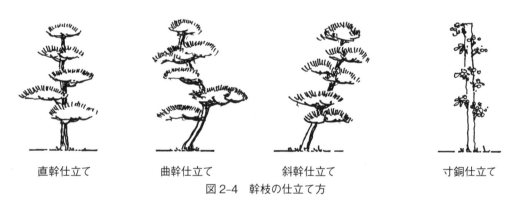

直幹仕立て　　曲幹仕立て　　斜幹仕立て　　寸銅仕立て

図2-4　幹枝の仕立て方

B　枝葉の形態による樹形

　枝葉を刈り込みによって仕立てた伝統的な樹木の仕立て方法で、貝作り、玉散らし、段作りなどがある（図2-5）。また、この他に球形や半球形に刈り込んだ玉作り（玉物仕立て）や円筒形に仕立てた円筒仕立てなどもある。こうした仕立て物（人工樹形に剪定された樹木のこと）には、イヌツゲやキャラボク、イヌマキなどの樹木が用いられる。

①貝作り

　貝作りは基本的には玉散らし、段作りと同じだが、枝葉の形を貝のように仕立てる方法で、玉散らし、段作りとは別の仕立て方に分けられている。

②玉散らし

　枝ごとに、葉を玉状に丸く刈り込んで仕立てる方法で、幹に玉を散らしたように枝葉の塊を見せる。イヌツゲ、イヌマキ、モチノキ、キャラボクなどが用いられる。

③段作り

段作りは玉散らし仕立てと同じだが、枝葉の塊の大きさや枝の配列を、意識的に規則正しく揃えて仕立てる。幹から主枝を多数だし、芽だしも良く、強い剪定にも耐えられる樹木が適している。イチョウ、チャボヒバ、イヌツゲなどがよく仕立てられる。

④円筒仕立て

自然に伸びた枝を剪定し、枝葉を円筒形に刈り込み仕立てたもの。ヒバ類、サザンカ、サンゴジュなどの樹木を用いる。

貝作り　　　玉散らし　　　段作り

図2-5　伝統的な樹木の仕立て方

2-2-3　植栽樹木の形状寸法

特殊樹木を除く、樹木の形状寸法の表現は次のようになる。形状寸法の単位はmとする（図2-6）。

A　樹高

樹高とは、樹木の地上部の高さ。この場合の「根鉢の上端」は、鉢付きの場合、鉢から出ている幹の根元で土と接する部分をいう。「樹冠の頂端」は、樹冠線を形成する樹形の一番高い部分をさし、樹冠線より突出した枝は含まない。針葉樹の場合、樹冠の先端の垂れ下がった部分は、樹高には含まない。ヤシ類、シュロなどの特殊樹木においては、樹高の頂端を当年枝葉の着生部までとし、一般に「幹高」と呼ぶ。樹木形状記号は「H」で表現する。

B　幹周（目通り）

幹周とは、樹木の幹の周長をいう。この定義は、寸法規格において幹周が表示されている樹木については、その樹木の地際より1.2mの高さにおける幹の周長となる。この部分に枝が分岐しているときは、その上部を測定する。幹が2本以上の樹木の場合においては、おのおのの周長の総和の70％をもって幹周とする。また幹が太くても樹高が低く、幹周の測定がむずかしい樹木の場合は、栽培圃場で幹が土と接している根元部分の周長を測定する。根元周は「芝付き」ともいう。

株立ち樹木の幹周の測定は、株立ち幹の各々の周長の総和の70％の値をもって幹周とする。測定する株の判定にあたっては、所定樹高の70％に満たないものは対象外とする。樹木形状記号は「C」で表現する。

C　枝張り（葉張り）

樹木の幹を中心とした樹冠の直径で、地表に垂直に投影された枝端の直径幅をいう。枝張り（葉張り）に長短がある場合には、最大幅と最小幅の平均値をもって枝張り（葉張り）の数値とする。なお一部の突出した枝は含まない。葉張りとは低木の場合についていうことが多く、樹冠の最大幅をいう。樹形が樹種の特性に応じた自然樹形であることが条件である。樹木形状記号は「W」で表現する。

2-2-4　その他の特殊樹木の形状表示（図2-7）

- ツル性植物の形状はツルの長さ（L）で表示指定する。
- 竹類は高さのほか、何本立で表示指定する。
- 生垣は刈り込み後の高さ（H）および刈り込み後の葉張り（W）で表示指定する。
- 株物は高さ（H）、葉張り（W）で表示指定する。

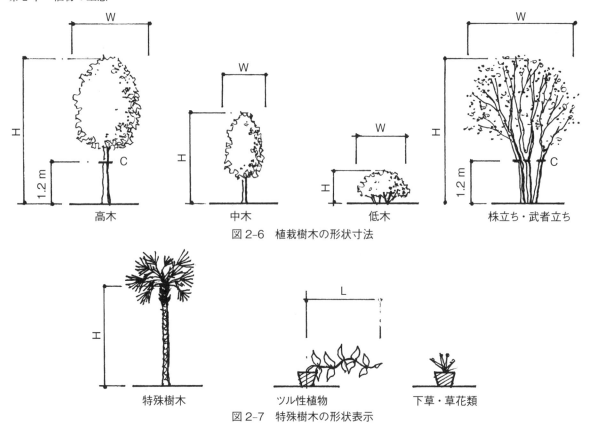

図2-6 植栽樹木の形状寸法

図2-7 特殊樹木の形状表示

2-2-5 樹木の形状寸法の表示（植栽リスト例）

樹木の形状寸法を示す際の記号は、上記のH・C・W・Lを用いて、寸法の単位はmで統一し、表2-3のように分かりやすく表示する。また、通常の表記に当てはまらないものは、文字でその内容を表す。

表2-3 樹木の植栽リストと形状寸法の表示

記号	樹木名	形状寸法 H・C・W	単位	数量	摘要
ケ	ケヤキ	7.0・0.6・5.0	本	2	丸太八ッ掛支柱
ヤ1	ヤマモモ1	5.0・0.6・3.0	本	1	四脚鳥居支柱
ヤ2	ヤマモモ2	3.0・0.3・2.0	本	3	二脚鳥居支柱
ザ	サザンカ	2.0・—・0.8	本	10	唐竹八ッ掛支柱
キ	キンメツゲ生垣	1.5・—・0.4	本	200	2.5本/m 押しぶち型支柱
サ	サツキ	0.3・—・0.4	株	500	6株/m²
フ	フッキソウ	ポット苗	P	640	64p/m²
芝生	コウライシバ	ベタ張り	m²	250	

2-3 分類（形態・性質・意匠）

樹木の分類方法は生物学的なものから、外見や特徴など様々なものがあるが、ここでは形態、性質、意匠に分けてみてみる。

2-3-1 樹木の形態による分類

樹木の形態とは樹木の見た目や形（外見）を示すもので、樹木には様々な形態がある。樹木の形態を判断する際には「高さ」「広がり」「葉の形」の3点を主とする。

A 高さ（樹高）

樹木の高さは一般的に「樹高」という。樹高とは株元から主幹の一番高い所までをいい、その樹高によって「低木」「高木」に分類することができる。また、造園やエクステリアにおいてはその中間となる「中

木」も分類対象としている。樹高が1.5m以下の樹木を低木、5mを超えるものを高木と区分している。図2-8、表2-4に、自然の状態とは異なる造園やエクステリアで用いる樹木の高さや形状の分類を示す。

①低木……1.5m以下（成木）

　一般的に低木とは樹高が人の背丈程度か、それ以下の木を示す。眺めた時に目線より下で生育するものと考えると良いかもしれない。低木は灌木ともいい、樹高や形態は様々だが、主幹・枝の区別がなく、株元から多くの枝が出て叢生（そうせい）するものが多い。また、樹高が0.3m以下の地を這うように生育するものはグランドカバー（地被類）と呼び、植栽では使いやすいので多くの場面で使用されている。

②中木……3m以下（成木）

　中木は、低木と高木の間の樹高のものを示す。大きくなりにくく管理がしやすいため、住宅での植栽や高木と高木の間、高木と低木の間などの空間を構成する場面で使用することが多い。

③高木……5m以上（成木）

　一般的に高木とは樹高が人の背丈を超える木を示す。高木には様々な樹高のものがあり、種類や生育状況により違うが、10m未満のものを小高木、20mを超えるものを大高木と分類する。植栽の場合は、場所の選定と管理面の両方を考慮する必要がある。

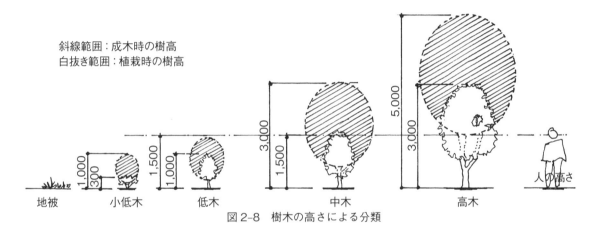

図2-8　樹木の高さによる分類

表2-4　造園やエクステリアで使用する際の樹木の高さによる分類

区分	分類	適用
高木		3m以上の樹木で、成木時に5m以上に達するものが目安
中木		1.0～2.5mの樹木で、成木時に3m以下で管理されるものが目安
低木		0.3～1.0mの樹木で、成木時に1.5m以下で管理されるものが目安
地被類	木本	ハイビャクシン類、コトネアスター、ポットの大きさ（直径7.5cm、9cm、10.5cmなど）を指定
	草本	タマリュウ、イワダレソウ、ササ類、シバ類、ポットの大きさ（直径5cm、9cm、10.5cmなど）を指定
	ツル植物	テイカカズラ、ヘンリーヅタ、ヘンリーヅタ、ポットの大きさと、長さを指定。例えば、10.5cmポットL 0.6

B　広がり

　樹木にとって広がりも形態の要素として重要であり、広がりは幹の本数に大きく影響される。樹幹の形状によって、単幹（1本立ち）、双幹（2本立ち）、多幹（株立ち・武者立ち）に分けることができる（図2-9、表2-5）。

①単幹

　単幹とは、根元から上部まで一本立ちの木のこと。曲がりの少ない単幹は直幹といい、どっしりとしたイメージになる。根元近くから幹が分岐せずに1本になっており、成長の速い木に多く、ゆくゆくはドッシリとした一本立ちの樹木になる可能性がある。

幹自体は株立ちのような根元から幹を広げるものではなく、株立ちよりも太く、土壌や日当たりなどによっては巨木になる可能性もある。植栽空間にゆとりのある場合には、主木に向いている。

②双幹

樹木の根元より二本の幹が出ている姿のもの。幹の高くて太い方を主幹、細く低い方を副幹と呼ぶ。この二本の幹の高低・太細の調和が大切。幹の岐れ目が少し上に位置するものは「途中双幹」と呼ばれ、盆栽の用語として使われている。

③多幹

株立ちは、樹木の根元を切り株状にしてしまい新芽を出させたものや、根元からでる強い新芽（ヒコバエ）を育ててつくったりしたものや、複数の苗木を数本寄せて株立ち状にしたものがある。樹種によっては株元が融合して本株立ちと寄せ株立ちと区別しにくくなります。幹が多く出る性質の樹木で、株元または茎の根元から、複数の枝または茎が分かれて立ち上がっているものが株立ちと呼ばれ、株元から幹が多く出るものを武者立ちと呼んでいる。

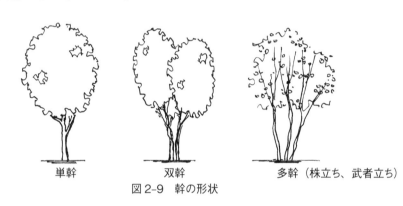

図2-9　幹の形状

表2-5　幹の形状

樹冠形状	適用	樹木名
単幹	幹が1本で直上する	一般樹木
双幹	樹幹が地際から2本に分かれて直上する	コナラ、ナツツバキ
多幹	枝や幹が多く出る株立ちや武者立ちをいう	ソヨゴ、カシ、エゴ、ハナミズキ

C　葉の形

葉の形も種類により様々であるが、大きくは「針葉樹」と「広葉樹」に分類される。それぞれ葉の特徴があり、比較的簡単に見分けることができる（図2-10で主な葉の形状を示した）。一般に針状や鱗状の葉をもつ樹木を針葉樹といい、扁平で広い葉をもつ樹木を広葉樹という。

針葉樹の特徴は、上に伸びる性質により全体に円錐形の樹形の高木になる。広葉樹の特徴は、横に広がる性質をもち、枝分かれして太い枝となって、全体を見ると傘やほうきの樹形になる。

樹木の祖先は針葉樹であり、広葉樹は、針葉樹が「たくさんの光をあびたい」ということで、葉っぱを広げて進化したものだとされている。

植物の葉は一定の規則性をもって茎に対して配列しており、この配列様式のことを「葉序」という。葉序は、簡単に言えば葉の付き方のことである。

①針葉樹

葉の形が針のように細長いもの（裸子植物球果植物門）で、常緑タイプ（マツ、スギなど）と落葉タイプ（カラマツ、メタセコイヤなど）がある。植栽でよく使用されるコニファーも針葉樹に分類される。針葉樹は広葉樹と比べて葉面積指数（単位土地面積当たりの葉面積）が高く、樹冠が深い（低いところまで葉がついている）という特徴をもっている。

針葉樹の葉の形と特徴をまとめると次のようになる。

- 鱗状葉……小さい鱗のような葉。カイヅカイブキ、ヒノキ類など。
- 針状葉……針のように細くてとがった葉。マツ類、イヌマキ、モミなど。
- 束状葉……針状葉のみに該当し、葉が束でつくこと。マツ類、イヌマキ、スギなど。
- 羽状葉……針葉樹のみに該当し、葉が羽状につくこと。モミ、ツガ、メタセコイアなど。

②広葉樹

葉の形が平たく広いもの（被子植物）で、サクラやケヤキなどが代表的だが種類が多い。広葉樹の葉の形と特徴をまとめると次のようになる。

- 不分裂葉……広葉樹の一般的な形。シダレヤナギなどの舟状のものや、クロガネモチなどの卵形など。
- 分裂葉……いくつかの裂け目が入る葉で、カエデ科など。
- 掌状複葉……葉柄の先に手のひら状に小さな葉（小葉）が集まって一枚の葉を構成するもの。樹木の中では極めて少ない形態。トチノキなど。
- 羽状複葉……鳥の羽の形のように小さい葉（小葉）が集まって一枚の葉を構成するもの。ハゼノキ、ナンテンなど。

また葉の付き方は互生、対生があり、さらに、葉の縁の形は鋸葉縁、全縁の形がみられる。

- 互生……枝の両側に一枚づつ交互に葉がつくこと。多くの樹木にみられる。
- 対生……枝に二枚の葉が対になってつく。
- 鋸葉縁……葉の縁がギザギザであること。アラカシ、ツバキなど。
- 全縁……葉の縁がギザギザでなく、なだらか。クロガネモチ、モクレンなど。

③葉身の主な形状

葉身とは、葉の主要部分。表皮と葉肉と葉脈とからなり、一般に扁平な形をしているが、鱗状や針状のものもある。光合成を活発に行うところ。葉は、一般に葉身と葉柄と托葉とからなるが、必ずしもこの三者がそろっているとは限らない。このうち、葉身は葉が光合成器官であるという意味で、最も重要な部分である（図2-11）。

D　葉序

葉が茎につくときの配列の状態（図2-12）。最も普通の葉序は、一つの節に一枚の葉がつく場合で、互生葉序（互生、バラなど多数）という。互生葉序は多くの場合、葉は茎の周りに螺旋状に配列することになるので、螺旋葉序ともいう。一つの節に二葉以上の葉がつく場合は輪生葉序（輪生、クマガイソウ、キョウチクトウなど）といい、特に二葉の場合を対生葉序（対生、ハコベ、ナデシコ科など）という。対生葉序の場合、一つの節に二葉がつくと、その一つ上の節の二葉は茎を中心として下の二葉と直角の位置、すなわち茎を上あるいは下から見たとき、葉が十字状に配列して見えることから十字対生葉序（十字対生）ともいう。

また、節から束状に葉を出すことを束生といい、束生はいずれの葉序にもある（ヒマラヤスギなど）。その他、根元から直に葉を出すものを根生という（タンポポなど）。

E　その他の形態

①ツル性植物

ツル状に伸び、巻きついたり絡んだりしながら生育するもの。フジ、アケビ、クレマチスなど。

②タケ・ササ類

タケは温暖で湿潤な地域に分布し、ササは寒冷地にも自生する。タケやササも中空で節があり、どちらもイネ科に属し、タケ類と総称される。タケ・ササの仲間は、マダケ属、ナリヒラダケ属、トウチク属、オカメザサ属、ササ属、アズマザサ属、ヤダケ属、メダケ属、カンチク属、ホウライチク属の10属からなっている。

一般的に、タケ類の中で背の高いものを「タケ」、背の低いものを「ササ」と呼び分け、地上に姿を

現したタケノコに付いた皮（稈鞘）が成長につれて自然に落ち、茎（稈）だけになるのが「タケ」で、稈鞘がいつまでも残っているのが「ササ」と呼ばれる。

③**特殊樹**

特殊樹と呼ばれているものはシュロ類、ソテツ類、ヤシ類やその他これらに類する植物をいう。特殊樹木とは、それぞれが独特の樹形を示し、一般的な樹木とは異なる樹形を有する。

シュロやドラセナ、ヤシに代表されるのが南方系の植物。エクステリアにおいても景観に強いイメージを与えるもので、洋風の雰囲気を持ち、洋風建築にも調和する。

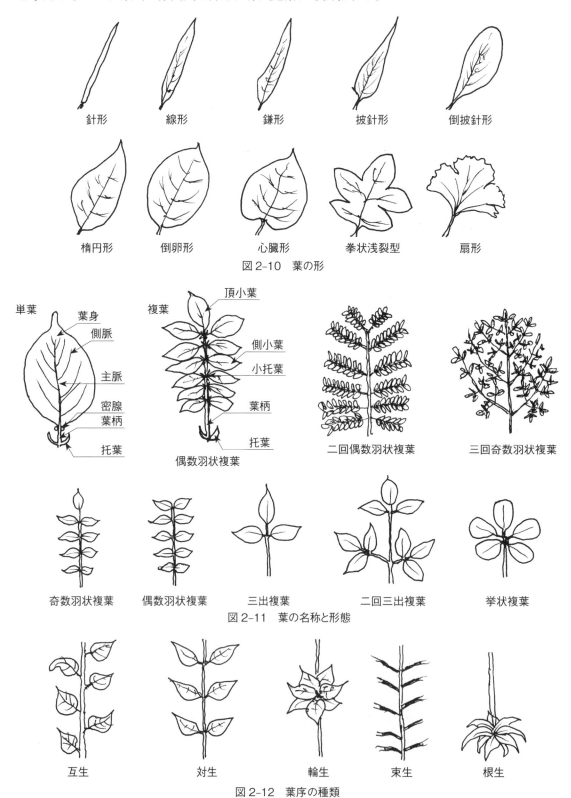

図2-10 葉の形

図2-11 葉の名称と形態

図2-12 葉序の種類

2-3-2 草花の形態による分類

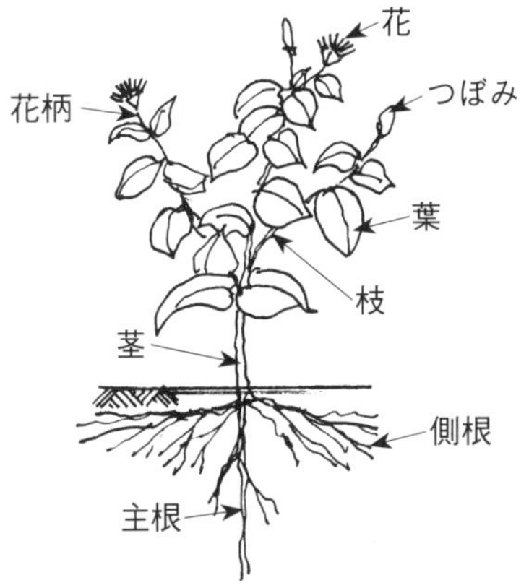

樹木同様に草花にも様々な形態があり、「高さ」「広がり」「葉の形」などの見た目や形（外見）により判断して、分類を行っている。図2-13は、草花の全形を示したもの。根、枝、葉、花などの各器官で構成されている。

A 高さ

草花の高さを「草丈」という。草花には地を這うように広がるグランドカバー植物（地被植物）から、草丈1mを超えるものまで種類により様々な草丈がある。

図2-13 草花の名称

B 広がり

様々な広がり方があるが、主なものは次のようになる。

- 地下茎で広がるもの。
- 茂りながらマウンド状に広がるもの。
- 伸びながら枝葉を茂らせ、放射状に広がるもの。
- ツル状に伸び、壁面や石垣などに巻きついたり絡んだりしながら広がるもの。

C 葉の形

種類により様々な形状があるが、葉の形には大きく「単葉」と「複葉」に区分される（葉の形については図2-10、2-11、2-12を参照）。

①単葉

葉身が分割せず、葉が一枚で構成されているもの。ストック、ガーベラ、キンセンカなど。

②複葉

本来1枚の葉であるものが進化（変化）して数枚の葉に分かれたものをいい、数枚の小葉で構成されているもの。葉身が全裂しており、2個以上の部分に分かれている葉。種子植物では単葉から複葉への進化が何回も起こったといわれる。ルピナス、クローバー、オダマキなど。

D 草姿

草姿とは、草木植物の枝の配置や茎の長さ、葉の大きさや着生部位、花序などを総合的にみた姿のことをいう。種類により様々な草姿がある（図2-14）。草型とも言い換えられるが、立性や開張性など、それぞれ固有の特徴を示し、花と枝葉全体として草姿を見せることが、庭で植栽する際に重要となる。

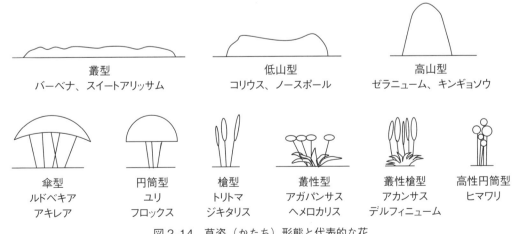

図2-14 草姿（かたち）形態と代表的な花

E 花の形

花は美しく咲き私たちを魅了するが、本来は子孫繁栄が目的であり、受粉を促す昆虫を引き寄せるために、種類により様々な形状の咲き方がある（図2-15）。

花序とは枝上における花の配列状態のことをいい、多数の花が並んでいる場合、花の咲く順番により、下あるいは先端から遠いものから順に咲く「無限花序」と、先端から遠くへまたは下へと順に咲く「有限花序」がある。

主な花序は次のように区分できる。

〈無限花序〉
①総状花序……花の軸が下は長く、上に向かって短くなる。円錐形に花が付く（フジ、キンギョソウ）。
②穂状花序……花柄がなく細長い花軸に直接多数の花が付く（ミソハギ、サワギキョウ）。
③散房花序……花軸から出る上部の花柄は短く、下部の花柄は長いため、上面は平坦で横から見ると花が水平に付いているように見える（ペンタス、ナズナ）。
④散形花序……似た長さの花柄を持つ花が放射状にでる（ヒガンバナ、サクラソウ）。
⑤複散形花序……散形花序の先端が、さらに分枝して放射状に花が付く（アシタバ、シシウド）。
⑥頭状花序……花の軸の先端が平たく丸く広がり、多数の小花が付き、一つの花のように見える（タンポポ、ヒマワリ）。
⑦肉穂花序……大きく肥大した花軸に無数の花が付く（ミズバショウ、カラー）。

〈有限花序〉
⑧単頂花序……先端に一つ花が付く（チューリップ、カタクリ）。
⑨岐散花序……花軸の先端と、その下から分枝した先に花が付く（ハコベ、カスミソウ）。
⑩円錐花序……花の軸が何度か分岐した結果、円錐状に花が付く（アスチルベ、チダケサシ）。

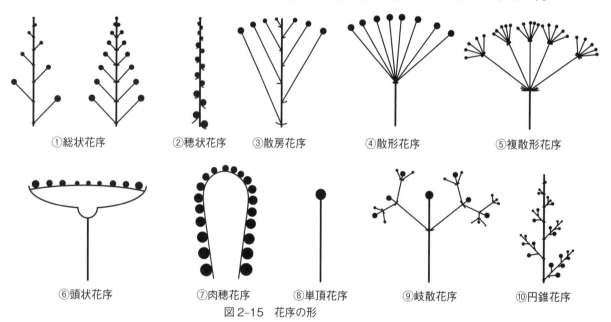

図2-15 花序の形

2-3-3 樹木・草花の性質による分類

植物の性質とはその植物に本来そなわっている特徴を示す。植物の性質として、葉がまったく落ちない樹木は存在しないが、大きくは「常緑植物」と「落葉植物」に分類することができる。また、木本（樹木）と草本（草花）にも分類されるが、植物学的には本質的な相違点はないといわれている。さらに、樹木は常緑樹と落葉樹に、草花は「一年草」「二年草」「多年草」「宿根草」「球根」などに分けられる。

〈常緑植物〉

　年間を通じて葉があり、一年中、葉を観賞することができる植物。葉の寿命は長い。幹や枝に一年を通じて葉がついているが、落葉しないということではなく、葉は新たな葉がでると徐々に落葉するため、いっせいに落葉する時期がない。葉は比較的丈夫なものが多く、葉色が濃い傾向がある。

〈落葉植物〉

　ある季節に定期的に葉を落とす性質の植物のことで、落葉とは葉がそれのついている枝幹（茎）から離れ落ちること。枝幹と葉柄との間に離層と称する細胞層を生じて離れる。秋に温度が低下してくると一斉に葉を落とす。葉は低温、特に凍結に弱く、また気孔があるため乾燥にも弱い。温帯・亜寒帯では秋に落葉する植物が多く、熱帯では乾季の初めに落葉するものが多いが、いずれも低温、乾燥という環境条件に耐えるために、葉を落として休眠に入る適応をする植物といえる。

〈木本類〉

　木本類の地上部は多年にわたり、開花、結実を繰り返し、茎は木化し幹と呼ばれ、年々幹が太くなり、上に成長して樹高が高くなる。樹皮の内側には形成層と呼ばれる組織を持ち、この形成層が細胞分裂することで木部の細胞は年々蓄積され、幹が成長する。

〈草本類〉

　草本類の地上部は通常一年以内に開花、結実、枯死するものが多く、茎と呼ばれる水や養分を運ぶ通導組織を持つが、茎は柔らかく、木化せず、茎の部分の細胞に蓄積を行わず、年々太く成長しない。これは、草本類が形成層を持たないからといわれている。

A　樹木の性質による分類

①常緑樹

　四季を通じて常に緑葉を保っている樹木。ただし、葉は何年もの間枯死しないのではなく、寿命は種類にもよるが、1年から数年くらいで枯死落葉し、次々に新しい葉がつくられていく。葉の交代が連続的に行われ決まった落葉期をもたない樹木なので落葉現象が目立たない。

　常緑樹とは落葉樹の対語で、葉の寿命により区別されるが、葉が革質や肉質で厚く光沢があるため、一見して常緑樹と見分けられることが多い。葉の寿命は環境条件によっても変化するが、ヤブツバキ、クスノキのように1年で毎年すべての葉がつくられるものから、アカマツ、シイノキのように普通は2年のもの、モミ、ツガ、シラビソのように長ければ10年以上になるものまである。

　常緑樹の落葉期は、広葉樹では春の新葉展開時が多いが、針葉樹では成長が休止する秋から冬にかけてになる。

②落葉樹

　常緑樹の対語で、毎年秋になると全部の葉が落葉して越年する樹木をいう。葉の寿命が1年に満たず、すべての成葉を失って休眠状態に入る時期をもつ。広葉樹はその例が多いが、なかでもサクラ、モミジが著しく、イチョウもその一つである。針葉樹ではカラマツ、ラクウショウ、セコイヤなどがその例である。

　普通、冬に一斉に落葉する樹木（夏緑）をいうが、年間を通じて高温・多湿で、寒さや乾燥という季節の定かでない熱帯多雨林においても落葉樹は存在し、いつでも一部の種や個体が落葉して裸になっているが、1本の木で落葉した枝と葉のついた枝をもっていたり、裸になっても半月ほどで新しく葉を展開してしまうなど、常緑樹との区別がはっきりしない樹種も見られる。温帯に多く生えており、種類も多い。同一植物で環境により落葉樹であったり、常緑樹であったりするものもある。

　落葉樹の大半は広葉樹であるが、針葉樹の一部も含まれる。夏緑林は北半球の温帯北部に広く発達する。落葉は低温に対する適応であるが、落葉は温度を高く維持しても起こる。落葉樹林の北限は日平均気温10℃が120日以上までで、それ以下になると針葉樹に置き換わるといわれる。

③半落葉樹

半落葉樹（半常緑樹）は、自生地では常緑樹だが、自生地と異なる環境にあったり、気温の変化などによって冬季にある程度の葉を落とす。キンシバイなど、地域により落葉せずに葉を残すような種類の木が該当する。本州では落葉するが暖かい沖縄では落葉しない樹木もある。部分的に、または気温などの条件によって落葉性を示す植物もあり、これらを半落葉性もしくは半常緑性と呼ぶ。

半落葉樹の代表的なものに、歩道の生垣によく使用されているハナゾノツクバネウツギやヤマツツジなどがある。ヒートアイランド現象にともない、これらの半落葉樹は都市部では近年ほとんど葉が落ちないように思える。

④陽樹

陽光が十分に当たる場所で生育する樹木。木本性の陽性植物。耐陰性に乏しく、陽地に生じる植物で、最少受光量や補償点が高く、光量が大きくなれば光合成量は増す。対立する語は陰樹。

光の強い所では幼植物の成長が速いので、何物にも覆われていない裸地に生育し、植生遷移では先駆者となる。疎林で林内に強い光が注ぎ込む時には稚樹が生育するが、林が密になって林床へ光が入って来なくなると陰樹に置き換わる。陰樹と陽樹は、極端なものははっきりしているが、様々な中間段階のものがあるので、木本植物が二つのタイプに区分されるというような性質のものではない。

カンバ類、ヤシャブシ、アカマツなどが代表的な種で、生育に最低限必要な光合成量が比較的多いタイプの樹木のこと。生育に多くの光を必要とするため、ある程度成長した森林の中では生育できないが、十分に光を浴びた場合の成長量は比較的高いものが多いため、若い雑木林はこの陽樹が優勢となる。

⑤陰樹

直射日光を避け、日陰を好んで生育する樹木あるいは、日陰や半日陰の土地に耐えて生育できる樹木である。

光に対する要求性が比較的低く、生育するために最低限必要な光合成量が少ないため、比較的暗い場所でも成長が可能な性質を持ち、照度が低く陽樹が生育できないような場所でも生育が可能。しかし、光が少ない方が良い訳ではなく、光の当たる部分に葉を伸ばさなければ良く成長しない。発芽成長には光が少なくてよいものの、土壌や湿度はより多く求めるものも多くあり、陰樹であっても明るさは嫌いではないといわれる。

シイ、タブノキ、ツバキ、ヤブコウジ、ベニシダ、ワラビ、ヤブラン、アオキなどが代表的な樹種である。

B 草花の性質による分類

草花には生育年数により次のように分類できる。

①一年草

播種後、発芽から成長、開花、結実し1年以内に枯死する、1年で世代を終える植物を「一年草」または「一年生植物」という。観賞価値は高く、種類は多いが、開花時期が比較的短いものが多い（アサガオ、ペチュニア、コスモスなど）。

②二年草

播種後、発芽から成長、開花、結実し2年以内に枯死するものを「二年草」または「二年生植物」という。二年草には成長後に発芽し、冬季の低温または夏季の高温を経て開花する種類もある（ホリホック、ジキタリスなど）

③多年草

環境に適応し、数年にわたり生育する植物。原産地の気候に似た環境により、枯死せずに生育と開花を繰り返す。常緑性のものと落葉性のものがある。多年草は主に次の④～⑦に分類できる。

④宿根草（耐寒性多年草）

耐寒性が特に強い多年草で、春から秋まで生育し、冬季は地上部を枯らして落葉、根や芽が休眠する

ものを宿根草という。春になり暖かくなると再び芽を出して生育し始め、数年にわたり、生育と休眠を繰り返す。

⑤球根

多年草の中で、根や茎の一部が肥大化し、鱗茎状・塊茎状・球茎状となり、球根を形成する植物。丸くなった根の部分に養分を蓄積し、生育と開花を繰り返す。花が終わると地上部は枯れるものもあるが、休眠しながら次に花を咲かせるための養分を再び蓄積し始める。

- 鱗茎状球根……チューリップ、ユリ、ヒヤシンスなど。
- 塊茎状球根……ベゴニア、シクラメンなど。
- 球茎状球根……グラジオラス、フリージア、クロッカスなど。

⑥常緑性多年草

常緑性多年草とは、葉を落とさずに乾季や冬季を越す種で、年中緑の葉を見ることができる。アルメリア、エリゲロン、オキシペタラム、クリスマスローズ、ゼラニウム、ツボサンゴ、オステオスペルマム、ヤブラン、ユリオプスデージーなどが挙げられる。

⑦落葉性多年草

越年して毎年花を咲かせる多年草のうち、一度葉を落として休眠するものを落葉性多年草という。地上部や地下部に芽を残し、寒い冬や夏の暑さなどを乗り切る。つまり、葉が落ちて芽のみが休眠し、枯死しない植物。このうち耐寒性が特に強く、冬に落葉するものは宿根草（耐寒性多年草）という。この休眠するタイプの中には、特に夏の暑さや冬の寒さに弱い性質のものが見られるので、生育には適した環境を選ぶことが大切となる。アスチルベ、キク、ギボウシ、クレマチス、ケマンソウ、キキョウ、シャクヤク、ホトトギスなどがある。

2-3-4　意匠による分類

物の形や色、模様などについて、装飾上の工夫あるいは加工を加えることを意匠（デザイン）という。植物による意匠とはつまり「植物のデザイン性」であり、植物が本来持っている形、色、模様の特徴をエクステリアのデザインに効果的に生かすことが、景観、美観の質の向上につながる。植物による意匠における主な要素を分類すると次のようになる。

A　形（フォルム）

形（フォルム）が与えるデザインへの影響は非常に多く、効果的な利用ができる。樹木や草花が持つ自然な樹形や特徴を植栽に取り入れることで、デザインに強弱や立体感が生まれる。

- 樹形……特徴のある樹木としてニオイシュロラン（南国をイメージさせる形）など。
- 葉の大小……葉の大きな樹木としてイチジク、ユズリハ、ヤツデなど。葉の大きな草花としてギボウシ、カンナなど。葉の小さな草花としてタイム、ワイヤープランツ、ダイコンドラなど。
- 草姿……特徴のある草花としてアカンサス・モリス（葉に切れ込みがあり美しく芸術的イメージ）、ニューサイラン（大きく放射状に広がる剣状の葉。風格のあるイメージ）など。

B　色（カラー）

色彩が与える環境や景観へのイメージは大きく、デザイン全体の雰囲気を左右する大事な要素の一つ。植物の場合は葉色、花色、樹皮の色がイメージの決め手となる。

- 樹木の葉色……赤葉にはノムラモミジの新芽、紅紫葉はベニバナトキワマンサク、黄葉はグミ・ギルドエッジ、銀葉はフェイジュア、オリーブなど。紅葉はモミジなどの他、ドウダンツツジ、ニシキギ、ナツハゼなど。
- 花色……シバザクラのピンク、フランスギクの白、ネモフィラやサルビアの青、ポピーの赤など。
- 草花の葉色……ヒューケラ、コリウスなどのカラーリーフ。

- 樹皮の色……サルスベリ、ヒメシャラ、ナツツバキ、シラカバなど。

C　模様

　模様が樹皮や葉に表れる植物は、非常に個性的なイメージを景観に与える。視線を集めたい場合や、庭のテーマに強く影響させることもできる。

　「斑入り」とは、葉の葉緑素の一部が消えその他の色素が出現することにより、白、黄色、ピンク色などが葉に表れ、模様のように見えることを指す。斑入りは珍しさや美しさから植栽に取り入れられることが多いが、光合成能力が劣り、生育しにくいこともある。

　斑入りには次のような種類がある。

- 覆輪……葉の縁に入る斑。
- 縞……1本以上の線状に入る斑。
- 源平……葉の左右どちらか半分の全面に入る斑。
- 散り斑……霧を吹き付けたような斑。
- 星斑……大きな点が星のように不規則に入る斑。

2-4　植生

　植生に関しては、「1-3-3　植生分布」で温度の面から述べているが、改めてここでまとめておく。

2-4-1　自然植生と代償植生

　植生とは、地球上の陸地において砂漠や氷河地域などの極端な地域を除き、ある場所に生育している植物の集団である。そして、人為的な影響をまったく受けず、自然のままに生育している植物の集団を自然植生（一次植生）と呼ぶ。しかし、現在の日本においては、国土開発の進行に伴う自然環境の破壊が進んだことから自然植生はほとんど見られなくなっており、国土全体の約16％程度を占めるに過ぎないといわれている。

　代表的な自然植生としては、関東以南の海岸や低山帯に成立するシイ、カシ、タブなどの常緑広葉樹林、関東以南の山地帯や本州北部、北海道の低山帯に成立するミズナラ、ブナを中心とする落葉広葉樹林、北海道の山地に成立するエゾマツ、トドマツの亜高山針葉樹林などがある。

　これに対し、現在私たちが接する植生のほとんどは、伐採、植林、放牧、汚染などによる人間の干渉を受けて形成されている。これを代償植生（二次植生）という。

　さらに、代償植生から人間の影響・干渉が一切なくなった場合に、気候や立地条件から成立するであろう自然植生を、理論的に類推したものを植物生態学上の概念で「潜在自然植生」という。神社の境内にある森林帯や、風の強い地域（平地）に形成された屋敷林（「3-6　植栽と防風」参照）などにみられることが多く、これらの植生は昔から水害、なだれ、風害などから農地や人びとを守ってくれる防災林としても活用されてきた。

　普段私たちが携わる多くの植栽計画にとって、以上のような自然植生と代償植生などの概念はマクロ的過ぎるかもしれないが、エクステリア計画地の本来の植生も把握、理解したうえで植栽計画を進めることは、その後の維持管理だけではなく、その樹木本来の樹形、葉の出色、花の出色、実の結実などにとって負荷がかからない条件を整備するための第一歩と考えられる。

2-4-2　植生の遷移

　植生は常に一定ではなく永い時間の経過とともに変化する。この変化を「遷移」という。例えば、草木が1本も生えていない岩や土が露出している裸地から森林が形成されるまでの過程において、「植物群を構成する種や、個体数が時間に伴い変化すること」である。

遷移は裸地から始まるものだけでなく、現在では植生が破壊されてしまった状態から始まるものもあり、例えば耕作放棄された田畑などの農地がやがて草原となり、さらに森林へと遷移していく場合などである。

遷移は長い年月をかけて行われるが、地域の気象条件などにより、最後にはもうそれ以上変化しない植生に到達する。この状態を「極相」という。日本の場合は降水量と気温が十分にあるため、ほとんどの場所の極相は陰樹の森となる。

一般的な遷移の流れとして、火山噴火後の「裸地」から、極相の「陰樹森」に移り変わるまでを示す（図2-16）。

①裸地・荒原

火山が噴火すると溶岩が流れ出し、しばらくすると冷えて固まり、岩石に覆われた大地となる。そこは草木が一本も生えないような裸地となる。土壌に植物が成長するのに必要な養分や保水力はない。

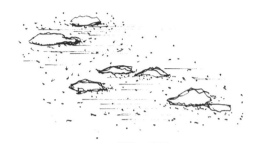
裸地・荒原

②コケ類・地被類の侵入（4～5年[*1]）

数年すると、養分を含んだ土壌がなくとも、ほとんどの栄養素を大気中の水分と太陽光による光合成から得ることができるコケ類や地被類が進出する。その後はコケ類や地被類が遺骸となって土壌を形成し、草原ができる環境が整えられていく。

コケ類・地被の侵入

[*1]（ ）内の年数は大まかな目安であり、それぞれの環境により大きく異なる。以下同じ

③一年生植物の草原（5年～）

裸地にコケ類や地被類が進出した後、保水力や養分（栄養塩類）を含んだ薄い土壌ができると、一年生植物（一年生草本）が繁茂するようになる。

④多年生植物の草原（～20年）

一年生植物の繁茂後、やがてススキやチガヤのような多年生の植物（草本）の草原が出現する。そうすると植物の根が岩石の風化を促進し、徐々に樹木ができる土壌が形成されていくことになる。

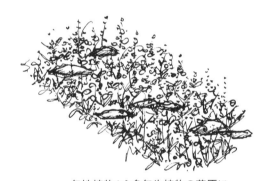
一年性植物から多年生植物の草原に

⑤陽樹を中心とした森林（20～200年）

土壌環境が整ってくると、最初は強い光を好み、乾燥に強い陽樹が出現し、低木林を形成する。遷移の初期に現れる樹木（ヤシャブシ、ヤマツツジ、ハコネウツギなど）を先駆樹種という。やがてアカマツ、コナラなどの陽樹の高木林が形成されて陰樹が生育できる環境を整えた後、減退・消滅する。一般に陽樹の成長は速いことが知られている。

⑥陰樹を中心とした森林（200年～）

陽樹が育ってくると、林床に太陽光があまり届かなくなる。つまり陽樹の成木自らが光を遮ってしま

陽樹中心から陰樹を中心とした森林に
図2-16　裸地から陰樹森までの遷移

うため、林床に光が届かず、同じ場所には陽樹の幼木が育たなくなる。そしてスダジイ、アラカシなどの陰樹の種子が侵入する。陰樹は日照量の少ない環境でも育つので、陽樹の成木の下で成長を始め、しばらくすると陽樹の成木に陰樹が混じった混交林が形成される。

その後、陰樹の高木林が形成されると、林床に光がほとんど届かなくなり、陽樹は減退・消滅する。そして陰樹を主な樹種とする高木林が形成される。陰樹の幼木は少ない光環境の中でも、生育することができるので、幼木と成木が入れ替わるだけで、構成する樹種はほとんど変化しなくなる。そのため陰樹の高木林はこれ以上植生が変化しない安定した状態（極相）になる。

こうして原生林のほとんどは陰樹林となり、長期間にわたって森林が持続すると安定した極相林となる。極相林をつくる樹種は限られていて環境によって異なる。そして極相林は地域の森林を代表する樹木となる。代表的なものとして、北海道（亜寒帯林）のエゾマツ林、日本海側（冷温帯）のブナ林、温暖帯沿岸部のタブノキなどが挙げられる。

（参考・引用 『森林インストラクター入門』全国林業改良普及協会、1992)

2-5　根の役割・特性

根は、その植物にとっては肥料成分や水を吸収するための機能を持つが、同時に植物体を支える役割を果たしている（図2-17）。草の根はそれほど深くないが、樹木は深く広く土壌に侵入する。その形は植物の種類によってもある程度決まっているが、地形や土質によって変化する。根の細胞のための栄養分は地上部から師管を通じて送られる。根が地中でどのような働きをしているか、また、様々な根のタイプをまとめておく。

2-5-1　根の働き

根の呼吸によるガス交換は、一般に根の表面で行われる。したがって、湿地や水中では根は深く侵入できないことが多い。湿地に森林が成立しにくいのはそのためである。一部の植物では呼吸根を出したり、根の内部に空気の通る管を形成してこれに対応している。

植物の根は重力の方向に、地上部は重力と反対の方向に成長するが、この性質を重力屈性といい、重力方向か、反対の方向かで、正の重力屈性、負の重力屈性と区別している

このように根は重力の働きで地中にもぐるが、この重力を感じるのが根の先端にある根冠の部分である。植物の根端部分は根冠、分列組織、伸長帯の3部分からなっており、分列組織で細胞が増加し、増加した細胞は伸長する。伸長し伸びて行く方向を決めるのは根冠である（図2-18）。

根はどこまで伸びることができるのか。土の中の水分は一般に深くなるほど多くなるので、乾燥した地域でも地下水まで根を伸ばすことができれば植物は生きていける。雨の少ない乾燥した地域で生育で

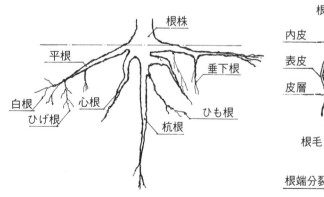

図2-17　根系の区分と名称

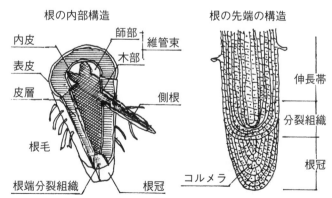

図2-18　根の内部および先端の構造

きる植物には、水分を求めて深い所の水分を吸収する能力がある。これを水屈性という。乾いた空気に触れると湿った空気の方へ向かって伸びて行く性質があるためである。

地中深くまで根を伸ばすことができるのは、直根系の植物であって、ひげ根系ではそれほど深くまで伸びることはできない。これらの植物は、接触面積を大きくして水分の吸収を図っている。

2-5-2 根の色と成分

地上部の花や実に様々な色があるように、根にも様々な色がある。古くから私たちは染色材料にしたり、薬用にしたりしてきた。どうして植物の根が色を持つようになったかは分かっていないようだが、それぞれ自然界の中から自分の色を持つにいたったことは、興味深い事実である。

表2-6　根の色と成分

植物	根の色	成分
ニンジン	赤橙色〜赤色	カロチン、リコピン
水稲	赤褐色	鉄分
ビート	赤紫色	ベトシアニン
ムラサキ	紫色	シコニン
ウコン	黄色	クルクミン
アカネ	黄赤色	アリザリン
アイ	藍色	インジゴ

2-5-3 根のタイプ

根のタイプは、主根系（直根系ともいわれている）とひげ根系の2タイプに分類される（図2-19）。主根系はまっすぐ地下へ伸びて主軸を形成し、ここから側根が派生し、側根からさらに細根が派生して逆三角形に広がっていく。細根が側根を支え、側根は主根を支えており、大木の根はこのタイプに属する。

ひげ根系は沢山の細いひげ根の集まりからできている根茎で、地表近くに鍋底型に広がる。ひげ根からさらに細い支根が多数でている。このタイプは単子葉植物で形成され、地上部分の構造はイネやムギにみられるような多くの葉や茎のある植物になる。

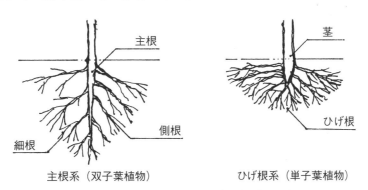

図2-19　主根系とひげ根系の根の形

2-5-4 様々な根

A　不定根

茎から二次的に発生した根のことで、胚の幼根が成長した主根や、それから分枝して生じる側根を定根と呼ぶのに対して、不定根という（図2-20）。不定根は、種子などの定位置でないところから出た根であるので「不定」であって節根とも呼ばれ、どこから出るか分からない根ということではない。

不定根は、シダ植物や単子葉植物、根茎や匍匐茎で繁殖する双子葉植物などで普通に見られる。地上部からの気根も不定根であり、この場合の不定根のほとんどは節のところから出る。また、人為的に挿

木などからも不定根を出させることができる。ベゴニアやベンケイソウなどでは、切り取った葉から不定芽とともに不定根を生じる。

B 支柱根

気根が地面まで降りてきて茎を支えるもの。木の根の構造の一つで、地表からタコ足状に斜めに根が伸び、木の幹を支える。マングローブや熱帯雨林を構成する樹種に見られる。気根とは、地上の茎や幹から出る根のこと。タコノキは、支柱根をタコの足（触手）に見立てた命名。身近な植物ではトウモロコシにも見られる。

図2-20　不定根

マングローブを構成するヤエヤマヒルギ（図2-21）などの木は、マングローブ泥とよばれる特殊な泥質土壌に生育するので、地下部では酸素が不足しがちになる。そのため地表に顔を出す呼吸根を発達させるものが多い。ヤエヤマヒルギなどでは、それが支柱根の形を取っている。また、潮間帯に生育するため、波による樹体へのストレスを和らげる働きもあると考えられる。

図2-21　ヤエヤマヒルギ

支柱根は地上部から出るため、気根との区別は難しい。普通は幹や枝から垂れ下がるものが気根で、斜めに出るものが支柱根である。

C 板根

幹の下部から出る根の上側が幹にそって板状に突出するもの（図2-22）。土が流出し下方に根が伸ばせなくなった樹木が、支持材として発生させる。樹幹の成長につれて地上まで日照が届かなくなり、ひこばえが生えにくくなった結果、赤土と礫・石・岩以外の土壌が保てなくなった熱帯地域に多い。

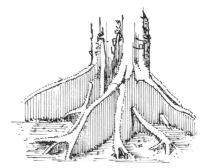

図2-22　板根

D 付着根

よじ登り植物[*2]の地上茎から生じたもので、気根の一種であり、不定根が特殊化したものである（図2-23）。植物体を支えるために他の樹木などに巻き付いたり、吸着したりする働きをもっている。ひげ状のものや巻きひげ状の根がある。キヅタ、ツタウルシ、ノウゼンカズラ、ツルマサキ、ホウライショウ、着生ランなどに見られる。ツタやテイカカズラでは吸盤のある茎性巻きひげから、さらに付着根を生じる。

図2-23　付着根

[*2] よじ登り植物とはツル性植物のタイプで、トゲや付着根などで他の植物を支持体にして、よじ登るように生育するもの。

E 寄生根

寄生植物の根で、宿主となる他の植物の組織の中へ侵入して水や栄養分を吸収できるように変形した根をいう（図2-24）。寄生植物は双子葉類に見られ、宿主は被子植物であるが、それぞれ寄生する植物群が決まっている場合が多い。寄生根は根冠を備えず、宿主の維管束に接するまで侵入する。寄生根の維管

図2-24　寄生根

束の木部や篩部はそれぞれ宿主の木部や篩部と連絡する。

　寄生植物には葉緑素を欠く全寄生と、葉緑素を持ち光合成を行う半寄生とがあり、寄生根を地上につくるものと地下につくるものがある。ヤドリギ、コゴメグサは半寄生で樹上で発芽して寄生し、ラフレシア、ネナシカズラは全寄生で他の植物に絡んだ茎からの不定根が寄生根となる。ナンバンギセル、ハマウツボ、オニクは全寄生で、地下に寄生根がある。

F　呼吸根

水性植物など湿地の植物が、地上部の空気が乏しい場所で呼吸に要するガス交換のために泥の上または水面上に出した根。気根の一種。皮層などは細胞間隙がとくに大きな通気組織となる（図2-25）。ヌマスギ、マングローブなどにみられる。

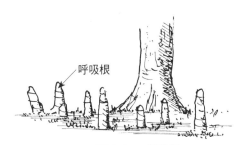
図2-25　呼吸根

G　根粒

根粒とは、根粒菌という細菌（バクテリア）が住みつくことで、植物の根に生じた粒状のものである（図2-26）。根粒菌は、宿主であるマメ科植物から栄養をもらって生きているが、マメ科植物も根粒菌を根につけていることで、根粒菌がつくる窒素成分の供与を受けて生育促進している。

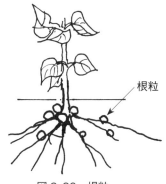
図2-26　根粒

H　塊根

植物の根が肥大して水や養分を蓄える働きをするものを貯蔵根といい、貯蔵物質により肥大した根を塊根という。不定根が不定形に肥大したもので、普通は紡錘形のイモの形となるものをいう（図2-27）。不定芽をつくって栄養生殖を行うものが多い。カラスウリ、サツマイモ、ダリアなどで見られる。貯蔵養分は糖類が普通で、サツマイモのようにデンプンであることが多く、ダリアではイヌリンである。

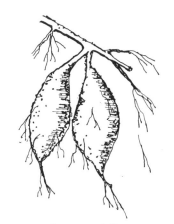
図2-27　塊根

I　牽引根

球根類などにみられる、母球の上の新球から太くて多肉質の根を出して、後に収縮して新球を地中に深く引き込む働きをもつ根のこと。この根を牽引根または収縮根という（図2-28）。フリージアやグラジオラスには牽引根があり、それが片側に出ると地上部がその方に倒れる。

　ユリ科植物など球根を持つ植物によく見られる。成長に伴って新しい鱗茎（球根）が古いものの上にできるので、鱗茎が地上に出るのを防ぐために地中へ鱗茎を引っ張る働きをする不定根である。これにより、古い球根の位置に新しい球根が戻される。この根には収縮によってできた横に走るしわが見られる。

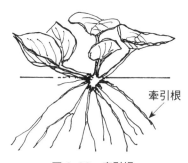
図2-28　牽引根

2-5-5 根の形態

根には地表に沿って水平に伸びる（水平根）、斜めに伸びる（斜出根）、下方に伸びる（垂下根）などがある（図2-29）。根を垂直分布と水平分布に分けた特性などについてまとめるとともに、根の分布特性で分類した代表的な樹種を表2-7に示しておく。

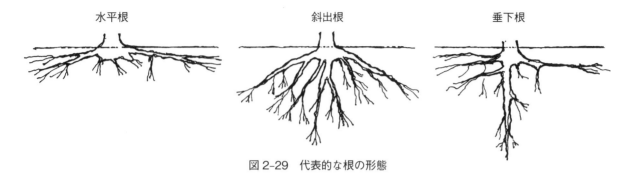

図2-29　代表的な根の形態

表2-7　根の分布特性一覧表

		水平分布		
		集中型	分散型	中間型
垂直分布	浅根型	ハクウンボク、ヤマモミジ、ハウチワカエデ	エゾヤマザクラ、イタヤカエデ、ケヤマハンノキ	ハルニレ、ナナカマド、ミズ、ポプラ類
	中間型	ニシキギ	シナノキ、スモモ	カラマツ、ニセアカシア、プラタナス
	深根型	イチイ、カツラ、ミズナラ、クリ、シダレヤナギ	ヤチダモ、キハダ、イチョウ、トチノキ	トドマツ、キタゴヨウマツ、シラカンバ

A　根の垂直分布
- 浅根型……根が浅く伸びる性質の樹種。
- 深根型……地中60cm以上におよそ15%以上の細根が分布する樹種。
- 中間型……深根形と浅根型の中間的な性質の樹種。

B　根の水平分布
- 細根の分布状況により集中型・分散型・中間型に分類できる。

C　根の分布特性
- 浅根型の樹種は土壌層の厚さの浅深に関係なく生育する。
- 深根型の樹種は土壌層の厚さが浅いと生育しない。

第3章　植栽の機能と効果

　この章では第1章、第2章で紹介した植物の生理や生態を理解したうえで、エクステリアの植栽計画に有効な植物の持つ機能や効果についてみていく。植物を植えることで得られる様々な効果を10項目に分けてまとめ、項目ごとに、その状況を改善する方法や得られる効果を具体的に紹介する。植物のもたらす機能や効果は様々であり、上手に活用し植栽計画に生かせば、より魅力的なプランをつくりだせる。

第3章 植栽の機能と効果

3-1 植栽と騒音

音の大きさの単位としてのデシベル（dB）は、音だけでなく電力、電流、電波などの分野で使われている単位だが、身近な環境の中で見ると、電車が通過するときのガード下での音は100dB程度、静かな事務所のエアコン始動時や室外機の音などが50dB程度、木の葉の触れ合う音が20dB程度といわれる。成人が聞き取れる音の限界といわれる0dBを基準（最少可聴限度）にしている。

植栽は、人間にとって不快な騒音の被害をある程度低減させることが可能といわれている。植栽により次のような効果があることが分かっている（図3-1）。

- 樹木の幹や枝、葉に当たった音が乱反射し拡散する。
- 樹木を通過する音が吸収される。
- 植栽地の地面に音が当たる地表面反射・擦過吸収により、伝わる騒音が低減する。

しかし、意図的な効果を上げるにはかなりの植栽密度、あるいは規模が必要だともいわれている。その規模とは植栽の幅、樹高ともに10m以上の植栽帯が必要される。ただし、音源との間を遮断することだけでは、音の性質上、音の到達を防ぐことはできないとされている。

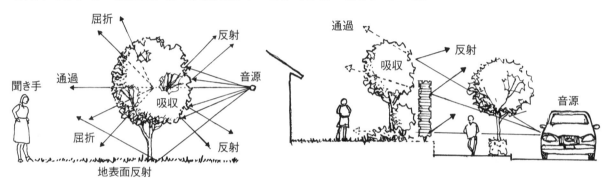

図3-1 樹木の防音効果

3-1-1 騒音の基準と植栽による低減効果

騒音と判断される音の大きさは、「時間帯」や「場所」によっても変わり、音の大小よりも人の感情的な部分が大きく影響するといわれる。

一般的な人による普通の会話の音の大きさは60dB程度といわれている。環境基本法第16条第1項で規定する、専ら住居の用に供される地域の「騒音に係る環境基準」では昼間で55dB、夜間で45dB以下とされている（平成24年3月30日告示54号）。多くの人は80dBくらいの音の大きさから「うるさい音」と感じ始めるとされ、130dBを超える音を長時間聞いていると、聴覚に支障をきたすともいわれている。

植栽による音の低減効果に関する研究は、これまで各方面で実施されてきた。それらの研究内容をみると、物理的効果は、主に樹葉の吸音作用、植樹帯による音の遮断、散乱作用、植栽地の地表などの複合作用によるものとされ、ある条件下では、10～20dBも減音効果が確認された例もある。さらに、植栽による防音効果は吸音効果よりも反射効果が期待でき、葉の形が大きいものや、広葉樹の方がより反射量が増加する。

一般に、遮音・吸音効果に影響を及ぼす因子としては、主に発生音の周波数、植樹帯幅、植樹帯密度、植樹帯の高さなどが挙げられる。これらはいずれも騒音伝搬経路への対策といえ、騒音発生源と聞き手の途中に何らかの手段を講じるものである。

3-1-2 植栽の物理的効果

植栽による騒音低減効果については、1990年代中頃から様々な分野で実験が行われ、研究成果が発表されている。例えば、2008年の旧東京都土木技術センター（現土木技術支援・人材育成センター）

第3章　植栽の機能と効果

による「環境緑地帯の道路交通騒音低減効果」（年報 ISSN1882-2657、14）では、植栽帯を有する地点と有しない地点（開口部）で、道路交通騒音レベルを測定、比較した結果、植栽帯全体で2～3dB低減したことが報告されている。

さらに、騒音を軽減させるだけであれば遮音壁などのほうが効果は大きいと思われるが、植栽（街路樹）は修景（景観の向上、沿道との景観調和、通行の快適性など）、安全運転（視線誘導、遮光、交通分離など）、環境保全（大気の拡散浄化、防災、夏季の緑陰など）などの機能が期待できるとも報告されている。

しかし、物理的な低減効果については、定量的な評価の確立まで至っておらず、視覚的・心理的な効果であるマスキング効果も含めて総合的に評価されるものである。

3-1-3　自然の音で騒音を包み込む効果

虫の鳴き声や小鳥のさえずり、風に揺れる枝や葉の擦れ合う音などによって騒音を包み込み、耳に快適な音を植栽によりつくり出すことも、植栽の騒音低減効果とされている（図3-2）。しかし、木々の葉擦れの音や小鳥のさえずり、虫の鳴き声などが騒音を包み込むことによって、どの程度の騒音低減効果があるのかについては、実験により数値化された騒音低減データは見当たらないので、はっきりとはしていない。やは

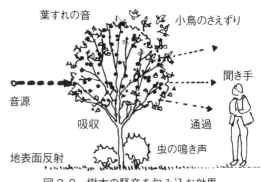

図3-2　樹木の騒音を包み込む効果

り、心理的、情緒的な景観要素の向上効果が大きいといえる。

虫や小鳥を呼び寄せるのに効果があるのは、花や実のなる樹木といえるが、小鳥などを呼び寄せるだけならば餌箱やバードバスなども効果的だ。さらに、葉の擦れ合う音による騒音緩和効果を生み出すには、表面がざらざらして音が出やすい葉の樹木や、針葉樹が考えられる。

風に揺れ、葉の擦れ合う音を出すのに効果のある樹木として、カシワ、ヤマナラシ、カツラなどがあるが、逆にそれが恒常風や強風によって日常的に不愉快な音を発生することも考えられる。

虫の鳴き声や小鳥のさえずりを期待できる効果の高い木は、実のなるクロガネモチ、サンゴジュ、ムラサキシキブなどだが、小鳥や虫が集まり過ぎることにより、耳障りな音や糞害などといった騒音以外の不快な要素になることも考えられる。

このように実際の植栽計画において、自然の音で騒音を包み込む効果を期待しすぎることは、日常生活に精神的な重圧を与えることにもなりかねないので、注意が必要となる。

3-2　植栽と遮光

樹下の明るさは、樹木によって大きく変わってくる。例えば、落葉樹の下は常緑樹の下よりも明るめの日陰ができるし、自然樹形の場合、樹木の大きさによっても日陰のでき方が変わる。樹木や樹冠などによって異なる日陰のでき方、遮蔽率などについて図を交えながらて見ていく。

3-2-1　落葉樹と常緑樹の遮光

まずは、落葉樹と常緑樹における遮光の違いを整理しておく（図3-3）。

A　落葉樹

落葉樹の遮光率は、初夏から晩秋にかけて50％～70％程度、晩秋から初夏にかけては5～10％程度に推移するといわれる。落葉樹の樹下の遮光率は、季節によって大きく変わるため、植栽の際には周囲の環境を考慮して、植栽場所を決めるようにする。建物と日光の角度などを確認して配植すれば、心地良い日陰をつくることができる。樹下は、日陰や半日陰を好む植物や球根植物などの植栽場所に向く。

B　常緑樹

年間を通して葉を着ける常緑樹は、葉が厚くて密度の高い木が多いので濃い日陰ができる。そのため、多用すると樹下は暗く、湿った環境になってしまう。落葉樹の樹下よりも遮光率が高く、他の植物の生育が難しいので、防草効果は高くなるが、混植できる植物は限られてくる。

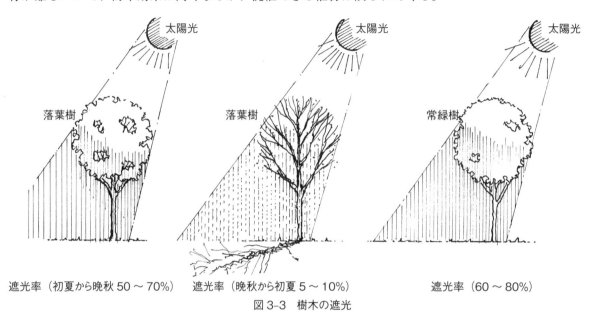

遮光率（初夏から晩秋 50～70%）　　遮光率（晩秋から初夏 5～10%）　　遮光率（60～80%）

図3-3　樹木の遮光

3-2-2　樹冠の粗密と遮光

樹木の枝葉を含めた上辺部分を樹冠という。樹冠の枝葉の密度は樹木によって異なるため、樹冠によってできる日陰の印象も違ってくる。樹下における遮光では、樹冠部分の粗密の割合によって遮光率が変わるため、植栽に用いる樹木の樹冠の形状を把握することが重要になる。樹種によっても遮光率の差はあるが、落葉樹と常緑樹の樹冠の粗密について次にまとめておく。

A　落葉樹の樹冠

落葉樹は枝葉の密度が低いものが多く、枝葉が柔らかいため、風によって枝葉が揺れることで、遮光も多少変化する。木漏れ日のさす木陰をつくる場合は、落葉樹を使用すると柔らかな印象になる。

B　常緑樹の樹冠

常緑樹は枝葉の密度が高く、葉が固くしっかりとしているため、風による遮光の変化は少なく、安定した遮光率を維持する。濃い日陰をつくるので、落葉樹と組み合わせて濃淡を出すと、美しい木陰を演出できる。

3-2-3　樹冠の高さと遮光

樹木によって樹冠の形状や粗密は異なるので遮光に違いがでるが、樹高によっても遮光の割合が変わってくる。樹冠の大きさが同じであっても、高さが違えば、つくり出す木陰も変わる。そのため、樹木の配置を決める際には、組み合わせる樹木の樹冠の高さも考慮する必要がある。高低差をつけて配置した樹木の樹冠が重なる場所は、日陰が濃くなるので、その部分に下草や低木を植える場合には、遮光率に合った植栽をしないと生育が悪くなり、枯れてしまうことがある。植栽設計をする際には、樹木の樹冠の組み合わせを十分に考慮することが大切になる（図3-4）。

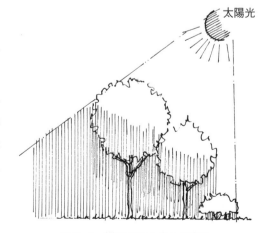

図3-4　樹冠の組み合わせ遮光

また、植物の生育によって樹冠の大きさや形状は変化していくので、先を見越して配置を決める。生育の早い樹木は十分な間隔を空けておくことが必要。樹木が成長しきるまでの間は、一年草などの草花を植えて楽しむといいだろう。

3-2-4 植栽による日照量のコントロール

植栽による日照量のコントロールは、様々な方法で用いられている。日照量をコントロールすることで生活環境を改善するほか、低木や草花においては、植物に合わせた日照量により植栽のバリエーションを増やすことができる。

また、樹木の樹冠の枝葉の量を剪定で調節し、日照量をコントロールしながら周囲の環境に合わせて変えることで、過ごしやすい木陰の空間がつくりだせる（図3-5）。

手入れをしていない
刈り込んたままの樹木
樹冠の表面に枝葉が密集して
内部と地面には光が届かない
・光も風も通りずらい
・樹冠下では植物が育たない
・庭に奥行きがなく、暗い

透かしの手入れをした樹木
幹や枝が見えて、葉の密度も
平均的で、光が地面にも届く
・下草、地被類も育つ
・光も風も通る
・庭に奥行きがでる

下枝を切り取り透かした樹木
樹冠の下部を除き、空間をつくり、下草、灌木、花卉類も育つ。
樹冠が小さく足元が開けるため、
幹周りに直に光が当たる
・奥行きがでて、植栽域が広くなる

図3-5　日照量のコントロール

3-3　植栽と大気浄化

植栽された樹木には大気浄化機能があり、汚れた空気をきれいにする働きがある。大気汚染には、車の排気ガスやPM2.5（小粒子状物質）の問題など、昔からの公害とは違った大気汚染も考えられる。樹木の大気浄化機能については、地球温暖化対策にも関係する二酸化炭素（CO_2）の吸収・貯留、酸素の供給、葉面の気孔を介して行われるガス状汚染物質の吸収、葉面などの枝葉に付着・吸着される物質の捕捉などがある。

3-3-1 植物による大気汚染物質吸収能力

樹木による周辺の大気浄化機能には表3-1のように、二つに大別される。

表3-1　大気浄化機能の分類

汚染物質の吸収	光合成にともなう二酸化炭素（CO_2）の吸収、貯留と、その結果による酸素（O_2）の供給
	葉面の気孔を介して行われるガス状汚染物質（二酸化窒素［NO_2］や二酸化硫黄［SO_2］）の吸収・分解
個体や液体の微粒子である塵埃（じんあい、ほこり）の吸着等	樹林地内で塵埃が地表に落下する
	微細な塵埃が植物の葉に付着する

樹木の大気浄化機能に関しての調査、報告は、個々の樹木を対象としたものではなく、大きな樹林地や森林において、樹木の葉面の気孔からの二酸化炭素（CO_2）吸収量と大気汚染物質の吸収量が比例す

る、といった条件のもとに解析したものが大部分である。個々の樹木に関して踏み込んだ調査・報告は限られている。大気浄化を主眼とした樹木の植栽は、緩衝緑地帯の造成や工場緑化などの一部の例を除き、あまり行われてこなかったのが実情である。

個々の樹木にまで言及した報告に環境再生保全機構「大気浄化植樹マニュアル　2014年度改訂版」があり、その中の一部の結果を参考として表3-2、3-3、3-4に示しておく。

表3-2　単木の年間総 CO_2 吸収量（総光合成量）の概算表（単位：$kgCO_2/y$）

DBH または D_0 (cm)	樹高 H (m)	落葉広葉樹高木[*1]	常緑広葉樹高木[*2]	中低木
2	2	18	11	2
3	2	32	21	5
4	3	53	35	11
5	3	70	53	14
10	4〜5	250	180	53
15	6〜7	530	320	140
20	8〜10	700	530	—
25	10〜13	1100	700	—
30	12〜16	1400	1100	—
40	16〜21	2500	1800	—
50	20〜25	3500	2500	—

（注）　高木はDBH（胸高直径）、中低木は D_0（根元直径）を用いる
　　＊1　マツ類を含む　　＊2　マツ類以外の針葉樹を含む

表3-3　樹木の単位葉面積当たりの年間総 CO_2 吸収量

樹種	年間総 CO_2 吸収量 ($kgCO_2/m^2 \cdot y$)
落葉広葉樹高木	
ユリノキ	2.8
オオシマザクラ	3.2
エノキ	3.7
常緑広葉樹高木	
クスノキ	3.2
アラカシ	3.2
トウネズミモチ	3.6
中低木	
サンゴジュ	3.7
ヒイラギモクセイ	4.1
トベラ	3.7
シャリンバイ	4.2
平均値	3.5

表3-4　単木の形状別総葉量（総葉面積）の推定結果（30種の造園樹木で調査、単位：cm^2）

DBH または D_0 (cm)	落葉広葉樹高木とマツ類	常緑広葉樹高木とマツ以外の針葉樹	中低木
2	5	3	0.5
3	9	6	1.5
4	15	10	3
5	20	15	4
10	70	50	15
15	150	90	40
20	200	150	—
25	300	200	—
30	400	300	—
40	700	500	—
50	1000	700	—

（注）　樹木の形状については、高木は胸高直径（DBH）、中低木は根元直径（D_0）を用いる

(表3-2〜4 環境再生保全機構「大気浄化植樹マニュアル　2014年度改訂版」より）

植物が光合成や呼吸をする時に、葉の裏面にある気孔から有毒ガス（NO_2、SO_2 など）が取り込まれる。この際、有毒ガスの濃度が高くなければ、有毒成分は葉の中で無害化されて、蓄積される。しかし、高濃度のガスを吸収した場合は、葉の内部組織まで破壊されてしまい気孔が閉じてしまうので、総吸収量は低下してしまう。

ただ、オキシダント（自動車の排気ガスなどを発生源とし光化学スモッグの原因となる）のように不安定なガスは葉の表面に接触しただけで分解されるので、光合成能力が低下した痛んだ葉でも大気浄化の機能がある。

表3-2、3-3、3-4からは個々の樹木の値が高いものなのか、低い値なのかは比較対象のデータがなく、判断が困難である。仮に非常に効果があるとしても、自然界において絶えず風向き、風量が変化している環境においては、その値はあまりに微小な量と考えられる。ただし、風にのって飛ぶ埃や花粉などに対して、戸建て住宅周りの植栽は、直接建物への飛散を低減し、一次的に付着した埃を降雨が流し出すまでのフィルターの役目を十分に果たしていると考えられる。葉に付着したり、吸収された汚染物質は落葉とともに地面に落下し、土中の成分となる。分解できない汚染物質を完全に除くことにはならないが、大気はきれいになっている。

大気中に浮遊する粒子状物質のうち、直径が10μm（1μmは、1mの100万分の1）以下のものを浮遊粒子状物質（SPM）といい、いつまでも空中に浮かんで落ちてこない。それより小さい直径2.5μm以下のものは「PM2.5」と呼ばれている。こうした大気中に長期間留まる微小汚染物質は、葉面に付着することで大気から除かれるため、葉面積の多い樹種ほど機能が高くなる。よく葉が繁った森林では、葉の表裏を合わせた吸着面積が裸地の8〜20倍に相当するという。

3-3-2 大気汚染への耐性と浄化能力

大気汚染による植物の被害症状は、まず葉に表れる。着葉期間が短くなるので落葉樹の落葉時期が早まり、常緑樹は葉数が少なくなって枯葉も多くなる。光合成、蒸散が十分に行われず樹勢が衰え、樹勢が衰えると本来の樹形が崩れていく。

植物は、気孔を通じて光合成や蒸散などを行っているが、その際に、二酸化窒素（NO_2）や二酸化硫黄（SO_2）などの汚染ガスが植物体に吸収される。この吸収能力が大気浄化能力と関係しているとみられ、その能力のある植物の調査が進められている。

しかし、吸収量が多すぎると、先に述べたような障害が起こる。そこで、大気汚染に対する耐性のある植物についても調査されている。落葉広葉樹と常緑広葉樹を比較すると、一般に、落葉広葉樹よりも常緑広葉樹の方が耐性が強く、浄化能力については常緑広葉樹よりも落葉広葉樹の方が優れている傾向が示唆されている。

汚染ガスの吸収能力が高く、障害を受けにくい耐性のある樹木を選択することが大切で、植物による大気浄化能力と大気汚染に対する耐性を考える必要があるといえる。大気浄化能力は単葉の浄化能力と葉量（樹木形状、着葉期間など）により総合的に判断される必要がある（「1-5-3　表1-8　24種類の樹木の大気浄化能力および大気汚染耐性の比較」を参照）。

3-4　植栽と防火

樹木の中には火災の拡大を阻止したり、延焼速度を遅くするといった効果を持つ種類もあり、古くから保護対象物の周囲には防火林が配置されてきた。屋敷の周辺にもフクギ、サンゴジュ、カシ類、シイ類、イヌマキなど、防火性、耐火性の高い樹木が植えられた。これらの樹種は燃えにくく、延焼を防ぐ効果があるほか、熱気流や煙の上方拡散を促したり、飛火を消火する作用なども合わせ持っている。

3-4-1 樹木の延焼抑制機能

樹木により延焼を阻止、遅延させていく抑制効果は、空間としての機能、遮蔽物としての機能、水の供給源としての機能などに分けられる（表3-5）。

空間としての機能は、樹木の植栽においては少なくとも数m以上の空間が生まれるので、その空間が持っている効果が大きいといわれる。火災時の熱は離れれば減衰するので、4〜6m程度の街路で火災が焼け止まった事例もある。空間の効果は、輻射熱、熱気流の熱量の距離減衰に作用し、また、接触による危険性も低下する。しかし、飛び火のように数百mから1kmを越える延焼事例もあるので、樹

木が植えられている空間により危険性は低下するが、防ぐことは難しいといえる。

遮蔽物としての機能は、輻射熱、火の粉、炎を遮断することにより延焼を大きく抑制する。樹木では、樹冠の枝葉が輻射熱を遮る。遮蔽物があると炎は垂直方向へ撥ね上げられ、結果として背後の樹木が輻射熱を遮り、火の粉の一部を樹木内部に取り込んだり、拡散落下させることで延焼を抑制する。さらに、樹木は炎の接触を遮断する。

水の供給源としての機能は、火災により温度が上昇すると、樹木は内部の水分を放出することで樹木自身と周辺の温度上昇を防ぐ。さらに、風が弱い場合は、放出された水蒸気が周辺にとどまるので、燃焼の基本的な条件である可燃ガスと空気の混合を抑制し、それにより火災の燃焼を抑えている。

その他の樹木の延焼抑制機能としては、火災の熱は放射状に直進するので、樹木が障害物となって放射熱を遮断する効果がある。

表3-5　樹木の延焼抑制機能

機能	効果	活用
輻射熱遮断	着火防止・温度上昇抑制	・防火線の設定 ・避難地、道路の安全確保 ・火災旋風の発生防止 ・飛び火発生防止
防風	延焼速度への減少	
気流温度低下	着火時間の遅延	
水蒸気放出	気流温度低下	
火の粉遮断	火の粉飛散防止	

3-4-2　防火用としての植栽配置計画

都市計画的な防火緑地帯は、植栽帯と空地帯を配置することによって樹木が延焼材料になることを防いでいる。一般住宅の場合は、隣家間に高めの生垣があれば理想だが、現在の住宅事情では難しいといえる。それに、現在の建築は不燃材が発達しているので、特に植栽で防火を考えなくてもいいと思われるが、植栽と併用することで防火の効果をあげることができる。

隣家の出火場所となりやすい台所との間や、建物の窓近くに生垣を植栽すると、輻射熱による延焼を防ぐのに効果的である。その場合、燃えにくい樹種を選び、植付け間隔は2mに1本（樹冠部を太らせるため）と密に列植し、高さ2～3mの壁をつくる。高さ1.5～1.8mの生垣と併用することが好ましいと考えられる（図3-6）。

また、火の粉を防ぐためには高垣が効果的である。高垣はもともと防風のために、建物からみて冬場の風上に設置するが、防火機能を考えた場合にも同じことがいえる。

一般的に防火効果を持つ樹木の特徴は、樹高や枝幅が大きく、枝葉が発達して密な樹冠を持つ樹木ほどよいといえる。葉の含水量が多く、葉が厚いことや、広葉で密生していること（遮熱の効果が大きい）、常緑であることなどが挙げられる。

また、防火機能だけでいえば樹冠が発達し（樹冠の発達が妨げられるほど過度の密植は適当ではないが）、植栽全体を樹冠で隙間なく覆うようにすることが望ましく、低木や中木が配植されていることも重要である。

さらに樹木の防火効果は樹種の違いのほかにも、樹木が健全に生育しているか、枝葉の付き方や含水量などによって差が生じる可能性があり、活力が大きな問題となる。いくら常緑樹の防火性能が高いといって無理やり植栽しても、健全に生育していなければその防火性を活かすことはできない。健全に生育できる温度や湿度などの環境条件についても配慮されているかが、重要な要素となる。

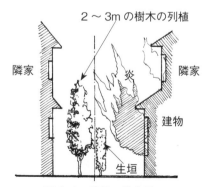

図3-6　植物の防火性
（只木良也・吉良竜夫編『ヒトと森林 森林の環境調節作用』[共立出版、1982]より作成）

第3章　植栽の機能と効果

表3-6に防火用、耐火用の特徴と樹木をまとめておく。

表3-6　樹木の防火機能

用途	特徴	樹木
防火用樹木	樹木そのものの被害を問わず、生枝葉による熱遮断効果が大きく、枝葉自身の着火性が低く、引火時間が長く、かつ、引火後の火勢が弱いなど、延焼防止に効果のある樹種（一般的に葉が厚く、緑の多い樹種）	クロガネモチ、イヌマキ、コウヤマキ、スダジイ、アカガシ、タブノキ、ヤブニッケイ、ヤマモモ、タラヨウ、ユズリハ、モッコク、モチノキ、サンゴジュ、サザンカ、サカキ、マサキ、アオキ、ヤツデ、ソヨゴ、キョウチクトウ、フクギなど
耐火用樹木	被災後の個体の再生力の強い樹種（枝葉や樹幹が延焼しても萌芽力があり、早期に回復する樹種）	イチョウ、コウヤマキ、サンゴジュ、シラカシ、マサキ、モッコク、マテバシイ、カエデ、ミズキ、クヌギ、トウカエデ、サルスベリ、トネリコ、アベマキ、ドロノキ、ポプラ、シダレヤナギ、ムクノキなど

3-5　植栽と気温緩和

都市部における植栽の効果は、物理的な効果と心理的な効果に分けられる。

物理的効果には、気候緩和、大気浄化、騒音防止、強風などを緩和するなどがある。心理的効果には、私たちに安らぎを与え、精神や肉体をリラックスさせてくれることなどがある。

ここでは都市のヒートアイランド現象を取り上げ、植栽による気温緩和について考えていく。

3-5-1　ヒートアイランドの要因

ヒートアイランド現象とは、都市の中心部の気温が郊外に比べて島状に高くなる現象であるが、特に夏季の気温上昇が都市生活において問題となっている。その主な要因として以下の事項が考えられる。

- 建物が密集し、高層建築が増えることにより、地表面の凸凹が大きくなり、大気放射冷却が阻害される。
- 建物が密集し、高層建築が増えることにより、風通しが悪くなる。
- 緑地が少なくなることにより、地表の保水力が低下し、冷却作用が小さくなる。
- アスファルト舗装やコンクリート建築が地面を覆うことによって、日中吸収された日射熱が蓄積されてしまう。

環境省の「ヒートアイランド対策ガイドライン　平成24年度版」などによると、市街地でもまとまった緑が存在する公園や並木の地表面温度は低いが、そうでないところは50℃になる場合もある。このことから、ヒートアイランド現象を抑制するための対策の一つは、失われてしまった緑を街の中に取り戻すことである。また、地方においても、里山の緑を伐採し、水田を埋め立ててしまったことや、大型商業施設などの広大な駐車場が、ヒートアイランド現象の要因になっていることも明らかである。

3-5-2　夏の熱帯夜などの気温緩和と植栽

ヒートアイランドへの対策は、都市全体において長期的に進めていくべき問題である。しかし、夜間の寝苦しさなど、私たちの生活にも大きな影響を及ぼしている。住宅地や街並みの範囲内で実施できる緩和策としては、次のような事項が挙げられる。

- 地面や建物に入る強烈な日差しを遮蔽すること、屋外の生活空間を日陰にすること。
- 風の通りをよくし風を取り込みやすいような建物の配置や街並み計画をすること。
- 植物の蒸散作用を活用すること（図3-7）。

こうした対策を単に取り入れるだけでなく、うまく組み合わせながら、「緑で囲まれた、包まれた」というイメージの街であり、住宅であるように工夫することが必要だと考えられる。

日本の暑さの対策は、快適な都市空間のプランと、植栽を並行して考えていかないといけない問題である。

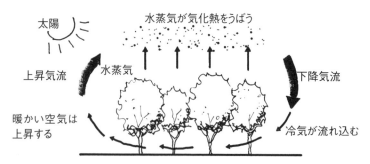

植物の蒸散作用により周囲の熱を奪い、暖かい空気が上昇したところに、上空の溜まっていた冷気が流れ込む

図3-7　植物の蒸散作用による暑さ対策

3-6　植栽と防風

　植栽による防風効果は、従来から防風林や屋敷林、屋敷森などにより行われてきた。防風のための植栽は、風を防ぐだけでなく、土埃や塩分などによる被害、雪害から守る役目もしている。

　規模の大きいものでは、海岸防風林、屋敷林などがある。樹木の枝下が空いていると、風が幹の間を吹き抜けるときに加速されるので、防風効果はあまり期待できない。下から吹き上げてくる風を防ぐには、高木の足元に低木を植えて二段構造にするのが効果的である。

　防風用の植樹としては、カシ類、イヌマキ、タブノキ、ツバキ、サワラ、マサキなどの深根性で、幹や枝が強く、枝葉の密な常緑樹が向いている。一方、落葉樹は冬の防風効果が夏の20％くらいに減少してしまう。

3-6-1　住宅の防風樹林

　一般住宅の場合は、生垣などで対応するといいが、あまりにも密になった背の高い広範囲の生垣は下向きの乱気流が発生するので注意が必要となる。

　根が深い樹木（深根性樹木）は風で倒れにくい。深根性樹木にはタブ、クス、カシ類、シイ類などがある。また、樹木を支える支柱形式には八ッ掛け支柱、布掛け支柱、ワイヤー支柱、4脚合掌支柱、地下支柱などがある（「7-4-4　B支柱養生」参照）。支持形式はワイヤー支柱が比較的強い。一方、地下支柱は支点が低いので、風には比較的弱い。人工地盤緑化における支柱には緊縛力が小さい場合もあるので、注意が必要である。

3-6-2　ランドスケープからみた防風樹林

　防砂、防風を目的とした植林は、海岸防風林と内陸防風林に分類される。内陸防風林のなかでも個人の住宅の周囲につくられたものは屋敷林と呼んでいる。防風防砂を目的としたこれらの樹林は、本来の目的もさることながら、美しくも懐かしくもあり、その土地固有の風景をつくりだしてきた。富山県砺波平野、100mほどの間隔で農家が連なるこの地域では、一年を通じて吹く風に備えて三方を取り囲むように屋敷林がつくられていて、この平野の美しい景観となっている（図3-8）。防風林がつくる日本の景観の一つである。

　また、日本三大松原として知られている佐賀県唐津市の「虹の松原」、福井県の「気比の松原」、静岡県の「三保の松原」も本来は景観より防砂防風によって人びとの暮らしを守るためにつくられたものである。実用や機能が美しい景観をつくりだしているところは、日本中あらゆるところに見ることができる。

　こうした植栽は、本来の機能を備えるために、植栽目的や植栽場所の条件にあった植種の選択や管理がなされてきた。

以下の①〜⑤はランドスケープのための植栽心得のポイントである。

①風害が予測される所には、まとまりのある防風樹林が必要。内部が暗くなる場合は、防犯などにも注意を要する。

②風の影響が予測される広場では高さ6m以上の枝・幹の太い高木が効果的。

③常緑樹と落葉樹との混合、また、高木とフェンスなど防風効果のあるものとの併用も考えられる。

図3-8 富山県砺波平野の屋敷林

④ピンポイントに植えられた高木の場合、防風効果が薄く、大木でも枝・幹に被害が出る場合もある。

⑤樹木は自然材料であり個体差がある。樹高、目通り、葉張り、枝葉の密生度などの均質な樹木を採用することが望ましい。

樹木の植栽当初は、根の活着が不十分で枝葉も密生していないため、防風効果が目標に達していない場合もあり、基本的には樹木による対策は2次的な防風効果として期待するものと考えたほうがよい。

3-6-3 防風樹林の構成と防風効果

植栽による風の減衰効果は、建物のある場合と何もない原野のようなところでは異なる（図3-9）。

広い原野のようなところでの防風効果は、風上から風下に向かって、防風林の樹下の高さの20〜30倍程度の距離まで減衰効果が得られるといわれており、樹高の3〜5倍くらいの距離で、風速は35％くらいまで減衰するといわれている［図3-9（a）（b）］。

庭や建物が植栽により、強い風による吹き上げなどの風害を緩和される効果は、高密度配植の生垣の場合、生垣の高さの2倍くらいの範囲であるといわれている［図3-8（c）］。

図3-8（d）のように高生垣とその足下に中低木を組み合わせた場合は、高生垣の足下を風が抜けた後、中低木の上部を通って、高生垣の上部を流れてくる気流に合流するため、建物や庭への風害を防止することができる。

前述の砺波平野のように、風向きが季節により異なるため、3方向に防風林をつくるということもあ

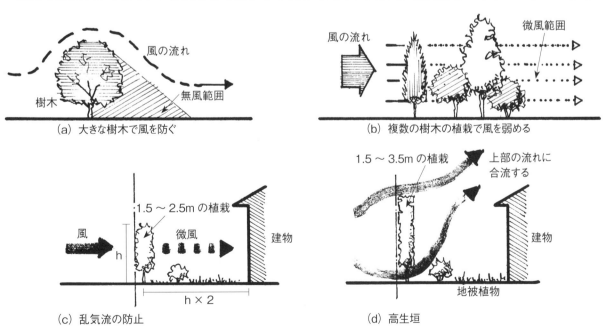

図3-9 植栽と防風

り、高低差の異なる樹木を組み合わせたり、高密度の植栽にしたり、構築物の有無や相互間の距離などにより防風効果は異なるので、それぞれの状況に合わせた対応が必要になる。

3-7　植栽と防潮

防潮とは海岸近く、大波や津波の被害を軽減し、潮風や海水の浸食による潮害を防ぐことをいう。日本では昔から潮に強い植物を海岸線に沿って植林、防潮林を各地につくり、沿岸部に住む人たちの生活や住居、農作物を津波や高潮から守ってきた。その効果と適した植物について見ていく。

3-7-1　防潮林の効果

海岸に沿って耐潮性の高い樹木を植林することは、潮風を防ぐことで風も弱まり、かつ、多くの塩分を吸収するので、植栽地の潮風による害を防ぐことが可能となる。

また、海岸付近では、風により砂が舞い上がる飛砂による被害も抑えられ、近隣への防風効果、さらに砂丘拡大を防ぐ役目も果たしている。さらに、防潮林により形成された林地は海岸地帯における憩いの場、遊び場としてのレクリエーション空間ともなり、豊かな緑地は多くの生き物を育む環境となって生物多様性も向上する。

3-7-2　耐潮性の強い植物

上記のように海岸線近くでは海風や潮から農地や植物を守ってきたが、なぜ植物は潮風や塩水で枯れてしまうのか。一般的に植物は細胞の塩基濃度が濃くなると、弱ったり、枯死してしまうからである。

植物細胞は塩分を必要とせず、塩分濃度上昇により生育障害が起き、水分の吸収にも影響がでてくる。塩分濃度上昇により、植物細胞膜内外の浸透圧の差が小さくなることで、外から細胞に十分に水分が入りにくくなり、脱水状態をおこして結果として枯死してしまう。台風や高波の後、急激に樹木が弱るのはこうした理由によるものである。

一方で、植物の中には塩分に強い種類があり、この強さを耐潮性という。耐潮性の強い植物は体内に海水や塩分が入っても植物細胞外に塩分を排出する仕組みを持っていたり、硬化した植物細胞の浸透圧を正常に戻す機能を使って水分の吸収を回復させ、生育を阻害させないようにしている。

耐潮性の強い植物として、代表的なものは次の通り。
- 高木類……クロマツ、ネズミモチ、ヤマモモ、タブノキ、ヒメユズリハ、ウバメガシなど。
- 低木類（常緑）……トベラ、マサキ、シャリンバイ、ハマヒサカキ、ナワシログミ、ソテツ、ハマゴウなど。
- 下草類……ツワブキ、ハマギク、イソギク、スイセン、ハマユウ、スカシユリなど。

3-8　植栽と防雪

日本全国の中で雪の降る所はたくさんあるが、地域によって雪の性質が大きく異なる。雪は「乾いた軽い雪」と「湿った重い雪」とに分けることができ、雪の重さは、$1m^3$ 当たり「乾いた軽い雪」では50〜150kg、「湿った重い雪」で250〜500kgといわれている。さらに、雪は粘着力により、周りの雪の重さも一緒になって加わる。

その雪と植物の関係、雪害対策と樹種についてみていく。

3-8-1　雪害の問題点

雪が降る環境の中でも、雪の重さと粘着力による重さに耐え、雪の下で頑張っている植物が多く存在する。しかし、特に雪の多い地方では、雪が降り積もることにより、何も手を施さなければその重みに耐えかねて枝折れが発生するなど、樹々が無残な形になってしまうこともある。

また、単に雪が降り積もるだけでなく、吹雪、吹き溜まり対策として植栽を考える必要もある。例えば、冬の風向きはほぼ一定しているので、予想される風上側に植栽して風速を減少させ、風で運ばれた雪を支障のない場所へ堆積させる。同時に、積雪を処理するための「雪を捨てる場所」も問題になる。

3-8-2 雪害への対応

防雪用の樹種としては、枝葉が密生し、強風に強く、枝の折れにくいものを選ぶ。そして、防雪効果を発揮するためには、下枝を維持し、樹林下部からの吹き込みを防止することが重要であるといわれ、モミ、イチイなどが挙げられる。さらに、修景木（仕立て物）の植栽はできるだけ避け、ナツツバキ、ヤマボウシ、ハナミズキ、ヤマモミジなどの雑木を主体の植栽に切り替えると枝折れがしにくく、積雪の影響を軽減できる。ヒラドツツジ、サツキツツジなどの低木の寄せ植えは、雪にも弱く、放っておけば雪につぶされてしまうので、雪棚などの雪囲いが必要となる。

また、低木などの寄せ植えを宿根草、多年草へと切り替えて、春から秋の景観を楽しむ方法もある。グランドカバー（地被植物）だけでも20〜30種類の植栽が可能となり、花の咲いている時期も4〜11月までと低木に比べて長く、1つの種類で4カ月くらい咲きつづけるものもある。草丈も高いものは1mくらいのものから地を這うものまで多種で、それらを組み合わせることで高低差が生まれ、庭に奥行き感がでる。たとえ雪に1mも埋もれたとしても、雪解けとともに芽吹いてくるので、雪囲いの必要はまったくない。

雪国の山にも野にも自然の植物はたくさん生育している。植栽をする場合最も基本となるのは「自然のメカニズム」をよく理解することである。自然のメカニズムを素直に学びそれを応用することが健全な植栽のヒントになる。北海道ではドイツトウヒ、エゾマツなど、本州ではスギ、ヒバ、アカマツなどが積雪地域でもよく生育している。

雪害を避けるには、雪吊り、冬囲いなどで防ぐが、「枝透かし」と呼ばれる剪定作業により枝葉を少なく維持するので、雪が降っても樹木にあまり積もらないので、その都度樹木をゆすって雪をはらうか、簡単に縄で縛るだけで済み、大掛かりな雪囲い作業は省ける。

このように雪の降る地域では、植栽に大きく影響することを十分理解し、植栽地域の気候や温度、植生や植栽位置などを考慮した樹木の選択が不可欠といえる。

3-9 植栽による遮蔽

エクステリアにおいて植栽の持つ多くの機能の中に、遮蔽という役割がある。

道路やアプローチからの視線や、隣地の窓や庭からの視線などを遮り、隣地や道路から程よく囲われた空間をつくるのが遮蔽の目的である。また、敷地内においても、観賞用空間と実用空間といったような使用目的による区分、和風と洋風のようなスタイルの異なる空間デザインの接続部分の違和感を穏やかに処理する方法としての遮蔽のテクニックもある。

見たくないものを隠す・見えなくする、見られたくないものを守る、空間の完成度を高めるなどの目的で遮蔽植栽をする場合は、「目隠し」といったほうが分かりやすいかもしれない。

こうした遮蔽が必要となる具体的な例を挙げると次のようになるが、その環境により様々な場合が考えられる。

①部屋の窓から周辺が丸見えで落ち着かなくて、居心地が悪い。
②浴室からの見通しが良いため不安感がある。
③庭内にいて、隣地、道路が気になる。
④玄関口、勝手口から出たとき、隣地や道路から丸見えになる。
⑤庭内の動線の突き当たりや車庫などの施設の境界を見切りたい。

⑥物置、物干し場などのサービスヤードを見えなくしたい、入られたくない。

3-9-1　敷地と道路、隣地との遮蔽

隣地との遮蔽に用いる樹種は、常緑樹が中心になる。高さは必要に応じて1.0m〜2.0mで、足元に低木や地被類を植える場合もある。敷地と道路や隣地との間に高低差がない場合、高低差がある場合、高低差が大きい場合のそれぞれにおける視線の遮蔽について、図3-10にまとめておく。

3-9-2　敷地内での隔離

アプローチと庭や建物の居室を区分したい場合、植栽と塀、花壇などを組み合わせたり、単独で計画したりする。車庫や物干し場、物置などの施設を庭から隠したい場合は、庭のデザインによっては植栽で計画したほうが好ましい場合もある（図3-11）。

比較的スペースのある場所では植物が効果的であり、涼しげでやさしく感じられて庭の雰囲気になじみがよい。樹種は、常緑樹が主体となるが、やさしくて軽い感じにしたいときは落葉樹を使ってもよい。

3-9-3　植栽遮蔽の特性

遮蔽として植栽を用いることの長所と短所についてまとめると次のようになる。
- 長所……遮光性、木漏れ日、緑のそよ風、蒸散作用による環境調整、微気候調整、環境負荷が少ない。
- 短所……メンテナンスが必要、成長に応じて手入れが必要、日々の掃除、枯葉や落ち葉の除去、雑草の手入れ、施肥が必要。

3-9-4　遮蔽のための配植

遮蔽を主な目的として行う植栽の配植方法としては生垣が代表的であるが、植物の性質を考えると、葉が細かい、細い、多い、枝の節間が短く伸びが遅い、枝が細い、そして、樹冠が密になり、中が蒸れないなどの条件に合う種類が適する。

配植は次のような方法がある。

A　多層植栽

高木、中木、灌木を密に植栽。高い所から低い所まで、全面を遮蔽する配植の仕方であるが、密植になるので、高木には下枝が下がらない樹種を選ぶことと、特に中木と灌木については耐陰性の高い性質が要求される。

B　中あき二重植栽

上層と下層の2層になるように配植をするもので、奥行きが感じられ、手入れもしやすいので管理が容易。

C　単層植栽

中木または高木において高い部分だけを緑化するもの。単調になりがちなので、高低差をつけるような配植をすると良い効果が得られる。

D　半遮蔽植栽（障り植栽）

敷地の奥にある庭、園路、建物などの全景を見えないようにし、かつ、見えない部分を暗示させることで奥行き感を持たせるような効果を狙って配植する。

3-9-5　生垣による遮蔽

生垣とは植栽によってつくられた垣根のことで、樹木を列植し刈り込んでつくるので「刈り込み植栽」ともいわれている。数種類の樹種を混ぜてつくった生垣を「混垣（まぜがき）」と呼ぶ。例えば、ウバメガシ、サザ

第3章 植栽の機能と効果

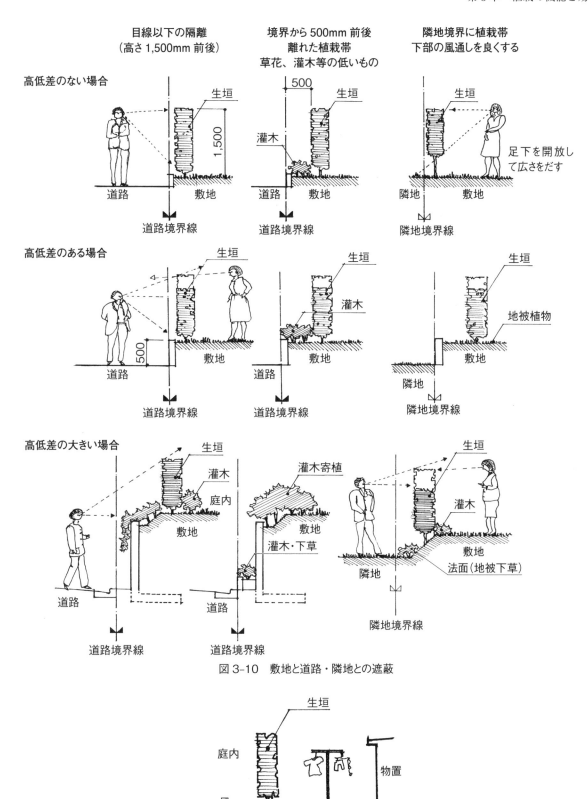

図3-10 敷地と道路・隣地との遮蔽

図3-11 サービスヤード空間の目隠し

ンカ、キンモクセイ、ネズミモチ、カナメモチなどを混ぜて植栽し、垣根に仕立てたものである。

　生垣の中でも最初から2m以上になるようなものは、「高垣」として区別している。高垣には、シラカシ、アラカシ、ウバメガシ、サンゴジュ、クロマツなどの樹種が使われる。

　この他、洋風の庭にはコニファーの列植などがある。

　生垣に使われる樹木の条件として、①葉が細かく、枝葉が密生している②萌芽力が強い③刈り込みに

耐える④耐陰性を持つ⑤下枝が上がらない⑥移植が容易である⑦病虫害に強い——などが挙げられる。
　生垣に向く樹木を表3-7にまとめておく。

表3-7　生垣に向く樹木

区分	性質	樹木名
中高木	常緑針葉樹	カイヅカイブキ、ラカンマキ、サワラ、イチイ、コニファー類
	常緑広葉樹	レッドロビン（ベニカナメモチ）、モチノキ、アラカシ、シラカシ、ウバメガシ、ヒイラギ、トキワマンサク、サザンカ、ツバキ
灌木	常緑広葉樹	ハマヒサカキ、キンメツゲ、マサキ、アベリア、ナンテン、アセビ、アオキ、ジンチョウゲ、シャリンバイ
	落葉広葉樹	イボタノキ、ドウダンツツジ、ツツジ類、ユキヤナギ
	常緑針葉樹	キャラボク、コメツガ、コノテガシワ、スワンズゴールド
竹類		ホウオウチク、カンチク、オカメザサ、シホウチク、ホテイチク

3-10　植栽と景観

　植栽と街の景観の関係はとても重要なテーマであるが、植栽をするだけで景観が変わるわけではなく、そもそも大きな意味で「景観とは何か」を考える必要がある。
　景観には、歴史的な景観、生活環境の景観（例えば工業地帯、商店街、斜面のブドウ畑、川に架かる橋など）、自然の景観（遠くに見える山並み、土手や海岸線）などが挙げられるが、お祭り、花見などの季節を感じる行事なども景観であると考えらえる。それぞれの景観を引き立たせるための一つの要素として植栽がある。
　また、新しい開発地域の景観をつくり上げていく場合も、周囲の街の風景と溶け込ませるのか、まったく新しいものをつくるのかによって、植栽も変わってくる。
　住まいの中においても、住んでいる人が「緑があると心地良い」と感じることが大切であり、敷地環境によく調和している植栽は景観の要素の一つと考えられる。
　ここでは、良い景観を形成する要素の一つに「緑があること」が欠かせないと考えて、景観とは何かを、日差しや風などの自然条件、周囲の環境、植物の生態系、住む人の好みなど諸々の観点から考えてみる。植物の機能、効果を理解した植栽や、住人、住宅と街をつなぐ植栽などが、良い景観へと結びつくと考えている。

3-10-1　景観をつくる機能的な植栽

　設計する時に、景観（美）と機能の比率を「4：6」「3：7」などということもあるが、生活空間においては機能が伴わない美しさは不自然に見えて美しく感じないことが多い。そこで機能的で美しいデザインを目指したい。機能の面では次の点に留意する。
- プライバシーを守り、隣地との区別をする。
- 防犯、防火の役目を持たせる。
- 見たくないものを隠し、見せたいものを強調する。
- 日差しをコントロールする。
- 風雨、降雪の影響を和らげる。

3-10-2　景観をつくる植栽のデザイン的要素

　敷地の地盤の造形が庭の基礎となり、植物がその化粧の役目をしている。さらに、生活環境を維持し、改善する大きな力ももっている。植栽のデザイン性からは、次のような要素に着目するとよい。

〈デザイン、美的要素〉
- 奥行き感……外からも内からも演出する。
- 緑に覆われた建物……背面、側面にも緑を配置する。
- 建物を目立たせる緑……前面の緑だけでなく、程よく空間をとりながら遠近感をもたせる。
- 庭を広く見せる……植栽だけでなく、庭の施設も考慮する。
- 統一感を出す植栽……軸になる樹種、樹形を決める。
- 植物の色彩による演出……植物の季節による変化や、緑の変化にも配慮する。
- 樹形を利用した植栽……美しい樹形と建物や背景の調和を保つ。
- 香り、触感、葉音……五感で楽しむなど多くの要素を取り入れる。

第4章　樹種の選定

　この章では、8つの項目に分けてそれぞれの視点から、どのように樹種を選ぶと良いかをまとめている。各項目の視点による選定方法を理解すれば、総合的な樹種選定ができるようになるだろう。エクステリアの植栽計画は、施主の要望や周辺環境、設計者の意図によって異なってくるので、それらを踏まえたうえで、景観をつくりだすだけでなく、実用面でも充実した植栽をつくるための樹種の選定資料として、活用してもらいたい。

第4章　樹種の選定

4-1　樹木の機能と効果

　樹木は植栽する種類や植栽方法によって、美観だけでなく実用面でも、すばらしい効果を発揮する。樹木の性質をよく理解し、植え付け場所の環境と用途にあった植栽をすることで、長期間にわたって美観を保てるほか、過ごしやすい環境をつくり出すことが可能になる。ここでは、樹木のもつ機能とその効果的な活用方法、具体的にどのように樹木を利用するとよいかについて述べる。

4-1-1　遮光

　樹木を植えて強い日差しを遮り、緑陰をつくることで、過ごしやすい場所をつくり出すことができる。周辺環境によって適した樹木も変わるので、植栽場所の日照条件に加え、樹高、枝張り（葉張り）などを踏まえて、遮光に最適な樹木を選ぶ。その際、季節による日差しの変化、樹木の特性や成長速度などを考慮して樹種を選定することが大切となる。

　例えば、日差しの強さが気になる窓辺には、日差しを遮って適度な木陰をつくり出す株立ちの落葉樹がよい。落葉樹は、強い日差しが気になる夏には枝葉が大きく茂り、日差しがやわらかくなる晩秋には葉を落とすので、暗くなりすぎず、適度な遮光が望める。また、西日を遮りたい場合には、日陰耐性のある常緑樹が向いている。

　植える場所は、窓辺から3m以上は離しておくのが望ましい。窓の位置や日の差し込む角度を考慮して、樹木のサイズを決めることが大切。この時、樹木の成長も考えて形状寸法や樹種を選ぶ。

A　方角による遮光の目的と推奨樹木

〈東側の遮光〉

　強い朝日を遮るのが目的のため、葉が密になりにくい常緑樹や、夏によく茂り、冬に落葉する落葉樹がよい。また、葉が小さい樹木の方が光を遮りすぎないため、適度な光量を保てる。

- 推奨樹木

　　常緑樹……ソヨゴ、カクレミノなど。

　　落葉樹……シャラ、ヒメシャラ、モミジ、カリンなど。

〈西側の遮光〉

　外壁の日焼けや窓から差し込む強い光を遮るのが目的だが、西日は植物の生育に向かないため、一般の住宅では植栽場所が狭いことが多い。大きくなりすぎないものや刈り込みしやすいもので、丈夫な樹木を植えるとよい。

- 推奨樹木

　　常緑樹……ソヨゴ、キンモクセイ、ツバキ、サザンカなど。

　　落葉樹……モミジ、ハナミズキ、ヤマボウシなど。

〈南側の遮光〉

　日照時間が長いため、生活の中で日差しが気になる時間帯の遮光を目的とするとよい。窓の位置やテラスの位置と、遮りたい日差しの方向や時間帯を考慮した遮光の計画が必要。落葉樹、常緑樹を織り交ぜて植栽し、遮光する光の割合を調節するとよい。

- 推奨樹木

　　常緑樹……トキワマンサク、シラカシ、モッコクなど。

　　落葉樹……モミジ・カエデ類、ヤマボウシ、カツラ、モクレンなど。

B　落葉樹と常緑樹による遮光の違いと特徴

　季節によって変化する樹木の状態と、それにともなって変わる遮光の状態の違いを落葉樹、常緑樹に分けて示していく。落葉樹は夏に葉を豊かに茂らせ、冬は葉を全て落とすので、夏の強い日差しのみを遮りたい場合に用いるとよい。日差しが弱まる冬は、枝の間から適度な光が入るため、暗くなりすぎ

こともない（図4-1）。

　常緑樹は、一年を通して葉を茂らせるため、特に日差しが気になる場所の遮光に向いている。枝葉がしっかりとして、遮光率も高いため、多用すると暗くなるので、場所に合わせた樹木の選定と本数の検討が必要となる（図4-2）。

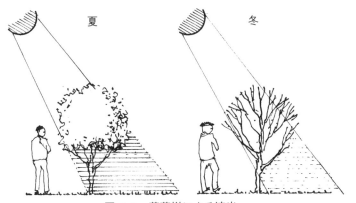
図4-1　落葉樹による遮光

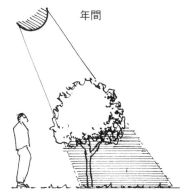
図4-2　常緑樹による遮光

4-1-2　目隠し

　外部からの視線を遮る目隠しとして樹木を植えるのは、有効な手段となる。生垣は、境界線の仕切りだけでなく、様々な効果を発揮するが、目隠しとしても大変有効である。また、単植の場合でも、視線の気になる位置に配植することで、部分的な視線が気にならなくなる。実際の計画では、目隠ししたい場所と気になる視線が向けられる位置を結んだ線上のいずれかに、樹木を配植するとよい。

　また、どの程度の割合で隠すのかも重要となる。完全に見えなくするのか、人影が分かる程度にするのかは、葉の密度で決まるので、樹種や植栽方法、仕立て方などで調整できる。例えば、葉が密に茂る常緑樹などは遮蔽効果が高いので、単植であっても十分に目隠しできる。反対に、葉付きの少ない種類の落葉樹などは軽く隠れる程度なので、希望する目隠しの割合を考慮してから、樹種や樹形、配植の仕方などを決める。

A　目隠しの樹木選定

　目隠ししたい場所によって選ぶ樹木も変わってくるため、目的に応じた効果的な目隠しを行うことが大切。ここでは、高さごとに、目隠しの目的とその方法をまとめた。

〈1m以下の低い目隠し〉

　玄関前や道路から見える位置にある桝やメーターなどの隠したいものや見せたくないものがある場合に、見せたくないものを部分的に隠すときに適している。よく茂る枝葉の多い常緑低木を用いると、程よく視線を遮ることができる。植栽場所は、隠したいものと遮りたい視線の中間地点に植栽するとよい。
- 推奨樹木……タマツゲ、サツキ、シャリンバイ、キャラなど。

〈1〜3m程度の目隠し〉

　道路に面した庭や1階の窓辺などで、外からの視線が気になる場所の目隠しに効果的な高さ。低木や中木を組み合わせて植栽するか、刈り込んで枝葉が密になる生垣を使用するとよい。目隠ししたい度合いによって、落葉、常緑と樹種の選定をする。
- 推奨樹木……トキワマンサク、ツゲ、ラカンマキ、ウバメガシ、ライラック、ハナカイドウなど。

〈3m以上の高い目隠し〉

　道路から見上げる2階の窓辺や、周辺にあるマンションなどの高い建物からの視線を遮るのに適している。高木の常緑樹を選ぶとよいが、高木になると管理が大変になるので、管理費も考慮して、なるべく丈夫なものを選ぶようにする。

ただし、敷地が狭い場合は、庭や室内に光が入らずに暗くなってしまうため、樹木による目隠しは向かない。

- 推奨樹木……シラカシ、マテバシイ、イヌマキ、キンモクセイなど。

B 遮蔽率による目隠しの違いとその方法

視線を遮る割合は樹木によって異なるため、効果的に目隠しする場合は、遮蔽の度合いを考えた樹木選びをすることが重要。ここでは、遮蔽率の低い目隠しと遮蔽率の高い目隠しに分けて、それぞれの利点と目隠しの方法を紹介する。

〈遮蔽率の低い目隠し〉

遮蔽率の低い目隠しの利点は、適度に視線が抜けるため、圧迫感や閉塞感が少なく、やわらかな印象をつくり出すことができるほか、視線が通ることで、防犯効果があることが挙げられる。効果的な方法としては、落葉樹などで、密になりすぎないように株立ちなどを単植で使用して、適度に視線が抜けるようにするとよい（図4-3）。

- 推奨樹木……カツラ、モミジ・カエデ類、シャラ、ヒメシャラ、ヤマボウシなど。

〈遮蔽率の高い目隠し〉

遮蔽率の高い目隠しを樹木で行う利点は、フェンスや塀とは違い自然な印象を持たせることができることにある。特に公園や緑地帯のある広い歩道に面した場所は、視線を遮りつつ、周囲と調和させられるため、美しい景観をつくることができる。

効果的な方法は、常緑樹を中心に複数本を組み合わせると、単一的にならず、自然な雰囲気をつくり出せる（図4-4）。また、スペースが限られた場所や、すっきりとした印象にしたい場合は、枝葉が密に茂る樹種の生垣などを用いるとよい。

- 推奨樹木

　低い部分を隠す……サツキ、タマツゲ、クチナシ、アベリアなど。

　中間部分を隠す……アオキ、キンカン、ヤツデ、トキワマンサクなど。

　高い部分を隠す……ツバキ、サザンカ、キンモクセイ、カナメモチなど。

　生垣……ツゲ、ラカンマキ、イヌマキ、トキワマンサク、ウバメガシ、シラカシ、カナメモチなど。

図4-3 遮蔽率の低い目隠し

図4-4 遮蔽率の高い目隠し

4-1-3 防草

雑草を抑えるために樹木を用いる場合、低木をグランドカバーとして使用することが一般的である。また、根から他の植物の生育を阻害する働きのある忌避成分を分泌するアレロパシー[*1]を持つ種類を植えることでも、雑草の繁殖を抑えられる。

例えば、平地で中高木の株下の草を防ぎたい場合は、低木で、半日陰〜日陰にも耐えて丈夫で密に茂るものがよい。中高木のない広い場所では、匍匐（ほふく）性で、丈夫でよく増えるものが適している。

*1 アレロパシーとは他感作用のことで、植物のアレロパシーは、植物が他の植物の生育に影響を与える科学物質を放出し、成長の阻害などの作用を及ぼす現象。

A　中高木の根元などの場所

　中高木の根元周りは、草丈の高い草は、あまり生えないが、低い草が蔓延るため、それらが生えてくるのを防ぐものを植える。低木や多年草などで、丈夫でよく育ち、密に茂るものを植えるとよい。日照量によって植えるものも変わるので、必ず確認すること。

〈日向～半日陰〉
- 低木……サツキ、シャリンバイ、ヒペリカム、アベリアなど。
- 多年草……ヒューケラ、クリスマスローズ、セトクレアセアなど。

〈半日陰～日陰〉
- 低木……クチナシ、ジンチョウゲ、アセビ、ヤマブキ、アジサイなど。
- 多年草……ギボウシ、ツワブキ、ヤブラン、リュウノヒゲなど。

B　樹木のない明るい広場

　匍匐性の植物や繁茂する低木など、地面を広く覆うものが向いている。日当たりを好み、成長が早く丈夫なものを植えると、地表が速く覆われて、防草の効果が高い。

- 低木……ハイビャクシン、シャリンバイ、ササ類、オカメヅタなど。
- 多年草……クリーピングタイム、ヒメイワダレソウ、コトネアスターなど。

C　草取りの難しい場所

　急な傾斜地や高低差のある場所など、通常の草取りや剪定などの管理が難しい場所の防草は、丈夫で放置しても問題ないものを選ぶとよい。ツル性の植物や枝が垂れるように茂る性質のものは、傾斜地や高い場所の縁に植えるとよい。また、ほとんど人が立ち入らない場所には、他の植物の生育を阻害する忌避成分を根から出す植物を植えると、草に覆われるのを防ぐことができる。

- 低木……アベリア、アジサイ、ハギ、ムベ、オカメヅタ、イタビカズラ、ササ類など。
- 多年草……セダム、ヤブラン、リュウノヒゲなど。
- 忌避成分を出す植物……クルミ類、ヒガンバナなど。

4-1-4　防風

　風を防ぐために樹木を利用することは有効である。樹木の枝葉は、風を完全に遮るのではなく、風量や風速を和らげるため、風による被害を軽減でき、周囲への風の影響を防ぐことができる。地域によって特色はあるが、防風対策として植える樹木は中木～高木の常緑樹で、葉がしっかりとして葉数が多いものが適している。

　また、住宅の防風に用いる樹木は、主に生垣で用いることが多いので、刈り込みによく耐えるものがよい。屋敷周りに施す防風樹のほかにも、花壇やテラス周りなどに部分的に使用するのも効果的である。花壇周りの防風は、風の影響を受けやすい草花を風から守るためであり、風が強い場所でも植えられる草花の範囲が広がることになる。また、テラス周りでは、風を適度に遮ることで、より快適に過ごすことができる。

〈場所よる防風樹の用い方とその違い〉

A　敷地外周の防風

　中木から高木の樹木を部分的に配するか、生垣として敷地を囲い、風を妨ぐ。季節によって風向きや風量が変わるので、場所ごとに配する樹種や防風樹の数を変えるとよい。
- 推奨樹木……ツゲ、イチイ、イヌマキ、ウバメガシ、キンモクセイ、シラカシ、カナメモチなど。

B　テラスやアプローチの防風

　風向きを考慮して、部分的に低木や中木を配する。風通しが悪くなりすぎないように適度に風が抜ける場所を設けるとよい。

● 推奨樹木……ツゲ、ウバメガシ、トキワマンサク、カナメモチなど。

C　花壇周りの防風

　風が吹き付ける場所に花壇を設けたい場合は、花壇から1m以上離した場所に防風樹を配するとよい。この時、風向きとともに日当たりにも考慮して防風樹の位置や樹種を選定すること。また、花や葉が美しいものを選ぶと、花壇とともに楽しむことができる。

● 推奨樹木……トキワマンサク、ツゲ、カナメモチ、キンモクセイ、ツバキ、サザンカなど。

4-1-5　防音

　樹木で防音をする場合、完全な防音はできないが、騒音を軽減したり、葉擦れの音で相殺することができる。実際には、樹木による防音効果は大変低いが、心理的効果も加味されるため、騒音被害の多い場所でなければ、多少の効果は得られる。防音に有効な樹木は、防風と同様に常緑で、葉数の多いものが向いている。立地に余裕があれば、騒音を緩和したい場所には、幾重にも配植することで、音を分散させることも可能。

　また、樹木だけでなく、フェンスや塀などと組み合わせることで、より効果的な防音が行える。住宅など、敷地の広さに限りがある場合の防音は、この方法がよいだろう。構造物と樹木を組み合わせることで、防音効果が高まるだけでなく、視覚的な圧迫感を軽減することにもなり、意匠面でもより美しく整えることができる。

● 防音に向く樹木……サンゴジュ、マテバシイ、シラカシ、キョウチクトウなど。

4-1-6　防火

　防火対策として樹木を用いる場合、大きな樹木を植えられるように植栽スペースを十分に取ることが重要となる。延焼を防ぐためには、建物からある程度の距離がある方が有効。ただし、ヤシ類などの油分を多く含む樹木もあり、それらの樹木は火の勢いを強めてしまうので、逆効果となる。防火を考える場合、樹種の選定には十分注意する必要がある。

　また、植える場所も重要である。家に近すぎてもあまり効果がないので、住宅の場合は、隣地境界に近い場所や風が通る場所に中高木を用いるとよい。その際には、隣地の日照を大きく遮ったり、落ち葉が隣地に大量に落ちたりしないような配慮も必要。防火用に壁を設置する場合も同様であり、樹木と壁を併用して対策に充てるのがよい。

● 防火に向く樹木……ミズキ、サンゴジュ、ナナカマド、アオギリ、カイズカイブキなど。

4-2　植栽地の適応性

　植物を植える際には、植栽場所の周辺環境や気候、面積を確認しておくことが大切となる。これは、環境にあわせた植栽にすることで、その後の手入れが楽になるためでもある。植栽場所の環境にあっていれば、あまり手間をかけなくともよく育ち、病害虫の発生も適度に抑えることができる。植物の本来持つ力を最大限に活用するためには、それぞれの環境に適した植物を選ぶことが重要となる。

　そのためには、植物の性質や原産地を知っておかなければならない。しかし、膨大な種類に及ぶ植物の性質を全て覚えるのは難しいので、植栽する場所をよく確認して、その周辺の植生を参考にするとよいだろう。普段から地域に自生する植物やその性質を確認するように心がけることが大切。植物は動物と違い、気に入らない場所から移動することはできない。生き物の命を無駄にしないためにも、きちんとした知識を用いて植栽地に適した植物の選定を心がけるようにする。

第4章 樹種の選定

4-2-1 環境
　植栽場所の周辺環境は、なるべく詳しく確認しておくこと。同じような場所であっても、少しずれるだけで環境が大きく異なってくることもあるため、慎重に調査、確認を行う。
〈確認しておく必要項目〉
- 日照……1日の日照時間とその時間帯[*2]。
- 温度……年間平均気温と季節ごとの平均気温のほか、最高気温と最低気温。
- 湿度……季節ごとの平均湿度。
- 土壌……土質や水分量、水はけ、土壌酸性度（pH）。
- 風通し……風向きや風量、季節による風の変化。
- 高度……同地域であっても気温や湿度などが異なってくる平地や山間部などの違いや標高。
- 周辺植物……周辺に生育する樹木や草類の種類、その性質。

＊2　植物の光合成には、午前中の日光が使われるため、午前中の光がどれだけ当たるかが重要となる。

4-2-2 気候
　植栽地域の気候の確認は必ず行うこと。季節ごとの気温の推移や降雨量、台風による被害状況などを最初に理解しておくことで、現実的で、より条件に合った植物の選定を可能にする。近年では、温暖化の影響により、各地で異常気象が頻発している。夏の猛暑による植物の高温障害や、冬の大雪による枝折れや倒木、温暖な地域での積雪による枯れ被害など、通常の気候以外での緊急の対策も必要となってくる。
〈確認しておく必要項目〉
- 気温……春夏秋冬すべての温度変化と最高気温・最低気温。
- 降雨量……季節ごとの降雨量と年間の降雨量。
- 積雪……冬の積雪量とその期間。
- 災害情報……台風や豪雨による被害状況と危険性の有無。

4-2-3 立地
　植栽可能面積の確認は、植物の選定において重要となる。特に大木になるものや、枝葉を横に大きく伸ばす種類の樹木を植える際には注意が必要。樹高や枝張り（葉張り）、成長速度などを十分に確認してから、立地条件にあう樹木を選定する。また、低木や多年草類であっても生育旺盛で繁茂する種類は、植栽面積と数年後の生育状態を想像して、広さに合った植物を選ぶようにする。
　傾斜地や周辺の構造物、自然環境も重要となる。また、植栽する前には、植え付ける植物に合わせて、できる限り改善しておくことも大切である。
〈確認しておく必要項目〉
- 面積……植栽場所の単純面積と形状。
- 傾斜……植栽場所や周辺の傾斜角度と形状。
- 高低差……段差の有無とその高さ。
- 構造物……周辺の構造物と植栽場所からの距離。
- 自然環境……川や池などの水場や林や森、山の規模と植栽場所からの距離。
- 水はけ……降雨時の水はけの状況。
- 土質……水持ちと水はけのほか、土壌酸性度（pH）。

4-3 樹木の性質

樹木の性質は、元来の生育地域の気候に合ったものである。これは、長年、その地域の環境に合わせて植物が進化してきたからで、樹木の性質を知ることは樹木を選定するうえで重要な要素の一つとなる。特に長い年月をかけて成長する樹木は、周辺環境による影響を受けやすいため、健全な生育のためにも、樹木の性質をよく理解し、それに合わせた環境を選ぶことが大切である。ここでは、樹木の性質を表す分類とその特徴を中心にまとめる。植物図鑑を見る際に、注意して確認しておくとよい部分でもある。

4-3-1 樹高による分類

樹木の成木時の高さによる分類で、標準的な成木の樹高によって分けているが、生育地域や環境によって変化することもある。
- 高木……平地に多く分布しており、熱帯地域などでは、30mを超す高さになる樹木もある。
- 中木……平地から標高の低い山まで、広く分布している。
- 低木……森や林の際や、強風の影響を受けやすい海辺、高山地帯などにも分布している。

4-3-2 葉の形状による分類

葉の形による分類の仕方で、大きく分けて2種類に分けられるが、まれに含まれないものもある。葉の形の細かい分類については、「2-3-1　C　葉の形」を参照。
- 広葉樹……広い葉を持ち、樹形は丸みをおびたものが多く、幹はやや曲がって伸びる。常緑樹と落葉樹がある。
- 針葉樹……針のように細い葉を持ち、樹形は三角形になるものが多く、幹はまっすぐ伸びる。ほぼ常緑樹。
- その他……上記の2種に分類されない形状の葉を持つ種で、イチョウなどの古代種。

4-3-3 葉の更新と冬季の状態による分類

年間を通しての樹木の葉の付け方の違いによって分けた分類方法で、必ず知っておく必要がある。
- 常緑樹……1年を通して葉の量の変化がほとんどなく、冬でもたくさんの葉を付けたまま過ごす。
- 落葉樹……晩秋に落葉して、冬は葉のない状態で過ごし、春に新芽がふき、初夏から秋にかけて葉を付ける。
- 半落葉樹……完全な落葉はしないが、半分程度の葉を落とし、葉の少ない状態で冬を越す。

4-3-4 気温耐性による分類

気温による樹木の耐性を基準にした表示で、樹木選定では重要な情報となる。
- 耐寒性樹木……樹木によって耐え得る温度は異なるが、寒さに強く北部地域でも育つ樹木。
- 耐暑性樹木……耐暑温度は異なるが暑さに強く、南部地域で育つ樹木。
- 耐乾性樹木……気温に関わらず、乾燥に耐え得る性質を持つ樹木。

4-3-5 科目と属目による分類

似たような性質を持つ植物を主だった植物を中心に系統別に分けている分類方法で、現在では、遺伝子情報を詳しく調べることで、より正確な分類ができるようになっている。科目や属目ごとに性質や特徴が分かれるため、これを知ることで、植物の好む環境や生育パターンを知ることができる。

4-4 生態系と在来種、外来種の関係

在来種と外来種は、現在の生態系の中で共存しているが、これらの違いは何か。もともとその土地に分布していた土着の品種のことを在来種といい、その地域に分布していなかったものを外来種といって分ける場合が多いようである。また、人が海外などから持ち込んだ品種を導入種や帰化植物ともいい、これらも外来種に含むのが一般的である。

在来種、外来種の定義は、あいまいな部分もあるが、生態系を守るために必要な知識なので覚えておくようにしたい。また、外来種の中には注意しなければいけない品種もある。それは、繁殖力が強く元もとの生態系を著しく脅かすものである。これらは、特定外来生物にも指定されており、生育域を拡大しないように注意する必要がある。

4-4-1 在来種の織りなす生態系

その土地に根ざした土着の植物である在来種で構成された植物群は、長い年月をかけてそこに住む昆虫や動物と共存関係を築いている。それは、人間の営みにおいても例外ではなく、特に農業にとってはこの関係が重要であり、共存関係のバランスが崩れると、害獣や病害虫の被害が大きくなったりする。これは、生態系の底辺にある植物層が大きく変わると、その次の層にあたる昆虫類が大きな影響を受けるからだ。生態系ピラミッドの下から順に影響を及ぼして、最終的には上層部まで被害が広がることになる。この結果から、在来種の植物群とともに育まれてきた昆虫や動物の共存関係は大変重要なことだということが分かるかと思う。

私たちが庭をつくる場所は、人間が決めた法律から見れば土地の所有者が決まっているが、自然という大きな視点で捉えれば、その一部の場所を借りているということになる。植物を配する際はそのことを十分に考えて、無理のない植物選定をすることが大切である。

なによりも、その土地に根ざした植物は、無理なく丈夫に育つ。当然、健康で生き生きとした植物は、見た目にも大変よいので、美しい庭をつくりだすことができる。また、病害虫の発生も抑えられるため、維持管理の負担を軽減することにも繋がる。新たに植栽をする際には、周囲の自然環境や土着の植物をよく調べておくように心がけておこう。

4-4-2 外来種とその生育環境

外来種は、意図的、非意図的に関わらず、人によって導入されたものがほとんどである。その大部分が従来の生育環境とは異なる環境のため、野生化することはないし、適応したとしても数世代で消滅してしまうことが多いようだ。

しかし、なかには野生化した後に定着し、生育域を拡大させる種もある。そのような種は、特定外来生物として分類される（特定外来生物による生態系等に係る被害の防止に関する法律）。また、外来種の中には侵略的外来種に指定され（日本生態学会）、原産地とは異なり、爆発的に増えて問題を起こす種もある。これは、従来の生育域が広く、耐性があり、丈夫な品種であることに加え、進入地には天敵や競合する種が少ないことから、繁殖や生育が助長されるためと考えられている。

また、他の特徴として種子の生産性が高い種や、忌避成分を分泌させるアレロパシーを持つ種が挙げられる。

現在、よく見かける外来種には、ハルジオン、シロツメクサ、セイタカアワダチソウ、ナガミヒナゲシ、カモガヤ、ヨウシュヤマゴボウ、モウソウチクなどがある。また、樹木では、トウネズミモチやシマトネリコなどに注意勧告を出している地域もある。

これらの、外来種のほとんどが、人が手を入れることで従来の自然環境を破壊した後に生育している。その理由としては、在来種によって完成された生態系に進入することは、繁殖力が強い種といえども難

しいためである。しかし、人がそれらの在来種を排除した後ならば、繁殖力の強い外来種の方に有利に働くため、人の目につく場所には多くの外来種が生育することになってしまう。このように、問題を引き起こす要因は人間の活動であることが多いため、十分に注意する必要がある。品種選定は、この問題に直結する部分なので、安易な選定はしないように心がけることが大切である。

4-5　不適切な樹木

樹種を選定する際に注意しなければいけないことは多いが、その中でも成長速度、樹形、管理は必ずチェックしておきたい項目である。これらを確認せずに植えてしまうと、植えたばかりの頃は綺麗で気に入っていても、早くて数カ月、遅くても数年後には何らかの問題が起こることになる。

そのような問題を回避するためには、樹木ごとの性質をしっかりと把握し、植栽場所に不適切な樹木を選ばないように気を付けなければならない。下記の項目を十分に確認し、場所に適した選定をして、問題が起こる要因を少なくするように心がける必要がある。

4-5-1　成長速度による弊害とその違い

A　生育速度の速い樹木の場合

生育の速い樹木は、成長後のサイズと植栽場所の広さが釣り合っていないと管理に無理が出てくる。他の樹木より速く成長し、大きくなってしまうと、周辺樹木の成長を阻害したり、建物に被害を及ぼすこともあるため、植え付け時の状態とその後の成長率や、どのような管理が必要になるかを考慮して樹木を選ぶようにしたい。

- 樹木例……シマトネリコ、カイズカイブキ、ゴールドクレスト、フサアカシア（ミモザ）、タケ・ササ類など。

B　生育速度の遅い樹木の場合

生育速度の遅い樹木は、狭小地などに向いているが、生育環境が成長率や枝葉の状態に出やすく、適応環境が狭く、植え付け場所が合わないと枯れる確率も高くなる。品種も少なく環境に合わせた樹木を選ぶことが難しいので、樹種の選定には十分に気を付けること。

- 樹木例……アセビ、ソヨゴなど。

4-5-2　樹形別の成長とともに現れる弊害

A　縦によく成長する樹木

針葉樹などで、縦に真っすぐ成長する樹木は、太い根が下に向けて真っすぐに伸びる直根性のタイプが多いので、上部の空間だけでなく、地面の下にも注意が必要となる。樹木を植える場所の下に配管などがあると、数年～数十年の間に配管を破るなどの問題が発生することもある。また、上部の空間でも高く伸びすぎて手入れが難しくなったり、屋根や、電線に枝葉が当たり、台風の際には被害を増やすこともある。

このことから、一般住宅では、地下に埋設物がない場所で植え付けが可能な場合のみにして、剪定が容易なもの以外は、選定しないほうがよい。

- 樹木例……カイヅカイブキ、ゴールドクレスト、モミ、メタセコイア、ドイツトウヒ、イチョウなど。

B　横によく成長する樹木

枝葉が横に広がって成長する樹木は、広葉樹などに多く見られる。低木類の場合は、植え付け場所の広さと成長率を考慮すればよいのだが、中高木は、成長とともに木陰になる部分が広がる。そのため、周辺の植栽との距離を考慮して植えていない場合、周囲の植物の成長を阻害することになる。また、枝が横に張るのと同様に、根も横に広がって張っていくため、成長とともに表層に近い部分の根が隆起し

てくる。若木の時は問題とならないが、植え付けてから10年以上して大きく成長してくると、隆起が目立つようになってくる。その際には、樹木周辺の舗装に被害を及ぼすことが多くなってくるので、舗装の近くへの植栽は控えたほうがよい。
● 樹木例……サクラ、ネムノキ、クスノキなど。

4-5-3 維持管理に不適切な樹木とその特徴
A　生育がよく、剪定が頻繁に必要な樹木
　生育がよくて繁茂しやすい樹木は、植える場所を十分に考慮しないと管理に多くの手間を費やすことになるので、生育速度と成長後の広さに合わせた場所に植栽することが大切である。
　また、高低差が大きくて狭い場所などは、剪定などの手入れを頻繁に行うのが難しいため、成長が早く、繁茂しやすい樹木はあまり勧められない。特に目立つ場所や、綺麗に整えておかなければいけない場所などは、剪定の手間を理解したうえで植えるのでなければ、植えるのは控えた方が無難だろう。
● 樹木例……シマトネリコ、オリーブ、シラカシなど。

B　病害虫被害にあいやすい樹木
　病害虫は、樹木の成長を阻害し、その被害によって美観を損ねるだけでなく、人にとっても有害なものも多いため、病害虫の被害にあいやすい樹木は、人通りが多い場所や動線付近には植栽しない方がよい。病害虫を避けるために、薬剤を用いることも多くなるため、手間や費用も多くかかることになる。特に毛虫類がつきやすい樹木は、植えるのを控えるか、似たような科目の品種の含めて多く植えないようにする。これは、病害虫の大量発生を防ぐうえで大切なことである。
● 樹木例……ウメ、サクラ、ツバキ、サザンカ、ジューンベリー、マツなど。

4-6　樹高による樹木の組み合わせ
　庭を形づくるうえで樹木の組み合わせは重要な要素となる。ここまでの項目で述べてきたように、ただ見た目だけで選定すると、後になって様々な問題が出てくる。このことから、植栽環境や樹木の性質をよく理解したうえで樹木の選定を行うことが大切になる。樹木の選定を行う際は植栽地にあった樹木を選び、それらをうまく組み合わせていくことで、バランスの取れた美しい植栽をつくり出せる。
　樹高による樹木の選定方法は次のようになる。

4-6-1　高木の割合
　高木は大きく生育することが多いため、仕立て方を工夫して小まめに剪定することにより、高さをコントロールする必要がある。庭木として植える場合は、庭の広さにもよるが、全体の10〜20%（1〜3本まで）にしたほうがよい。

4-6-2　中木の割合
　高さのバランスを取るのに重要な部分。地域によって生育度合いが異なるため、中木と高木との線引きが難しい樹木も多い。高木と同様に仕立て方や剪定の頻度を考慮することが大切。樹木の配分は、全体の30〜40%にするとよい。

4-6-3　低木の割合
　高低差をつけたバランスのよい植栽をするために、高木や中木よりも多く取り入れるとよいのが低木。高木や中木の株元周辺に配したり、狭いスペースに植えたりすることができるので、なるべく多く取り入れるとよい。全体の割合としては40〜60%ほど入れると、まとまりのよい庭となる。

4-6-4 ツル植物の割合

ツル植物は壁面を有効利用しての植栽ができるため、高低差があり壁面積が多い場所や狭小地の植栽に有効である。また、目隠しとしてフェンスなどに絡めることも可能。品種も多いので、植栽地の環境に適した品種を選定する。

他の樹木と同じように常緑と落葉があるため、品種選びの際には、注意すること。絡ませたり、這わせたりする面が必要になるため、壁面が多い場合は使用する割合も増えて30〜40％取り入れることもある。それ以外の場所では、全体の5％ほどにする場合が多い。

4-7 樹形による選定

樹形とは樹木の全体的な姿や形を表す言葉で、これは樹種によって異なる。樹木の選定においては、樹形を考慮することも重要。樹形を表す際は、その樹木の自然樹形をもとに生育後の樹形を表現するので、若木の際は、樹木ごとの特徴的な姿形が現れにくく、樹形の判断が難しい。

選定の際には、樹木の基本的な性質とともに、成長後の樹形を把握しておくことが大切。それぞれの樹形を考慮した選定であれば、手入れの頻度も少なく済み、その樹木本来の美しさを楽しむことができる。

4-7-1 基本的な樹形の特徴

樹形は大まかに分けると自然樹形と人工樹形に区分されるが、自然樹形は、幹や枝が四方へ均一に出る整形と不均整な不整形に分けられる。ここでは、自然樹形の主な分類と特徴、樹木を選定する際の要点をまとめた。樹種によっては樹形を判断しにくいものもあるが、一般的によく見られる基本的な樹形を表4-1に紹介する。

表4-1 自然樹形の種類

整形タイプ					
柱状形 (ちゅうじょうがた)	円錐形 (えんすいけい)	尖頭形 (せんとうけい)	円蓋形 (えんがいけい)	卵形 (たまごがた)	杯形 (さかずきがた)
イタリアポプラ	イチョウ、イチイ、モミ	ヒマラヤスギ	クスノキ	プラタナス、ナナカマド	ケヤキ

不整形タイプ				
不整形 (ふせいけい)	枝垂形 (しだれがた)	伏生形 (ふくせいけい)	房頭形 (ぼうとうけい)	ツル状形
アカマツ	シダレヤナギ、シダレザクラ	ハイビャクシン	シュロ、ヤシ類	フジ

4-7-2 環境によって変化する樹形

樹形はそれぞれの樹木の遺伝により変わらないのが原則だが、環境条件の違いにより、同じ種類であっても大きく変化する場合もある。例えば、単独で生育している木（独立木）と林の中の木では、異なる樹形になる（図4-5、4-6）。また、高山や海岸など風の強い地域に生育している木は、著しく変形した樹形（風衝形、図4-7）になり、多雪地帯では根曲がりなどの現象もみられる（図4-8）。

このことから、樹形変化の主な環境因子としては、日照や水分条件、風や雪などが挙げられる。また、樹齢によっても樹形に変化がみられ、幼木形、成木形、老木形と区分される。

人手が加わることによっても変化を受ける人工樹形には、整姿、剪定が行われる街路樹や庭園の木、枝打ちなどが行われる植林地の木などがある。

季節による変化では、常緑樹に対して、落葉樹は変化が大きい（図4-9）。

図4-5 独立木の樹形

図4-6 林の中の樹形

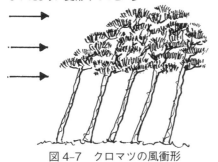
図4-7 クロマツの風衝形

風の強い地域に生育している樹木は、風下になびいたように変形することが多い

図4-8 根曲がりの杉

多雪地域では、木が雪の重さでたわむ。直立しようとするために根元が曲がる

図4-9 落葉樹の樹形の季節変化

4-8 常緑樹と落葉樹の選定

　樹木選定では、常緑樹と落葉樹の割合は重要なポイントになる。周辺環境や日照条件を考えて、バランスよくデザインに取り入れるのが理想である。それ以外でも、その場所をどのように使用するか、どちらを多く植栽するかによって管理の手間も変わってくるので、そのあたりも考慮して選定することが望ましい。

　ここでは、デザイン面から見た常緑樹と落葉樹の特徴と利点を挙げていく。

4-8-1　常緑樹の特徴と利点

　常緑樹は葉の交代が連続的に行われ、落葉期をもたない樹木で、葉の寿命は温帯以北では1年ないしそれ以上（一般には2～3年）だが、常緑針葉樹の中には10年以上も葉が生きている場合がある。熱帯では、新葉の出葉とともに旧葉が落葉していく常緑樹もあり、この場合の葉の寿命は数カ月というものもある。

　日本ではシイ、カシ、タブノキなど照葉樹とよばれる常緑広葉樹のほかに、モミ、ツガ、シラビソ、オオシラビソなどの常緑針葉樹などが見られる。

- 一年を通して常に葉を茂らせるため、冬でも緑を楽しむことができる。
- 耐陰性を持つ品種が多いので、日陰の植栽に利用できる。
- 葉が密に茂り、剪定や刈り込みに向く樹種が多いので、生垣などに向いている。

4-8-2　落葉樹の特徴と利点

　落葉樹とは生育不適期に葉を落とす樹木のことで、乾期に落葉する雨緑樹と低温期に落葉する夏緑樹がある。

　雨緑樹からなる雨緑林は、4～6カ月の乾期をもち、1,000～2,000mmの年間降水量を有する熱帯から亜熱帯地域に発達している。熱帯多雨林からサバンナへの移行部でもあり、多雨林を取り巻くように分布する。一方、夏緑樹からなる夏緑林は北半球の温帯北部に広く発達している。

　落葉は低温に対する適応だが、落葉自体は温度を高く維持しても起こる。落葉樹林の北限は、日平均気温10℃が120日以上までで、それ以下になると針葉樹に置き換わる。日本では夏緑樹が主となる。

- 季節によって葉の状態が大きく変化するため、その様子を楽しむことができる。
- 葉は薄く、枝も細めでしなやかな樹種が多いので、明るくさわやかな雰囲気を演出できる。
- 冬は葉が落ちるので、冬季の日照を確保できる。

4-8-3　常緑樹と落葉樹の選定比率

　上記の通り、常緑樹と落葉樹では生育のサイクルが異なる。季節ごとの樹木の変化を考慮して、選定の際は、常緑樹と落葉樹のバランスのよい組み合わせをすることが大切。庭のイメージや目的に合わせて両樹木の配分の比率を変えることで、過ごしやすい環境をつくることができる。

- 明るく軽やかな印象の庭にする場合の常緑樹と落葉樹の比率。
  常緑樹：落葉樹＝3：7
- 落ち着いた印象の庭にする場合の常緑樹と落葉樹の比率。
  常緑樹：落葉樹＝7：3
- 通常のバランスの取れた庭にする場合の常緑樹と落葉樹の比率。
  常緑樹：落葉樹＝6：4

第5章　配植の手法

　快適な住環境をつくるためには、植栽を欠かすことができないのは周知のことである。植物は生き物だから適切な管理と生育に適した環境におくことで植栽に求められる機能を発揮することができる。必要以上に密度を高くして植えたり生育条件の整わない状態にすれば、茂りすぎた枝葉が通風を妨げたり、日照を損なうことになる。こうした状況では樹木も弱るし、病虫害が発生するなどの弊害も生じる。

　狭い駐車スペースに無計画に植栽をすれば維持管理に手間が掛かったり、車の出入りに支障をきたしたり、事故の原因になるなど安全面の問題もでてくる。また、建物際に植えれば樹木の根が建物の基礎や設備の配管を傷めたり樹木の生育を損ねたりする。植える地域の気候、日照、地質などの植物の生育条件を考慮しなければ、管理の手間がかかり枯死を早めるなどの問題も発生するだろう。管理の手間や生活上の不都合が、「樹木なんか植えるのではなかった」という意見に結びつきがちだが、適切な植栽環境や植栽目的にあった配植計画をすることで、緑の恩恵を日常生活に生かすことが可能になる。

　植栽の目的は快適なエクステリア空間をつくるということであり、目的達成のための植栽計画は、環境条件にあった植栽配置やデザインなどを多角的に検討しなければならない。

　この章では、植栽の目的・植栽方法の分類・植栽デザインと効果的使い方に分け、目的と配植の最適な組み合わせなどについてみていく。

第5章　配植の手法

5-1　植栽の目的

エクステリア空間に樹木や草花などを植栽することは、人びとの生活に様々な効果をもたらし、その効果を生かして利用することで、私たちはより快適な住環境を得ることができる。植栽による環境調節機能には、遮音、遮光、大気浄化、気温緩和、防火、防潮、防雪、防風などが挙げられる。それぞれの効果については3章で詳しくまとめているが、ここでも改めて、植栽はどの様なことを目的にしているか、何を期待されているかについて整理してみる。

5-1-1　街並みや地域の住環境の美観向上

植栽には、地域の街並みや個人邸の景観・修景を整える役割を持っている。

住宅地の景観は、各個人住宅の門や塀でつくられるファサードの連続で形成されている。敷地の内部だけでなく、通りに面した各住宅のエクステリアが街の景観を整える。誰でも、夏は涼しげな木陰があり、春には美しい色や香りのする花が見られ、適度にプライバシーのある美しい街に住みたいと思っているのではないか。こうした優れたファサードには、美しく効果的な植栽が必要である。

5-1-2　快適生活空間をつくる

住宅のエクステリア空間における植栽は、床や壁、屋根または天井になって室内とは異なる気持ちのよい屋外空間をつくる大切な構成材となる。見せたくないもの、見たくないものを隠す壁になったり、ギラギラとした直射日光を遮って気持ちのよい木漏れ日に変える天井になったり、クッションの効いた床になったりと、使い方次第で快適空間を創出し、暮らしの空間を整えてくれる。

こうした屋外空間は屋内空間とは異なり、風に触れ、太陽の光を浴び、植物を育てるなど、魅力的で豊かな生活空間となる。ここで植栽に期待されるのは、エクステリア空間を生活空間に変化させることである。

5-1-3　自然環境調節機能

市街地の建築物の密集化や高層化が進むと、建物の外壁や屋根、道路に輻射熱を大量に蓄熱したり、地面の保水力が減少するため、これが原因でヒートアイランド現象を引き起こすことになる。いわゆる温暖化現象と呼ばれる問題の原因だが、植栽はこのような負の環境を緩和する効果を持っている。

植栽による遮光は、日射熱がアスファルト舗装やコンクリート建物に吸収させることを防いでくれる。もちろん、冬季は逆に日陰は気温や室温の低温化をもたらすので、夏季の緑陰と冬季の日照確保を満足させるような樹種の選定、植栽場所の検討などは重要である。

二酸化炭素やホルムアルデヒドは樹木に吸収され、樹木の生育に利用される。このように樹木は大気浄化としての役割もあるが、現実的にどの程度の効果があのるかは、それほど明確になっていない（「3-3　植栽と大気浄化」「3-5　植栽と気温緩和」を参照）。

5-1-4　居住環境向上機能

近隣や道路を走る車の騒音などを遮ったり（遮音効果）、夏季の強い日射や光線をコントロールする（遮光効果）手段としては、カーテンやブラインドなどが挙げられるが、窓前や西日の当たる外壁の前に植えられた緑のカーテンや樹木も大きな効果をもたらしてくれる（「3-1　植栽と騒音」「3-2　植栽と遮光」を参照）。さらに、植物の蒸散作用などによる冷風、涼風を取り込むことも期待できる。

5-1-5　視覚環境調節機能

夏の強い日射や、白い壁による反射光は目を疲れさせるだけでなく、視覚障害の原因にもなる。緑の

すだれや日除けは視覚に負担をかけない環境をつくるために、大きな効果が期待されている機能である。

5-1-6　住環境安全機能

古くから植栽による防風効果は、防風林や屋敷林として海風や空風（からかぜ）の強い地域ではお馴染みのものであるが、風だけでなく土埃や塩害・雪害などの対策としても使われてきた。風に耐え、塩に耐え、雪に耐えるための植栽は、もちろん環境・気候・植栽スペースなどを熟知した上での樹種の選択が不可欠になる（「3-4　植栽と防火」「3-6　植栽と防風」「3-7　植栽と防潮」「3-8　植栽と防雪」を参照）。

5-2　植栽方法の分類と計画

植栽には目的があり、ただ無計画に植えるのでなく、その目的に合わせた樹種を選び、植える場所を決めなくてはならない。植える場所と植える植物をどのようにして選び、決定するか、配植の選定をする前に、まず配植の基本を整理しておく。

5-2-1　単植と群植（寄せ植え）

植栽をするときの樹木の配置の基本型式は、単植と群植に分類される。群植は複数の樹木を植えることを指すが、複数といっても2本、3本、それ以上と、様々な植え方があり、それぞれに名称が付けられている。

A　単植

一本の樹木を独立して植えることを単植という。単植植栽では、植えた樹木が四方から見えるので、樹種の選定に当たって、群植する樹木より樹形が良く見栄えするもので、植える場所の景観を向上させる効果のあるものを選ぶ。シンボルツリー、庭園の池畔や滝などの景を引き立たせる目的で用いられる場合は「役木」または「景観木」とも呼ばれる。

日本庭園では古くから、使われる場所や植える目的によって「滝障りの木」「門冠りの木」「見越しの松」などと特別な呼び方で用いられている（図5-1）。

B　対植または双植

寄せ植えに分類される配植で、植栽する場所に合わせて二本の樹木の調和を考えながら植え、それぞれの樹木が補完しあって景観を向上させるような選択をすることが望まれる。

「右近の桜・左近の橘」に代表されるように、左右に異なる樹木を植栽する場合は「対植」といい、同一樹種を用いる場合を「双植」と呼ぶ（図5-2、5-3）。

  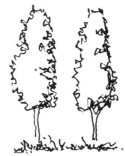

図5-1　単植　　　図5-2　対植　　　図5-3　双植

C　三本植

種類、形状、高さなどの異なる樹種三本をバランスよく植え、景の向上を目的とするもの。三本の配置は平面的にも、立体的にも不等辺三角形のパターンで配植することが原則である。三本植えを複数組み合わせる場合も、それぞれのセットを一単位として、全体が不等辺三角形になるように配植することで、心地よい景をつくることができる（図5-4、5-5）。

図5-4 三本植

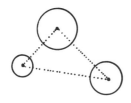
平面配置・不等辺三角形

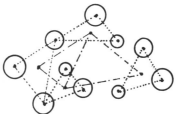
複数でも不等辺三角形
複数の不等辺三角形の中心を不等辺三角につなぐ

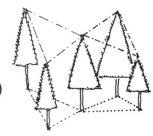
立体配置・3本植
高さも低中高3種類にする。複数本にする時は3本を1単位とし、中高低の単位をつくりこれを不等辺三角形になるように配埴する

図5-5 配植の基本。平面上は不等辺三角形に配置する

D　群植（列植、寄せ植え）

複数の樹木を調和させながら植えるもので、目隠しや風除け、生垣にするなど、単植では得られない効果や機能の向上を目的として植える方法（図5-6、5-7、5-8）。複数といっても、2～3本程度の場合は群植とはいわない。

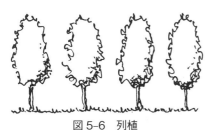
図5-6 列植

図5-7 中高木の寄せ植え

図5-8 灌木の寄せ植え

5-2-2　植栽デザインの平面計画

植栽のデザインは、平面計画と同時に立面計画も合わせて検討することが基本である。平面計画で隣家や道路との関係、建物の出入り口や窓の位置などの条件を考慮した樹木の配置を検討しながら、この樹木の高さや枝張りの状況が、その住環境の要求しているものであるか否かを検討することが大切である。窓の位置や人の動線を考えながら平面で配植を検討し、同時に窓の高さや歩く人の視線の位置を考えて立面も意識することが必要となる。立面デザインの検討なしには、植栽に要求される機能を充足させることはできない。

植栽の平面配置は線植栽と面植栽に分類される。

A　線植栽または列植

樹木を一本の線状に植栽するもので、同樹種で同じ大きさの樹木を等間隔に植える等間隔列植（図5-9）と、大きさの異なる樹種を組み合わせてパターンをつくり、これを繰返して植栽する組合せ繰返し列植（図5-10）に分けられる。

また、列植のパターンには、単列列植（図5-11）、2列列植（図5-12）、3列列植など植える列の数や、帯状列植のように形による分け方がある。帯状列植のデザインは平面の形状により直線、円形、楕円形、自由形などがある。幾何学模様や紋章（図5-13）、花壇の縁や隣地との目隠し部分など、様々なグランドデザインを楽しむことができ、フランス式庭園などによく見られる。

線のデザインには、直線、円形、楕円形、自由曲線などがある（図5-14）。これらは植栽の場所や植栽に要求される機能などにより最適な使い分けをすべきだが、平面的配植の検討をすると同時に立体的にも検討することが必要である。

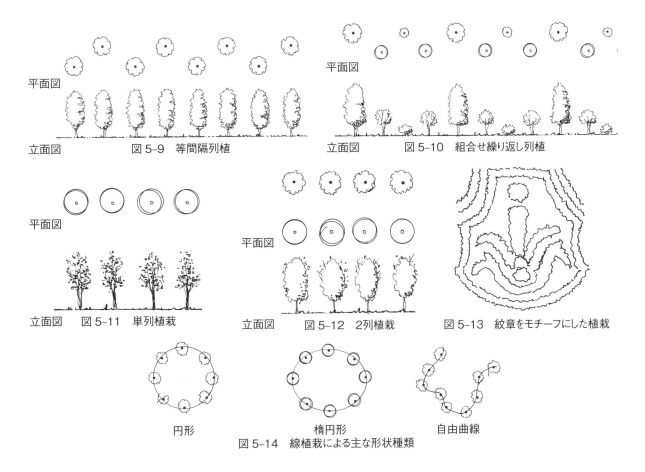

図5-9　等間隔列植
図5-10　組合せ繰り返し列植
図5-11　単列植栽
図5-12　2列植栽
図5-13　紋章をモチーフにした植栽

円形　　　楕円形　　　自由曲線

図5-14　線植栽による主な形状種類

B　面植栽

　面状になるように植える方法であるが、見る方向によって樹木の間から奥が見えたり、見えなかったり、全く見えなくするなどの配植パターンがある。

〈正方形植え〉

　同じ樹種、同じサイズの樹木を縦横同間隔に配植する。つまり2列目、3列目をずらさず植える複数列植。樹木の間から奥を見通すことができる植え方である（図5-15）。

〈三角植え〉

　同じ樹種、同じサイズの樹木を等間隔に配植するが、この時、1列目と2列目をずらして配植する方法で、この配植だと斜めに見なければ奥を見通すことができない（図5-16）。

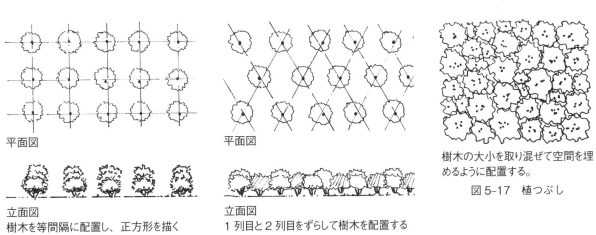

樹木の大小を取り混ぜて空間を埋めるように配置する。

図5-17　植つぶし

樹木を等間隔に配置し、正方形を描く
1列目と2列目をずらして樹木を配置する

図5-15　正方形植え
図5-16　三角植え

〈植つぶし〉

樹種や大きさの異なる樹木を組み合わせて密植することをいう（図5-17）。

〈帯状植栽・雲形植栽・散らし植栽〉

植栽の配列の形状が帯状の曲線や雲形、バラバラに散らしたように配植するもので、帯状植栽、雲形植栽、散らし植栽などがある（図5-18）。

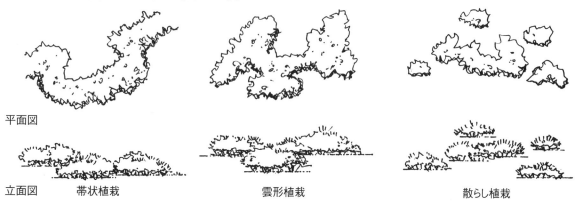

平面図

立面図　　帯状植栽　　　　　　　　　　雲形植栽　　　　　　　　　散らし植栽

図5-18　帯状植栽・雲型植栽・散らし植栽

5-2-3　植栽デザインの立面計画

植栽に期待される機能には遮蔽・防音・防火・防風が挙げられるが、これらの機能を満たすための樹木の配置計画は、平面の検討とともに立面のデザイン検討が大切となる。

プライバシー確保のための視線遮蔽に必要な位置はどこなのか、100％遮蔽するのか50％ほどの透け感を持たせるのかなど、遮蔽の程度によって植栽の密度や樹木の高低の組み合わせを検討しなければならない。住宅の間取りや開口部、隣家の開口部の位置、道路からの視線など、建築設計図の平面図や立面図、展開図、配置図を参考にしたり、現地を調査することも必要である。

立体的に要求される機能や、目的にあわせるための植栽を以下に紹介する。

A　多層植栽

隣家や道路などからの視線を遮り、プライバシーを確保することなど、遮蔽機能を目的とした場合に使う配植方法の一つ（図5-19）。高い所からも、低い所からも見えないように遮蔽することが目的の配植だが、通風や日照、閉塞感の軽減なども考慮して、高木、中木、低木を組み合わせた配植にする。

B　中高木単層植栽

高い所を遮蔽するための植栽方法で、高木と中木で上層のみを形成する手法（図5-20）。単調さを回避するためのスカイラインにするため、樹冠に変化を持たせた樹種の選び方をするとよいだろう。

C　中段あき二層植栽

樹高の高いものと低いものとを組み合わせて、目隠しの位置を上層と低層につくる配植の方法（図5-21）。多層植栽より閉塞感が少なく、軽快感や奥行き感がある。空隙があるので通風や日照が妨げられることが少なくなるため、樹木の健康状態を保ちやすく、また手入れなどの管理が楽になる。

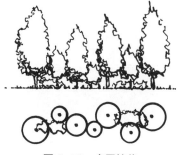 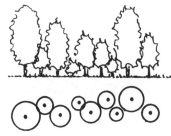 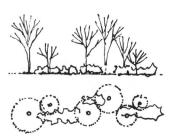

図5-19　多層植栽　　　　　　図5-20　中高木単層植栽　　　　図5-21　中段あき二層植栽

D　すだれ状半遮蔽植栽

遮蔽を目的とするより、チラチラと見えるような透け感のある景色をつくる手法で、奥にある建物や添景の全景を見せず、奥行きの深さや広さなどを暗示させたい時に使う手法（図5-22）。樹木の幹や枝、葉の間から見え隠れする風景をつくるために、配植の位置を検討する時には、幹の形、枝張りや葉のつき方、葉の形などまで考えることが要求される。

樹木類を群植し、奥にある建物の全景が見えないようにする

竹の群植により奥の塀を隠す

図5-22　すだれ状半遮蔽植栽の手法

E　刈り込み植栽

樹木を密に列植して刈り込んだものに、生垣や花壇の縁などがある。刈り込みの厚さや高さを変えることで、目的に適応させた使い方ができる。敷地境界などに使用する場合は、プライバシー確保と防犯性を考慮して通行人の目線より生垣を高くするが、内部を見せたいが侵入はできないというような要求のある場所では生垣を低く、奥行きを厚くするなど、要求と条件に合ったものを考えなくてはならない（図5-23）。

樹種を数種類混ぜてつくった垣根を「混ぜ垣」、2m以上の高さのものを「高垣」などと分類している（図5-24）。

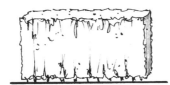
高い多層植栽、完全目隠し形式

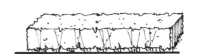
低くて厚い刈り込み、進入禁止、誘導形植栽

図5-23　生垣の刈り込み

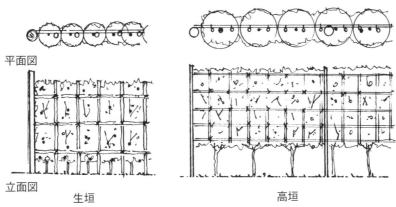

平面図

立面図

生垣　　　　　高垣

図5-24　生垣

F　植栽立面図を描いてみよう

多層植栽、中高木単層植栽、中段あき二層植栽、すだれ状半遮蔽植栽、刈り込み植栽などの植栽の型式を踏まえて、植栽に期待される遮蔽性や遮光性、遮音性、遮熱性を確かなものにするためには、平面図だけでなく、立面図を描いてみると、より正確に目的を達成することができる。平面図では高さ関係が分からないので、建築設計図の立面図に完全に遮蔽したい部分、少し外を見たい窓、風を通したい窓、

少し風を通したい窓など、樹木の高低や透かし加減を、暮らし方を考えながら植栽立面図を描いてみるとよいだろう（図5-25）。

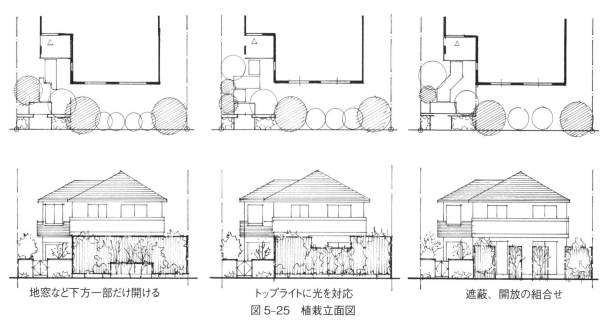

地窓など下方一部だけ開ける　　トップライトに光を対応　　遮蔽、開放の組合せ

図5-25　植栽立面図

5-2-4　庭園の配植によるデザイン形式（整形式植栽と不整形式植栽）

庭園の配植の型式には、大きく分類すると整形式植栽と不整形式植栽に分けられる（図5-26、5-27）。

整形式植栽は樹木の配植を円、三角形、四角形など数理的な規則性のある幾何学的な図形に基づいて配植するもので、シンメトリー（左右相称）デザイン様式や、グリッドによる規則性あるデザインなどがよく使われ、フランス式庭園などによく見られる。

不整形式植栽は整形式植栽と逆で、定まった形を持たない非整形で自然風の型式であり、日本庭園やイングリッシュガーデンなどに顕著な特徴が見られる。

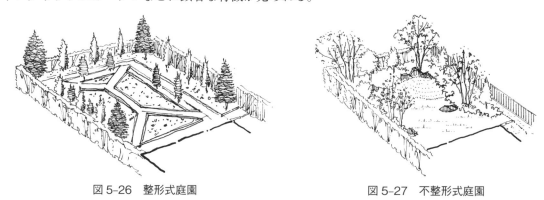

図5-26　整形式庭園　　　　　　図5-27　不整形式庭園

5-2-5　植栽による空間強調の手法（エクステリア空間の魅力を高める効果的配植テクニック）

空間に実際よりも奥行き感を持たせたり、落ち着き感を醸し出す、遠近感を強調してワクワク感を出すなど、庭の点景物や植栽、園路のつくり方により、実際以上の魅力を演出することができる。フレーム効果または額縁効果、ビスタ効果、暗示効果などと呼ばれている手法である。

A　フレーム効果または額縁効果

見せたい部分に縁をつけて切り取って、一つの完成した絵画のように見せる、または、まとまりのない景色を枠で整理することで統一感を出すといった、見せたい景色を切り取るための手法をフレーム効果または額縁効果という。枠でくくることによって、遠近感を強調したり統一感をだしたりする手法で

ある。

絵画は額縁によって締まりがでて、また、見て欲しいというインパクトを持つ。エクステリアでも空間を限定し、景色を切り取ることで、つくられた景色を強く印象付けたり、見る人をその光景の中に引き込んだりする効果をつくることが可能になる。絵画では額縁を使うが、エクステリアの額縁は大きな樹木の幹であったり、刈り込まれた緑壁であったり、建物の窓枠や柱、低い庇であったりする。

京都の圓通寺の庭は、広縁、庇、柱で額縁をつくり、背景にある比叡山を借景にして庭園の美しさを浮き彫りにした額縁効果により、より素晴らしいものとなっている（図5-28）。

B　アイストップ

アイストップとは、見られたくないものや見せたくないもの、行かせたくない方向から視線や気持ちを遠ざけるために、別の方向に視線を引きつけておく手法。灯籠や彫刻、トピアリーなどが挙げられるが、花木や樹形に面白みのある樹木も使われる。庭の景色の中で、視線の焦点になる場所や園路、アプローチの曲がり角などに設置する。シンボルツリーなどもこの効果を狙ったものである（図5-29）。

C　ビスタ効果

ビスタ効果は空間に遠近感を演出する手法で、遠景へ視線を誘導させて奥行き感を演出したり、近くに感じさせたりする。例えば、樹木や刈り込みの生垣を両側に配置することで奥を狭くしぼる演出は、奥行きの深い眺めをつくり、「通景」や「見通し景観」などともいう（図5-30）。

D　暗示効果

この先に何があるのだろう、あの階段の先に行くと何があるのだろう、そんな好奇心に人はワクワクするものだ。この暗示感をくすぐるために、園路を曲げたり、「灯籠障りの木」（図5-31）や「滝障りの木」を植え、滝の落ち口など隠されているものを見る人の感覚に任せる。全てを見せない、見る人の連想感覚に任せる暗示効果は、日本人の持つ深い美学でもある。

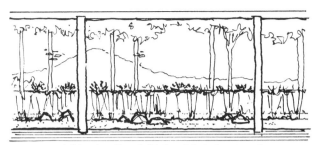

広縁、庇、柱、生垣でつくられたフレーム
図5-28　フレーム効果・京都圓通寺の庭

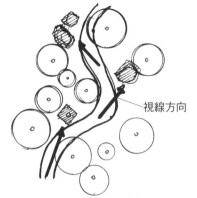

視線方向

図5-29　アイストップ効果

自然風の庭
疎林の中に続く園路。樹木の群植により園路の奥へと誘導する

整形式の庭
樹林によってフレームをつくり、視線を遠くに誘導する

図5-30　ビスタ効果

灯籠障りの木
灯籠の前に樹木を植えて、全景が見えないように隠す

図5-31　暗示効果

E　スカイライン

樹木が空と接するラインをスカイラインといい、植栽計画では樹幹の高低に変化をつけたり、常緑樹と落葉樹を混ぜて変化のある美しいスカイラインをつくったりする（図5-32）。ただ、住宅においては敷地にゆとりのない場合が多く、スカイラインと呼べるほどの効果は期待できないことが多いのが実情である。

樹木の樹冠で変化をつけたスカイラインをつくる

図5-32　樹木でつくったスカイライン効果

F　遮蔽植栽または目隠し植栽

遮蔽植栽とは、施設を隠したり、見せたくない場所などを目隠しする目的のために植栽するもので、樹種としては下枝の枯れ上がりにくい中木樹種と、耐陰性の強い低木樹種を選択。植栽に当たっては中木と低木の混種配植構成が効果的である（図5-33）。

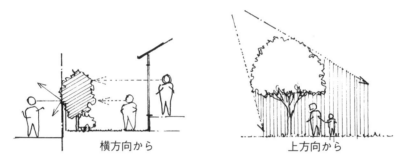

図5-33　遮蔽植栽

5-3　機能別・目的別の植栽方法

植栽の機能には目隠し、癒やし、空間をつくる、環境向上などが挙げられ、その機能を満足させるための効果的な使い方があるが、全てを同時に満足させることは不可能である。遮蔽率100％の目隠し植栽において、通風や木漏れ日を同時に享受するのは難しい。したがって、要求に順位を付けることが大切になる。その場合の設計においては、生活空間であるエクステリアとして、安全性をまず第一に考えることが大切である。

5-3-1　目隠しをする（遮蔽植栽・目隠し植栽）

玄関のドアを開けたら家の中まで道路から見えてしまうことや、庭で遊ぶ子供の様子が塀の外を通る人に見えてしまうのを防ぐため、遮蔽性のある高い塀を建てた場合、室内からの眺望と風通しが悪くなってしまう。しかし、植栽による目隠しを用いれば、目にも、肌にも、耳にも穏やかで優しい環境をつくってくれる。

上下に高い遮蔽性を要求するならば、視線の通りにくい、二重・三重に配植する多層植栽が向いている。遮蔽性を目的とする場合でも、100％の遮蔽度を必要としないこともある。遮蔽性能の要求度に合わせて、植栽の密度を調整したり、部分的に高い遮蔽度にしたり、低い遮蔽度の植栽法を選択することで、暮らしの快適性を高めることができる。

中・高木単層植栽は透け感を出したり、遮蔽性の高低差をつくってくれる。透け感のある目隠しを要求するなら、すだれ状植栽が向いている（「5-2-3　植栽デザインの立面計画」を参照）。

5-3-2 癒やし効果への期待

ウメの香りやサクラの落ち葉の香り、キンモクセイの初秋の香りがなつかしい記憶を呼び起こしたり、気持ちを穏やかにしてくれることもある。花壇の花、庭木に集まってくる蝶や小鳥に季節や自然を感じて、暮らしの豊かさに満足することもあるし、植物がもたらす癒し効果を日常生活の中に望む人も多い。

アプローチや門廻りなどに植栽すると、家への出入り時に、季節の巡りごとに決まった香りで四季の到来を感じることができるし、訪問者や通りがかりの人びとを楽しませることにもなる。家族の癒やしのためには、家族が一番憩う居室の開口部の近くを選ぶと効果的であることはいうまでもない（「5-5 ゾーン別の植栽方法」を参照））。

5-3-3 空間をつくる・囲う・仕切る

空間をつくるには、仕切ったり、壁をつくって囲ったりする。天蓋（パーゴラや藤棚など）を設ければより囲われた感の高い空間になり、プライバシー度を高めることができる。仕切りや囲い壁には刈込みに強い、ツゲやツツジ類が使われることが多い。

A 仕切る

庭に面して洋室と和室の部屋が並んで設けられている間取りはよく見受けられる。このような時、洋室の前の庭と和室の前の庭は、和洋折衷の同一意匠や雰囲気にすることもあるし、それぞれの部屋に合わせて洋庭と和庭にする場合もある（図5-34）。

また、住宅の間取りにおいて、水廻りやトイレの前とアプローチが近接していることも、北側道路の宅地などでは多くみられる。

こうした、和洋や意匠が変わる接点や、エクステリアの空間の性質が変わる所には、雰囲気を大切にした仕切りが欲しいものである。例えば、刈り込み植栽壁は異なる空間を限定するためのとてもよい手法となる。

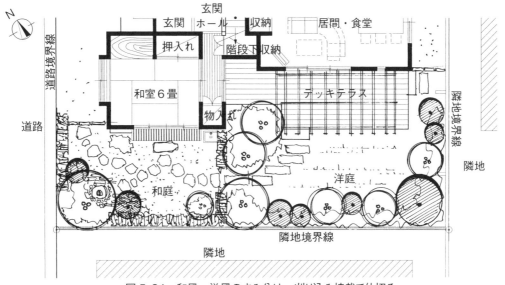

図5-34 和風、洋風のすみ分け。刈り込み植栽で仕切る

B 囲う（誘導・暗示）

緑の壁は低くても、高くても、室内では得ることができない環境をつくりだす。

視線の先にある美しい眺めを確保しながら、人の動きを誘導する膝高くらいまでの刈り込み植栽は、開放感をもたらす。フランス式庭園などでは、花壇の縁にしたり、アプローチの縁にして気持ちよく視線を楽しませ、抵抗のない行動規制をすることを目的としている。

一方、緑の高い壁により、背後を囲われた空間にいると、人は安心感を得る。高い刈り込みの壁で囲

われた庭の一角は、室内空間では得ることのない、日常を忘れた思索の世界へと誘う。

C　天蓋をつくる

　植栽でつくる天蓋とは、バラやクレマチスなどのようなツル性植物を絡めたパーゴラや藤棚などのこと。上部からの視線を遮蔽するためにも、大変有効な手段であり、小さくても屋根のある空間は、人の心も優しく包んでくれる。

　駐車場や門廻りなどの地面に、ほんの30cm角程度の植栽場所があればつくれるので、特にスペースがなく植栽が望めないような場所では、この天井タイプの緑化がいいだろう。

5-3-4　環境向上を目的とした機能と効果

　第3章で植栽の機能については述べているので、ここでは植物自体が有する特性をできるだけ効果的に生かすための配植のポイントを、防風、防火、プライバシー保護などの目的別にまとめてみる。

A　日照や温熱環境の改善

①雨水浸透による流失遅延効果

　樹冠や樹根などに保水された雨水は、流水時間を遅らせる効果があり、降雨と同時に溢水することを防ぎ、排水を遅延させる効果がある。

②人工排熱低減効果

　建物の外壁や地面への直射日光を妨ぐことで、建物や地面の蓄熱減少効果が期待できる。緑のカーテンの効果は日照による室温の上昇をおさえるだけでなく、緑のカーテンに面する構造物の蓄熱を軽減し、人工排熱を低減させる効果をもっている。

B　雨・風・湿度の調節など

①防風植栽

　季節風などの寒風や、強風での飛砂防止・防雪などを目的とした植栽。耐風性があり枝葉の密生する深根性常緑樹を選択するとよい。風向きに対して直角に配植する防風林の構成は、風上側に低木植栽、風下側に高木植栽とする。

②防音植栽

　騒音を吸収または反射により減衰させる効果を目的とした植栽。下枝が低く、枝葉が密な常緑樹を選択し、高木、中木、低木の多層植栽とする。植幅は厚いほどよく、幅30cm以上で塀などと併用すると効果が大きい。

③防火植栽

　火災の延焼防止、火の粉の阻止などを目的とした植栽。防火樹は、枝葉の密生した含水量が高く葉肉の厚い常緑樹を選択（クロガネモチ・サカキ・サザンカ・マサキ・サンゴジュ・アオキ・ヤツデ・ヒイラギ・カシ類など）。ほどよい空地を設けて、低木・中木・高木の多層植栽とする。

④プライバシー保護の植栽

　車庫やアプローチなどの境に生垣や列植を設けると、1階のプライバシー保護に役立つ。また、外周部に設けると、生活環境に保全機能をもたせ、同時に、敷地内部の日照やプライバシー保護に配慮した植栽方法である。

⑤防潮植栽

　潮風に対する防風を目的とした植栽であり、耐潮性のある常緑樹種を選択（ネズミモチ、トベラ、マサキ、ハマヒサカキなどがあるが、詳しくは「3-7-2　耐潮性の強い植植」を参照）。植栽は、高木・中木・低木の多層植栽とし、密に植栽する。

C　植栽対象場所の環境条件など

　外周、住宅廻り、アプローチ廻り、駐車空間廻りなどの植栽対象地について、まず土壌の化学的性質

や乾湿・日照・風などの環境を調査することは、植栽の生育にとって重要な要素を知ることになる。例えば、酸性土壌であるとか、保水力に欠ける土質であるといった場所独自の性質、日当たりが悪い、通風に問題があるなどの空間としての環境状況、さらに植栽する場所が、生活空間としてどのようにあることが望ましいかも把握する。こうした物理的条件、環境条件、生活条件をしっかり見極めることが必要である。

①外周植栽地

住宅地全体に対する生活環境保全と地域景観の向上から、修景に重点をおいた植栽を行うことが外周植栽には求められる。また、ビル風などで常に風が吹く場合は、植物が活着しないこともあるので、風道や、風に対する強さなどについても確認する。アプローチ廻りでは景観性を重視した植栽を行い、四季の花木や芳香樹、主木・景観木などを選定、外から見て全体の統一を図る必要がある。

②南側植栽地

樹木の成長による日照阻害に注意し、成長の早い樹木、大木となる樹木は、空間の広い場所を選んで植える。高木の植栽位置は、敷地境界から5m以上離すとよい。成長の早い樹木の寄せ植えや、狭小地には大木となる樹木を避け、最初から過密な配植をしない。

③北側植栽地

日当たりや排水が悪く、地温も上がらず、地下埋設物などもあり、狭小の植栽空間となっている場合が多いので、特に条件や環境に配慮する。過密な植栽を行うと、通風の悪さなどから病虫害の発生率が高くなる。

D　植栽目的別の植栽形態

配植を計画する時には、木陰の要求の程度やプライバシー確保の程度など、様々な暮らしの環境への要求を検討する。多様な植栽効果への期待を満足させるために、目的に適した植栽のスタイルを選択したい。植栽に期待する機能や目的と、それに適した植栽の組み合せを表5-1に示す。

表5-1　植栽目的別の植栽スタイルと代表的な樹種など

期待する機能・目的	植栽スタイル	代表的な樹種・植物
遮蔽・目隠し	刈り込み植栽	枝葉の密度の高い常緑樹 シラカシ、アラカシ、サンゴジュ
癒やし効果	中高木単植	日陰に強い花木や葉の形に特徴がある樹木 カクレミノ、ヤツデ、イチジク
仕切る	刈り込み植栽、低垣	主として刈り込みに強く、密植できる樹木 ドウダンツツジ、ツゲ、サツキ、ヒサカキ
囲う、空間をつくる	刈り込み植栽、高垣	主として刈り込みに強く、密植できる樹木 カイズカイブキ、ツツジ類、ウバメガシ、カナメモチ、マキ、トキワマンサク
ビスタ効果、フレーム効果	すだれ状半遮蔽植栽、中段あき二重植栽、対植、双植	落葉樹、枝張りが美しく、下枝が少ない樹木 モミジ、サルスベリ、カツラ
遠近感の演出	寄せ植え、株立ち	タケ類、ナラ、ヒメシャラ
アイストップ 暗示・誘導・空間演出	寄せ植え、単植	直幹で樹形が美しくすっきりとまとめやすい樹木 カシ類、ソヨゴ、リョウブ、針葉樹
覆う	地被植物、低木刈り込み植栽	匍匐性のある丈夫な植物、樹木 セダム類、タマリュウ、フッキソウ、シバ類、ハイビャクシン

5-4　敷地の接道条件による留意事項

敷地の接道条件により、日照、通風など植物の生育環境の条件が異なるほか、遮蔽度や遮蔽性能など生活環境への要求も異なってくる。ここでは、住み手の個人的な要求以前に、敷地固有の条件から導かれる一般的な留意事項を整理してみる。

5-4-1 南側道路に面する敷地

　南側が道路に接する敷地では、門やアプローチ、主庭も南向きに計画することが多くなるだろう。こうした敷地でプライバシーを確保するためには、見せたくない所、少し見せてもよい所などに応じて、刈り込み植栽や多層植栽などを使い分けて遮蔽し、魅力あるエクステリアにしたい。住宅の間取りは南に大きな開口部があり、家族が日常生活の多くを過ごすのも住宅の南側の空間となるから、道路からの視線によるプライバシー確保が、樹種と配植の計画に当たっては課題になる（図5-35）。

　植物にとっても南側道路の敷地は、日当たり、通風など条件に恵まれている。そこで、夏季の緑陰がポイントになる。住宅街の通行人にとっても、門廻りや塀の樹木のつくってくれる緑陰は気持ちを落ち着かせてくれるもの。門廻りの植栽は、優しい街をつくるために、少し枝張りのある高木を入れたい。

〈日当たりの良い条件を好む植物〉

　マツ、サクラ、ウメ、ヤマモモ、マサキ、キョウチクトウ。中木ではアベリア、ハイビャクシン、トベラなどは日当たりの良い条件を好む。植物にも和風向き、洋風向き、オールマイティーなものがあるので、建物のデザインとの調和を考慮して選択する。

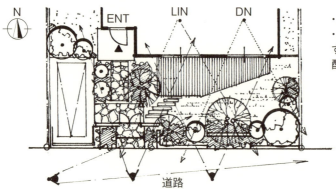

図5-35　南側道路敷地の植栽

・日当たりが良いので陽樹を多く用いる
・居間や食堂からの眺望、景色に配慮するとともに居間や食堂への目隠しにも配慮する

5-4-2 北側道路に面する敷地

　北側が道路に接する敷地のエクステリアでは、敷地面積に相当ゆとりがないと日照は期待できない。建物が敷地いっぱいに建てられることが多いので、通風もよいという訳にはいかない。このような条件下では、植物の生育状況がよくないばかりか、病虫害の発生も多くなり、メンテナンスにも手間が掛ることになる。日陰を好み、病虫害に強い植物を選ぶことになる（図5-36）。

　また、住宅の間取りの一般的な傾向として、北側には水廻り、階段などが配置される。これらの空間はプライバシー度を高める必要があるため、開口面積は小さくなることが多い。そこで、小さな開口面積からの眺めに配慮して、植栽密度に疎密の変化を与え、暗くなりがちな場所を明るく整えることにする。暗い所を好む樹種の葉は、緑色が濃いものが多いので、明るさをだすために斑入りのものなどを使うとよい。

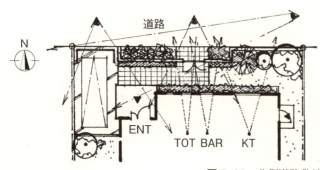

図5-36　北側道路敷地の植栽

・日当たりが悪いので陰樹を用いるようにする
・建物の水廻りなどの小窓からの景観に配慮する
・給排水などの設備配管からはできるだけ離して植える

〈日陰を好み、病虫害に強い植物〉

こうした条件に向いている代表的なものに、ヤツデ、カクレミノ、下草ではギボウシ。高木ではエゴノキ、カエデ、モミジ、ソヨゴなど。中木ではクチナシ、ナンテン、ツバキ、ゲッケイジュ、アセビなど。低木ではセンリョウ、マンリョウなどがある。

5-4-3 西側道路に面する敷地

西日で一番困る季節は夏である。西日が容赦なく当たった外壁に蓄積された輻射熱は、日が沈んだ後も熱を放散し続ける。断熱材でカバーされているので屋内には放熱しなくても、外気へ放出するので、熱帯夜の原因になる。日射遮蔽として緑のカーテンの効果が高く評価されていたが、西側に道路のある住宅では、夏季の西日対策を考えた植栽を行いたい（図5-37）。

冬季の西日は、日没までの日照を楽しめるので、夏の緑陰を目的とした樹種選定を考えれば、落葉するものがよいだろう。また乾燥に耐力のあることも、樹種選定の条件になる。

〈乾燥に強い樹木〉

アラカシ、イヌマキ、カイズカイブキ、キンモクセイ、シマトネリコ。中木ではウバメガシ、オリーブなど。

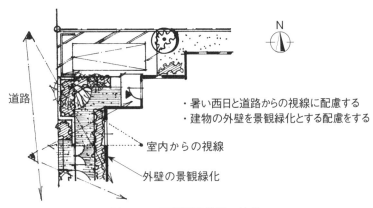

図5-37　西側道路敷地の植栽

5-5 ゾーン別の植栽方法

住宅のエクステリア空間は、門廻り、アプローチ、駐車場、庭、境界などの空間に分けることができる。それぞれの空間（ゾーン）は住宅を囲みながら敷地の適所に散らばり、その形状や広さ、方位や日照・風通しの状況、建物との関係など、異なった条件がある。例えば、北向きで門から玄関までの距離が短いため、玄関が道路から見えてしまうアプローチ、南側の隣家の日陰になる狭い庭、アウトドア・ライフを楽しみたくても隣家の視線が気になる庭空間など様々である。

外部生活空間でもあるエクステリアを快適な空間にするためには、どのような配植をすれば植栽効果が期待できるだろうか。

植栽計画に当たっては、視線を遮るための植栽、緑陰や緑風を求める植栽、西日による外壁の輻射熱を和らげるための植栽、空間に奥行き感を出すための植栽など、その要望に適した樹種の選択や配置などの植栽法について、十分に確認することが大切である。

ここでは、エクステリア空間を快適に使えるような植栽のポイントを、住まいのゾーン別に提案する。

5-5-1 門廻りの植栽

門廻りは、門構えの道路に対する配置（平行、直角、斜め）や、門廻りの空間のゆとり、門から建物までの距離や面積など条件は様々であるが、街の景観や格調の高い住まいをつくることを視野に入れ、機能性ばかりでなく美的効果も検討して植栽を考えなければならない。

第5章　配植の手法

A　景観を整えることを目的に

　門廻りの植栽の目的は、目隠しや緑陰などの機能的なものより、建物や門廻りが街並みの景観と調和し魅力的になることを主眼とすべきである。落ち着いた街並みの住宅地にある住まいなら、樹種は葉が濃い目の緑、太目の幹で存在感のあるものをメインに、若々しい住宅街なら葉の密度が薄く、淡緑色で幹が細く枝が風にしなうような繊細な樹種が調和する。

B　建物のデザインとの調和がポイント

　建物と塀や門扉のデザインが調和していることを基本にするべきである。門の奥にあるのは深い庇で陰影のある和風住宅か、真っ白な外壁のモダンな住宅か、重厚さを感じさせるレンガ壁の住宅か、その住宅と一体感のあるデザインを考えなければならない。

C　人溜まり空間の演出

　門廻りの空間において植栽デザインを決めるには、人溜まり空間（踏込み空間ともいう）の広さや、道路からの奥行きなどが影響する。門や門袖壁を内外から挟むように植栽する挟み植栽手法は、樹林の中に門をつくったような雰囲気を楽しむことができる。

　門廻りの背景になるように、敷地内に中木以上の樹木を植えると、門廻りに奥行き感を出すことができる。現在ではあまり聞かなくなったが、「見越しの松」効果などといわれる。

　特に、人溜り空間が狭い場合は、門袖壁の接地部に目地程度でもよいので植栽スペースをつくると、暖かみのあるエントランスになる。門袖壁や門廻りに続く塀などにスリットや小窓などを設け、敷地内に植えた樹木の幹が見えるようにすると、奥行き感が出る。

　門廻りではポストやインターホンの使用に差し障りのないようにすることが大切で、さらに、ポストに近づく時に植栽で足元が濡れることや、木の枝が邪魔をすることがないように配慮する。

D　門の構え方とシンボルツリー、植栽のポイント

①道路に対して平行な門構え

　門袖壁前の植栽は、ポスト前の足元が確保できるようにする。シンボルツリーは落葉高木とする。道路からの視線はシンボルツリーから扉正面へ導かれる。

　次に門の正面に立って敷地内へ視線は移動するが、この視線の先には視線障りの木、サブシンボルツリーなどを植えてプライバシーを確保する（図5-38）。

②道路に対して直角な門構え

　道路前のシンボルツリーは枝ぶりのよい木を用いる。門の前は落葉高木の植栽とする。道路からの視線を遮る目隠しの植栽を設ける。

　門扉の左側の植栽は、シンボルツリーより少し小さめの樹木を用いる。道路と門の配置が直角なので、住まいの様子が門から直視されることは少ないが、門廻りにゆとり感をもたせたい（図5-39）。

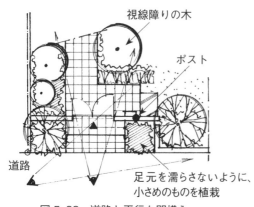

図5-38　道路と平行な門構え

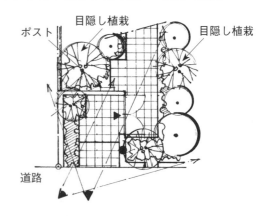

図5-39　道路と直角な門構え

③道路に対して斜めな門構え

駐車空間を斜めに設け、門と一体にした門廻りは、道路に向かって大きなゆとりのある空間が生まれる。このスペースを有効に使い、豊かな植栽にしたい。敷地に対して斜めの軸線のため、住まいのプライバシー問題はあまり考える必要はないので、枝張りがよく透け感のある樹種をシンボルツリーにするとよい（図5-40）。

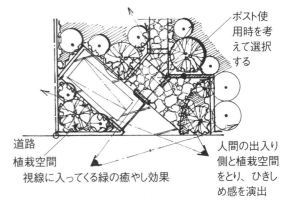

図5-40　道路と斜めな門構え

5-5-2　アプローチの植栽

アプローチが他のエステリア空間と違うのは、住まいと道路や駐車場とを結ぶ生活動線であるということであり、設計に際しては通行時の安全性・快適性が最も重視されなければならない。美しい花や伸びてきた枝に気をとられて転んだりするようなことを避けるために、足元に十分注意の行くような配慮をすることがまず基本となる。

アプローチ空間に要求されるのは、まず第一に安全性だが、それを踏まえて要求される植栽機能は、目隠し効果、奥行き感の演出、アイストップ効果が挙げられる。

アプローチは、道路から玄関までの距離が長い・短かい、形状が直線・曲線・折れ曲がっている・斜めであるなど様々である。アプローチと玄関・居間などとの位置関係、プライバシー保護への配慮、歩行時の視線の導き方、奥行き感の強調、視線を楽しませたいなどの要求によっても違ってくる。

以下に、様々な条件に適応したアプローチの植栽について見ていく。

A　幅が狭いアプローチ

都市または都市近郊の住宅では、敷地面積にゆとりのあるものが少なく、アプローチの幅が2m程度しかないことも多く見受けられる。このような条件でのアプローチの多くは、塀や建物に囲われた状態がほとんどであるので、大な樹木を植栽するのは避けるべきである。植え込みスペースが小さい、枝張りのない緑化壁などがいいだろう。

狭いアプローチであっても庭や駐車場など他の広い空間に接しているような場合は、第一に安全性を念頭におき、歩行時の快適性、居室や水廻りなどの生活空間のプライバシー保護などを配慮しがなら植栽を考える。また、視線誘導を目的として、玄関ポーチの前にはアクセントとなるようなもの、例えば丈の低いトピアリーなどを配植したり、足元の歩行床面には、下草などの草目地植栽などを設けることで、落ち着いた雰囲気のアプローチになる（図5-41）。

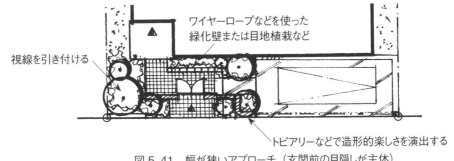

図5-41　幅が狭いアプローチ（玄関前の目隠しが主体）

B　他空間と共用のアプローチ

アプローチが主庭と共用になっていたり、駐車空間の一部であったりする設計もよく見られるが、こうした条件では安全性やプライバシーの確保が難しい課題になる。主庭を兼ねたアプローチでは、特に居室のプライバシー確保のため、アプローチを通る人の目線をそらす、あるいは遮るような位置に、遮

第5章 配植の手法

蔽を目的とした植栽を考慮する。要求される遮蔽性の程度により配植を考えるべきだが、高い遮蔽度を求める場合は、刈り込み植栽が適している。高い部分への遮蔽性なら中高木植栽、中段あき二層植栽なども考えられる（図5-42、5-43）。

また、歩行床面や周囲に設けられた地被植物には、雨や露が掛かるような配慮をしておくと植物の維持を楽にしてくれる。

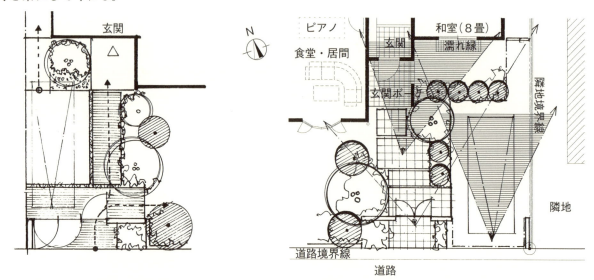

駐車空間からの通路を確保し、視線の目隠しや駐車空間廻りの植栽を考える。

居室の目隠しとなる植栽または目隠し壁の配植。駐車の邪魔にならない植栽などプライバシー確保の植栽が必要

図5-42　アプローチと兼用の駐車空間の場合 –1　　図5-43　アプローチと兼用の駐車空間の場合 –2

C　短いアプローチ

短いアプローチの場合は、門廻りから玄関までストレートに結ばれていることが多いが、建物の圧迫感を和らげるために、視線が上方に向かないような植栽の手法がよい。アプローチでの植栽選定の要点は、樹高を目線より低めにして樹形や葉・花の色などに視線を引きつけると、視線が建物の方に向きにくくなる。視線も下向きになるので足元にも注意が届くようになり、安全性も高くなる（図5-44）。

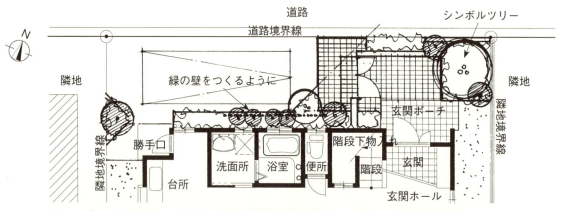

短いアプローチの場合は、玄関前の目隠し植栽を主体に考える。ここでは、正面外壁を緑の壁としての緑化壁を考えている

図5-44　短いアプローチ

D　直線型のアプローチ

門と玄関を一直線で結んでいる形のアプローチは、玄関から出入りをする家族の姿が道路から丸見えになってしまったり、玄関ドアを開けた時に家の中まで見えてしまうなどの欠点がある。アプローチの距離によってその状況は異なるが、こうした欠点を植栽で補うことにも配慮しておく。

直線を強調する意匠なら、アプローチの舗装の両側に左右対称となる直線状の植栽をするのが効果的

である。玄関扉を開けた時のプライシーを確保するためには、アプローチの中央付近に歩行を妨げない程度の植栽桝などをつくり、下枝のない樹木を単植するとよいだろう。空間にゆとりがあれば、下草などの地被類を植栽すると気持ちよく通行できる園路空間になる（図5-45）。

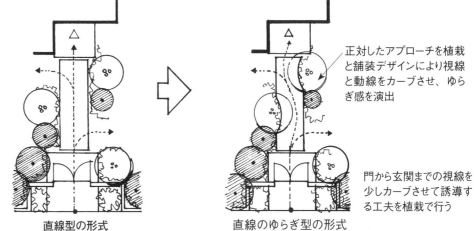

図5-45　直線型のアプローチ

E　S字やクランク型のアプローチ

　この形式では、アプローチに2カ所の曲がり角があり、玄関へ至るまでに視線の方向が変化するので、視線を引き付ける植栽により気持ちよく玄関へと導きたい（図5-46、5-47）。

　アプローチ以外で立ち入って欲しくない場所へは、立面植栽をするとよいだろう。立面植栽の高さは、目隠しを兼ねる場合は160cm程度の植栽、踏み込まれないことだけが目的なら60cm程度の低めなものにすれば、空間に伸びやかさがでる。

　曲がり角、コーナーに配植する樹木は、アプローチの長さや空間の広さを考えながら選択する。空間にゆとりがない場合は、枝張りの大きくない樹木にしないと圧迫感が生まれる。

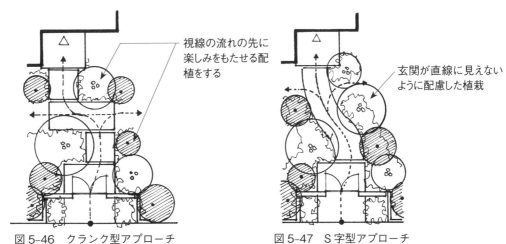

図5-46　クランク型アプローチ　　　図5-47　S字型アプローチ

F　居間の目隠しに配慮したアプローチ

　アプローチから住まいの居室が見えてしまうような住宅では、目隠しを植栽でつくると風通しや日陰をつくりだすことができ、快適な園路空間がうまれる。完全な目隠しにしたければ密植した生垣などを、少し視線を感じたければ中低木の株立ちなどを組み合わせてもよいだろう。

　植栽空間の幅は40～60cmのゆとりが必要だが、そのゆとりがない場合は、柵に植物を絡ませた緑化壁なども効果的である。緑化柵の良さは、柵に植物が茂っても柵の高さ以上にならないので、維持管理が比較的容易であることだ（図5-48）。

第 5 章　配植の手法

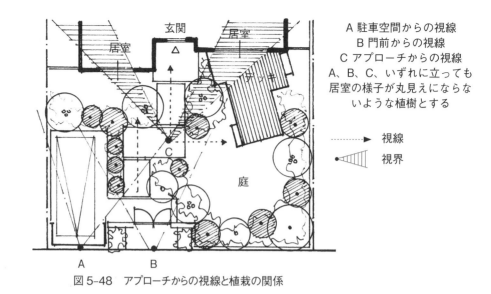

図 5-48　アプローチからの視線と植栽の関係

G　アプローチの階段

　高齢化が進んできた最近の住環境の設計では、住む人の身体能力に適応させたバリアフリー化をする必要があり、これに伴う可変性に対応できる柔軟性が大前提になっている。転倒などの事故の多い階段は、安全上では大変危険視されているが、建物にとって排水や除湿の問題解決のためには、道路と敷地や建物の床高との高低差なしにはできない。

　一般的な住宅の 1 階の床の高さは、地盤面より 60cm くらい高くつくられ、玄関のポーチは地盤面より 30〜40cm くらいの高さになる。敷地と道路のレベル差が 20cm あるとすると、道路からポーチ面までは 50〜60cm の高低差が生じるから、アプローチには階段が必要になってくる。段差の危険性を常に注意喚起し、階段空間の植栽の計画に当たっては、歩行中にしっかりと足元に集中できるように考えなくてはならない。安全性を最優先に考えると、階段の側壁の壁面緑化や、踏面と蹴上の接点に草目地を入れるなどが最適と考えられる（図 5-49）。

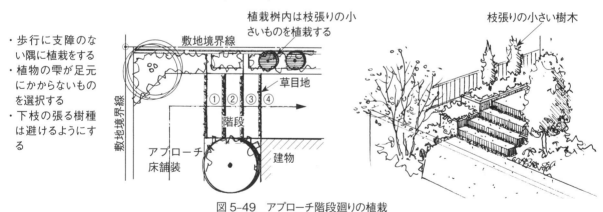

図 5-49　アプローチ階段廻りの植栽

5-5-3　駐車スペースの植栽

　駐車空間は、車本体の大きさと、出し入れや乗り降りのための余地などを加えた面積が必要であり、出し入れに必要なスペースは、道路に面して広い開口部を占有する。広い面積を占有する駐車空間の意匠は、街並みや敷地正面の景観に大きな影響を与える。美しく魅力ある快適な景観の街並み形成のためには、植栽による緑を欠かすことはできない。車の運転や乗り降りなどの利用の障害にならないで、かつ洗練された植栽を考えたいものである。

A　目隠し

　駐車空間の植栽では目隠しが第一の目的となることも多いと考えられるが、特に駐車空間が居間や和

室などの前や近くにあるような住まいでは、目隠しに対する要望は高いはずだ。目隠し機能だけを考えれば、ブロックやレンガ造りの塀の方が遮蔽性があって効果的だが、通風を阻害したり、閉塞感を高めるなど、居住性に問題が生じる。植栽による目隠しは、通風、季節感、開放感が満足できるばかりでなく、室内から見る緑の景観が、居住者の健康や精神に安息感を与えてくれる。

植栽を用いた目隠しを目的とする場合には、刈り込み生垣などが一般的だが、刈り込み幅は40～60cmを必要とする。空間にゆとりのない場合は、柵や垣根にツル性の植栽をする壁面緑化が効果的である。地盤面と道路のレベルに高低差がある場合は、特に室内と道路、駐車空間からの視線を考慮した配植形態を考えなければならない（図5-50）。

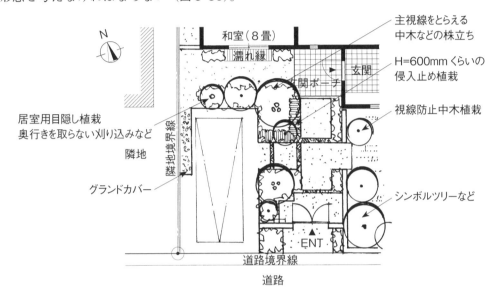

南入りの敷地では、駐車空間前の居室のプライバシーの確保に配慮する
図5-50　駐車空間の植栽

B　道路に対して直角駐車の場合

道路から直角に入庫するような駐車空間の場合、間口の寸法にゆとりがあるか、奥行きの長さにゆとりがあれば、駐車空間の奥側または奥側の角や隅に、下枝の高い高木の単植、または、枝張りの比較的狭い株立ちや中木の刈り込み植栽などをすると、空間にゆとりと美しさが生まれる（図5-51）。

間口が狭い場合は、雨が降っている時の乗降時に、車に当たった降雨の飛沫で濡れるなどの問題が生じるので、屋根を設けることも必要になるかもしれないし、植栽も難しい。

C　道路に対して平行駐車

道路に対して平行に駐車するためには、道路側を車長の1.5倍程度、普通車で8m程度の接道開口部が必要になる。この空間はかなり広い面積になるので、美観となるような景観上の配慮をすることが大切な課題になる。8m近くの開口空間は、車にいたずらをされるというような保安上の問題もあり、上手な配植を試みたい（図5-52）。

適切な植栽は、景観効果を高める大変有効な手法である。車の出し入れや乗り降り、トランクの使用に支障のない部分には、中低木の刈り込みによる生垣などをつくる方法もある。

D　斜め駐車

道路と敷地境界に対して斜めに駐車空間を配置すると、3角形のフリースペースが残る。貴重なこの空間を植栽スペースにすると、ファサードは緑豊かになり、住宅街の美観や格調の向上に貢献することができる（図5-53）。

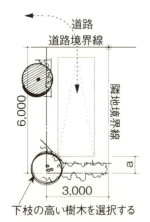
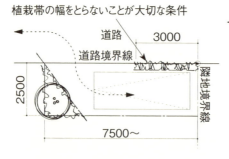
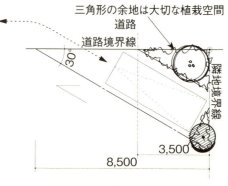

図5-51 直角駐車　　　　　　図5-52 平行駐車　　　　　　図5-53 斜め駐車（30°駐車）

E　床の草目地効果

　一般的には、駐車空間の面積にゆとりがあることは少なく、植栽スペースの確保は難しいと思うが、コンクリートの床と既製品のカーポートでは、街の景観上からも、いささか寂しいものである。植栽スペースの確保ができないような場合は、床面の緑化という手法がある。車が駐車していない状態の駐車空間は、コンクリート仕上げだけだと殺伐としているが、床の仕上げの意匠を工夫することで魅力ある空間となり、道行く人びとにも楽しんでもらうことができる。

　床面に目地を入れ、ここに草を植えたりレンガやタイルを貼るなどした舗装床を最近は多く見かけるようになったが、この手法は伸縮目地といって、美観だけでなく、広い面積のコンクリート床に、乾燥収縮などにより発生する亀裂を防止する効果もある（図5-54）。

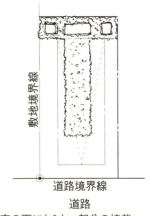

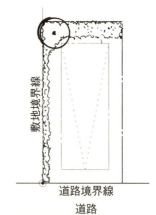

図5-54　駐車空間床面の植栽・駐車空間廻りの低木、下草の植栽

F　屋根植栽

　空間にゆとりがない場合は、植栽による天蓋を考えてみるとよい。パーゴラにツル性の植物を配植すると、上方の視線を遮るばかりでなく、正面の景観も向上する。「車の屋根に木の葉が落ちるのは困る」と言われることもあるかもしれないが、プライバシーの確保と景観への効果を考えれば、あまり問題にはならないと思われる。パーゴラのある立体的景観を含め、花や葉、緑陰を楽しむなど様々な楽しみ方が可能になる（図5-55）。

　注意が必要なのは、パーゴラを支える柱を車の出し入れに支障をきたさない位置につくること。車の

出し入れや人の乗り降りのスペースを確保すると、相当な広さが必要となり、パーゴラを支える柱を立てる場所が限定されるため、綿密な計画をしなければならない。しかし、その苦労以上の豊かさをつくり出すことができる。

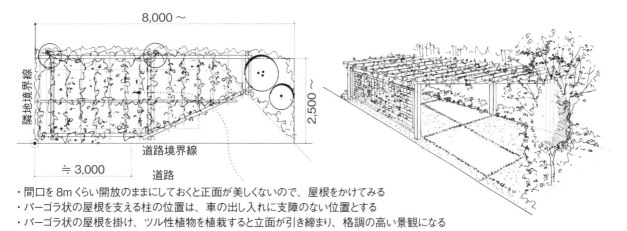

・間口を8mくらい開放のままにしておくと正面が美しくないので、屋根をかけてみる
・パーゴラ状の屋根を支える柱の位置は、車の出し入れに支障のない位置とする
・パーゴラ状の屋根を掛け、ツル性植物を植栽すると立面が引き締まり、格調の高い景観になる

図5-55　平行駐車のパーゴラ

5-5-4　境界の植栽

　敷地境界には隣地との境界と、道路との境界があり、境界の機能に要求される条件は少し異なる。隣地との境界においては、プライバシーの確保が第一となるだろう。また、落葉や根の侵入などの問題が発生しやすいので、お互いのコミュニケーションが必要になる。道路との境界では街や地域への修景を考慮しつつ、遮音・遮光・防風・目隠しなど目的に順位を付けて植栽したい。

A　隣地境界の植栽

　境界周辺での植栽には、目隠しが最も優先される目的といえる。隣接する両家の開口部の位置を確認して、高い遮蔽性が望まれるならば、植栽では目隠し機能が充足できないこともあるかもしれない。

　地上2〜3mくらいの高さを確保し、通風も期待でき、目にも優しく癒される目隠しとしては、中高木類の植栽が向いているが、植込み幅が最低でも60cm以上必要になる。人の通り抜けや隣地への枝や根の越境などを考慮した場合、中高木の植栽には無理があるように思われる。

　一般的な生垣の高さ1.5mくらいでも植栽幅は30〜50cmくらいは必要であり、建物と隣地境界までにはゆとりが必要となる。敷地が狭くても植栽の目隠しを希望するならば、緑化柵が向いている。

　隣地境界側は建物と隣地囲障などに囲まれる狭い場所が多く、一般的には排水も悪く、地温も上がらず、風通しや日照も期待できないことが多いので、樹種の選択は限られてくる。特に、この狭い場所に設備の配管が敷設されているような場合は、植栽をあきらめる選択もあるかもしれない。

　こうした場所では、成長が比較的遅く、枝葉の広がりが少なく、日陰に耐えられ、花や葉が落ちにくい樹種の選択が求められることになる。ガラス越しとはいえ、窓から見える緑は自然と対話のできる大切な環境であるので、狭い場所で管理も大変だからと植栽をあきらめずに、積極的に取り入れるようにしたい。

B　道路境界の植栽

　道路境界は地域社会との接点なので、おろそかにせず大切に取り扱う必要がある。北向きか南向きかで異なる日照条件、通風条件と植物に適した生育環境や相性を見極めたうえで、目隠し・木漏れ日・花や葉の形状・色彩の好き嫌いなど多くの条件を整理して、どのような植栽や樹種選定をするべきかを絞り込む。

　人は日差しの強い夏の日には少しでも日照を避けたいので、日陰を選んで歩く。道路に日陰をつくるのは、季節をつげる花木、緑陰をつくる落葉樹、アイストップやシンボルとなる樹木、緑の壁などであ

り、道路への影響とともに公共性も考慮しながら、植栽の場所や樹種を決めることが大切である。
　周辺に住む人たちや敷地内に住む人が優しく癒やされる街は、一軒ごとの植栽のあり方にかかっているといっても過言ではなく、道路境界の植栽は街づくりそのものといえる。

C　植栽目的にタイトルをつける

　「目隠しをする」といっても、目隠しの度合いは様々である。全く見えなくする、少しは見えるようにする、必要に応じて見えない部分と少し見える部分とを組み合わせるなどがあり、必要性や快適性を見きわめながら、樹種や植栽方法を選択する必要がある。
　「完全目隠し」「チラチラ目隠し」「ソヨソヨ目隠し」「目線目隠し」「季節便り」「立ち入り禁止」など、目隠しのつくり方にタイトルをつけると、目的や機能に合わせた植栽を創造することが可能になると思われる（図5-56）。

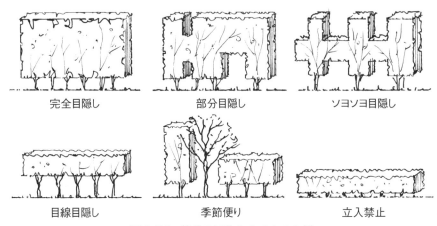

図5-56　植栽の目的とタイトルの例

5-5-5　主庭の植栽

　主庭の使い方によってどのような植栽が好ましいかが変わってくるが、主庭の一般的な使われ方は、家族が日常生活を楽しむことを目的とすることが多く、そのため高いプライバシー性が要求されることになる。プライバシー確保には、覆ったり、遮ったりして目隠しを満足させる配植や、他の人に邪魔されることのない、限定された空間をつくるための囲う配植なども求められる。

A　目隠しの目的を確認

　目隠しを目的にした植栽計画をする場合は、どの程度の目隠しが要求されるのかを確認することが大切である。全く見えない状態が必要なのか、遮蔽率を70％くらいにしたいのか、異なる遮蔽率の組み合わせにするのかで、植栽方法は異なる。
　住まいの中で、人が椅子に座っていれば外から覗かれない程度の目隠しか、人が立った状態でも見られないような目隠しにするのか、または、上下広い範囲で全面的に目隠しをするのか、一部分だけを目隠しするのかによっても、植栽の仕方は変わってくる。
　例えば、足元部分は風が通るようにしたいならば、上の方にだけ枝葉のある中木を植栽する方法があり、全面的に目隠しをするならば、中木の列植と低木の寄せ植えの組み合わせにするといった仕方がある。少しは街の様子も垣間見える方がよいというなら「すだれ植栽」を行うなど、どのような暮らしをしたいのかによっても植栽の方法は異なってくる。
　目隠しを目的とする植栽でも、まずは主庭でどんな暮らしを期待するのかを確認して、「5-2　配植方法の分類と計画」を参考にしながら、前述の「5-5-4　C　植栽目的にタイトルをつける」なども行い、植栽の選択をするとよい。

B　上からの視線対応（隣家からの目線を回避する）

　最近では近隣が近接しているので、隣家の2階や3階の窓から見られてしまうこともよくあり、庭で

ランチをするにしても、周囲からの視線や隣の家の上階からの視線が気になる。そうした場合、塀や樹木を利用した視線の遮蔽は有効である（図5-57）。

しかし、高い塀や大木で遮蔽するには、庭の広さもそれ相応に必要になり、庭にゆとりがない場合は圧迫感が生まれ、樹木をうっとうしく感じてしまうことになる。このような場合は、ツタ植物を絡めた植栽棚（藤棚、パーゴラ）などを利用するとよい。植栽棚に仕立てられる植物は、危険になるほど高くならず、扱いやすく、素人でも手入れや管理が容易にできる。

例えば、冬の日差しが必要ならば、冬季には落葉するブドウ、キウイ、トケイソウなどがいい。冬も視線を遮りたいのならば、通年緑のモッコウバラなどを用いた棚をつくると効果的である。

南側の隣家からの視線を遮りながら、アウトドア・ライフを楽しむためには、パーゴラに植栽したツル性植物の目隠しはとても効果的である。

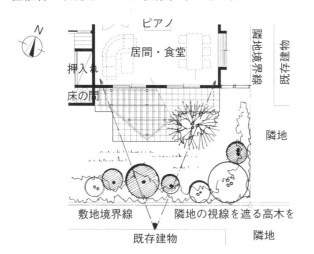
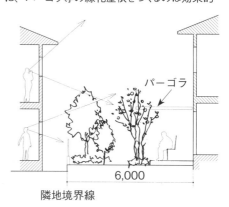

図5-57　主庭への隣地からの視線

C　植栽密度と庭のイメージ（イメージを左右する植栽密度）

後述する「D　主庭のイメージ別樹種」では、主庭のイメージにあう樹種を整理して表5-3に示したが、樹種の選択だけでなく、植栽密度の程度、分散や集約などによる配植の疎密で、雰囲気は全く変わってくる。例えば、深緑の葉の樹種を手前に、浅緑の葉の樹種を奥に配植した場合と、逆にした場合とでは全く異なった庭になる。

植栽の密度を高めれば、重厚さや静寂感のある庭になるし、植栽密度を疎にするとツバキやシンパクのような重厚感のある樹種を使っても、爽やかさや雑木林風をテーマにした庭にすることができる。

要求されているエクステリアのイメージは、樹種の選択と配植によって変化させることができる（図5-58、5-59）。

D　主庭のイメージ別樹種

プロバンス風、イングリッシュガーデン風、南国風など庭の好みを型式で分類したり、明るく楽しい庭、室内にいて静かに眺める庭など感覚で表現したり、散策できる庭、バードウオッチを楽しむ庭、ホームパーティーを楽しむなど使い方で特徴付けたりと、庭への要望は様々である。このように多様なイメージや雰囲気、環境への要望を構築するには、構造物、ガーデングッズ、色彩、動線、空間の繋がりなど多くの要素の調和が検討されなければならないが、その中でも樹木や草花などの植物の持つ力は、大きな影響力を発揮する。

樹形、葉や花、実それぞれの色、形、季節感は気付かぬ間に、人の感情の奥深くに浸透している。庭の型式、好みや感覚、利便性や機能などを基準にした代表的な樹種をリストにして表5-2にまとめた。

第5章 配植の手法

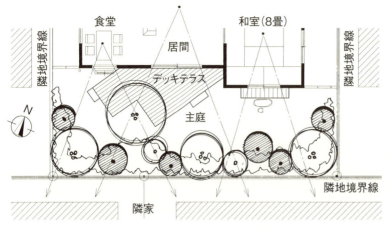

動、乱、流の植栽
枝の密度の少ない樹種を点在させ、一直線に並ばせず、乱して植える。密度の低い粗枝の樹種なら雑木林風になる。密植を選ぶとイメージは変化になる

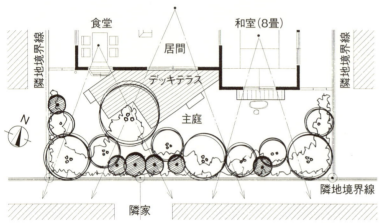

密列植
高木3～4本当たりに中木5本程度を植栽すると、雑木林に調和した樹種を選択しても、重厚さが出てくる

図5-58 植栽密度

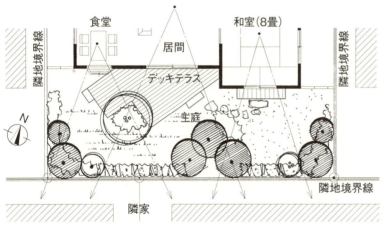

明るい庭に
濃緑の樹木を選択しても、その植栽本数を少なくし、明るい色の中、低木の寄せ植えと組み合わせると明るい庭になる

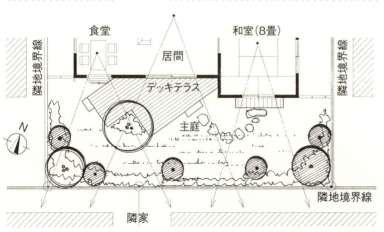

開放的な庭に
庭の中央を開けて、両側に植栽をまとめると開放的な庭になる

図5-59 庭のイメージによる植栽

表 5-2　イメージ別樹種

庭の形式		
区分	和を演出する植栽	洋を演出する植栽
高木	ヤマボウシ、シャラ、モミジ、モッコク	シマトネリコ、カツラ、ミモザ、カラタネオガタマ
中木	ソヨゴ、ツバキ、クロチク、マユミ、カンツバキ、シャラ	フェイジョア、セイヨウシャクナゲ、カルミア
低木	ツツジ、アセビ、クチナシ	エニシダ、クサツゲ、ラベンダー、シモツケ
下草・地被	リュウノヒゲ、タマリュウ、セキショウ、ヤブラン	ドラセナ、クリスマスローズ、タイム

明暗または陰陽		
区分	暗い庭、暗いイメージ、和庭、茶庭、北欧、イングリッシュ風	明るい庭、明るいイメージ、南欧風、南仏風
高木	シャラ、タイサンボク、コナラ	モクレン、ハナミズキ、ジューンベリー
中木	カクレミノ、ヤブツバキ	スモークツリー、オリーブ、ブラシノキ
低木	アオキ、ヤツデ、ナンテン	エニシダ、ローズマリー、ラベンダー
下草・地被	ヤブラン、ヤブコウジ、ツワブキ	シロタエギク、ゲラニウム、セダム類

好みや感覚1		
区分	重厚感	爽やか、雑木林風
高木	キンモクセイ、モッコク、モチ	モミジ株立、イヌシデ、ソヨゴ、アオダモ、シャラ
中木	シャクナゲ、ツバキ、エゾユズリハ	マンサク、クロモジ
低木	ヒイラギナンテン、カルミア	ヒュウガミズキ、コデマリ、コアジサイ
下草・地被	ヒマラヤユキノシタ、クマザサ	ササ、カレックス（カヤツリグサ）

好みや感覚2		
区分	活力感のある庭	静寂感のある庭
高木	ハナズオウ、ハナミズキ、サルスベリ	モミ、ヒマラヤスギ
中木	ブラシノキ、スモークツリー、オリーブ	オトコヨウゾメ、クロモジ、ナツハゼ
低木	ユキヤナギ、ヤマブキ、アジサイ	センリョウ、アオキ、ヤマアジサイ
下草・地被	アガパンサス、ガザニア、アイビー類	クサソテツ、ヒメトクサ、ササ類、シダ類

利便性や機能		
区分	遊ぶ庭・使う庭	見る庭
高木	ウメ、カキ、カリン	ウメ、サクラ、モミジ、サルスベリ
中木	柑橘類、ザクロ	シャクナゲ、セイヨウニンジンボク、バンマツリ
低木	ユスラウメ、ツツジ、サンショウ、ブルーベリー、ハーブ類	ナンテン、ハギ、ドウダンツツジ、ボタン、バラ
下草・地被	シバ、ミョウガ、ワイルドストロベリー	オタフクナンテン、ギボウシ、ヒューケラ

5-5-6　中庭や機能庭の植栽

　中庭は、通風の悪い部屋や、日の当たらない暗い部屋などへ、風の通り道をつくり、光を取り込むなどの機能上の必要性によってつくられていることが多い。バスコート（浴室前の坪庭）、光庭、地窓前の坪庭など、要求される機能や設置される場所により、様々な名称がつけられている。このように、目的をもってつくられている空間であるから、その要求にあった植栽がされなくてはならないが、小さな空間で通風が悪い、日照が少ない、根を張る余地が少ないなど、植物にとっては生育条件の悪い所でもある。

　配植の型式は高木なら単植か寄せ植え、中木や低木は寄せ植えなどで、乾燥に強い、病菌や虫害に侵され難い、日照が少なくても耐えられるなどが、樹種を決める条件になる。

　バスコートに要求される機能は、外からの視線を100％遮蔽する安心感や、入浴時のくつろぎ効果などがある。遮蔽効果は常緑で葉の密度の高いもの、くつろぎ効果には香りや色彩のある樹種の選択が有効である。一般的に、浴室が設置される位置は暗く狭いことが多いので、一日の疲れを癒やすためにも効果的な植栽が望まれる。

実際の計画においては、住宅の間取り図から読み取る室内からの視線と外部からの視線を確認し、開口部が浴室の床面に近ければ、低木と地被植物類で明るい緑色のものを選択する。黄緑に近い色のギボウシなどは、暗くなりがちなこの空間を明るくする効果がある。

5-6 建物の内部空間と植栽

キッチンで食事の支度に追われている時でも、窓に目をやると木の葉の緑が視線に入ってきたり、洗面所で歯を磨いていて鏡に映る庭木の新緑が見えると、私たちはホッとするものだ。テレビの対談番組を見ていて、背景に庭木の緑が映っているのを見ると、誰でも爽やかなイメージを受けるのではないだろうか。庭に出た時だけでなく、住まいの中にいても緑のもつ快適性を享受できることは、とても素晴らしいことである。このことは、エクステリア設計にあたっても大切な視点となる。

室内と外部を結び付けるのは、建物の開口部である。室内にいて、庭やエクステリアにある緑を楽しむためには、建物の開口部の位置や取り付け高さ、建具の形や大きさを確認することが必要である。確認は、建物が完成していれば現地でできるが、未完成の場合は、建築の設計図で確認する。設計図の平面図には、開口部の位置と建具の開閉の形が書かれている。しかし、平面図だけでは、窓の取り付け高さが分からない。開口部の高さや形は立面図や建具表・展開図に図示されている。

一般的に、住宅の窓の上端は床上がり1.8～2.0mが標準的だが、床からどのくらいの高さで取り付けられているかは、立面図または展開図によって確認する。和室の床の間などには地窓といって、床面から45cm程度の高さしかない窓がある。また、床から少し壁を立ち上げて取り付けられている窓は腰窓というが、立ち上がりの壁の高さは部屋の使い方によって様々であり、キッチンでは流し台より高く付けられるし、食堂では食卓テーブルに座った時の目の高さに合わせたりする。

以下では、窓の取り付け形状や、取り付け状況に合わせた植栽のポイントを整理してみた。

5-6-1 地窓前の植栽

地窓は、床面から取り付けられた高さ45～60cm程度の開口部で、床面への明かりや部屋の閉塞感を緩和することを目的としているが、通風換気の効果を高める目的も兼ねている。

一般的な建物における1階の床面の高さは、地盤面から60cmくらいにつくられている。地窓の視野を考えるときは、この高さを十分に理解しておかないと、視野に入らない所に植栽をしてしまい、何の効果も得られなかったというようなことが起こりかねない。地窓からの視野はとても限られているので、地被植物や低木類が適している。また、この場所では日照も十分とはいえないので、耐陰性のあるものを選ぶことになる。

和室の地窓では、デザイン的効果やプライバシー対策から、障子窓が併設されていることも多いので、障子がどちらに開かれるかを確かめて、主となる景観に配置する植栽のデザインを考えるとよいだろう。

洋室に地窓をつくることはきわめて稀だが、多くの場合、通風換気を目的として設置している。洋室の場合、日常の動作は立位であるため、視線が高い位置になるので、植栽効果を期待することは考えなくてよいだろう。

図5-60は、床上45cmの地窓の前に座した時の外の見え方を図解したもの。窓から80cm離れて座った場合（a図）と140cm離れて座った場合（b図）を示しているが、離れて座ると遠くまで見えることがよく分かる。また、どちらの図でも、窓の直下から1mくらいまでは、植栽効果が楽しめないこともよく理解できると思う。地窓の前が床の間や飾り棚になっているような和室では、窓から離れて座すことになるのでb図の寸法が参考になるだろう。

せっかく植栽をしたのに、その効果が期待できなかったということがないように、室内の現状や暮らし方に合わせた植栽を心がける。

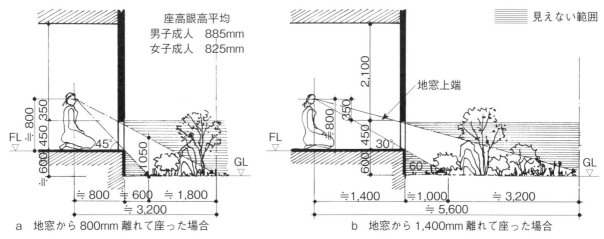

図 5-60　地窓から見える庭空間

5-6-2　テラス戸から楽しむ植栽

A　室内から見える庭の様子

テラス戸（掃き出し窓ともいう）とは、一般的に窓幅 1.8m 以上、高さ 1.8～2.0m、時には天井まであるような大きな開口で、主庭に接する居間や食堂・広間、和室に設けられていることが多い。テラス戸の前の主庭は、その住宅の見せ場となっていて、観賞効果を楽しむと同時に、主庭でのエクステリア・ライフとの融合を想定している。

テラス戸の前面に広がる風景には、樹木の緑がもたらすあらゆる快適性を受け取れるような設計をしたい。春の芽吹きや春一番の花便り、夏には緑陰や木漏れ日・涼風、秋には涼風の季節感、紅葉・結実の風景、冬は春を待つ樹形の刻々と変化してゆく様子を取り入れた植栽を考えたい。しかし、限りある敷地の中で全てを満足させることは難しいだろうから、敷地の条件により植生の適性を生かしながら計画していくことになる。

図 5-61 は、大きなテラス戸の前に椅子に腰掛けて座った時と、立っている時の庭の見え方の比較だが、遠景ではあまり差がない。建物と地盤の接する部分には差があるが、あまり気にする必要はないだろう。花壇などをつくる場合は、戸から 1m くらい離してつくった方が楽しめるが、開口部に接近してつくらなければならない事情がある時は、レイズド花壇にするとよい。

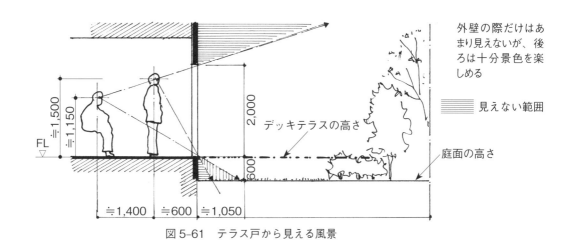

図 5-61　テラス戸から見える風景

B　計画上の留意点

南側道路の敷地では、陽光や風通しのよさ、乾燥気味を好む植物が向いている。敷地が狭く植栽の本数を制限しなければならないような場合は、枝張りがあるが圧迫感が少ない株立ちがよい。

テラス戸が2枚引き違い窓の場合、正面に植えるとサッシの枠に重なってしまって植栽効果がなくなってしまう。開口部の中心より左右どちらかにずらすように植えると、樹木全体を観賞することができる。3枚引き違い戸か、2枚引き違い戸かによっても、窓から見える景色が変わるので注意しよう。また、窓からの眺めだけでなく、テラス戸は庭との繋がりを大切にしている。庭に出て木の下で花を見たり、実を愛でたりすることで、日常生活の楽しみが増える。

　道路との関係をみると、特に南面道路の敷地では、道路から見られるプライバシーへの配慮がポイントになる。また、アプローチからの視線や隣地からの視線をカバーすることも同時に配慮すべきである。

　南面道路以外の敷地では、一般的に南側敷地境界に接近して隣家が建築されていることが多く、敷地の南側であっても、実際には日照が期待できないので、植栽の選択の自由度が少なくなる。南側隣地との境界にブロックなどのような素材で塀をつくると、通風や日照が遮られるため、植栽の選択の自由度はさらに低くなってしまう。

　このような条件の住宅では、南側隣家の水廻りの窓が見える場合が多いので、この目隠しを考えなければならない。しっかりとした目隠しを希望するならば、植栽にこだわらず塀にした方が賢明である。明るい仕上げの塀にすれば、手前に植えた植栽にも反射光が当たるので生育にも好影響があったり、植栽を引き立てる効果も生じる。少ない日照で生育する植物の葉は、緑が濃いものが多いので風景が暗くなりがちだが、バックを明るくすることで、窓からの印象が生き生きとしてくる。

5-6-3　腰窓から楽しむ植栽

　腰窓とは床から45～120cmくらい立ち上がった低い壁（腰壁という）の上につくられている窓のことだが、窓の目的や設置されている部屋の使い方により、腰壁の高さや窓の大きさ、形が違ってくる。

　キッチンでは、流しや調理台カウンター上端と吊り戸棚の下までの60cmくらいの高さのものが多くみられる。トイレの窓の場合は、床上がり120cmくらいの高さに、幅45～60cmの窓が一般的である。寝室や子供室、ダイニングなどの腰壁は、テーブルや勉強机の高さを基準にすることが多い。

　普通、住宅の床は、地盤面より60cmくらい高くなっているので、外から見た場合の1階の腰窓の下枠は、「60cm＋腰壁の高さ」（cm）と考えられる。窓から緑が視線に入る高さは、およそ140cm以上ということになる。

　樹木を決める時には、枝張りの高さを基準の目安とする。もちろん見え方は、窓先の植栽空間までの距離によっても異なる。距離が長ければ下の方まで見えるので、低木や地被植栽でもよいだろう。窓先の空間にゆとりがない場合は、壁面緑化も検討したい。

　子供部屋・食堂などにある腰窓の前の植栽は、単に緑であればよいという選択でなく、樹形・枝振り、葉の形、葉色などを考慮し、家族の心に癒やし効果を与えるような気配りをしておこう。

　図5-62は腰窓の高さ、座る位置による庭の見え方。40cmの椅子に座った時に、どのくらいの範囲が見えるのかを表している。地盤面から窓台までの高さの1.5倍くらいの距離は、観賞用の植栽をしても効果がないといえる。地盤面から窓台までの2倍の高さがあるものを植えれば、樹木の上の方を楽しめることが分かる。

5-6-4　高窓や小窓から楽しむ植栽

　高窓はトイレや洗面所などに多く見られる。開閉の形として、打ち倒し、はめ殺し、突き出し、片開きなどがあり、開き勝手によって開けた時の外部の見え方が異なる。打ち倒しでは窓の半分より上部が、突き出しでは窓の下部が、片開きでは吊り元の反対側が、それぞれ外部に開く。窓を開けた時に見える庭の範囲を確認して植栽をすると、植栽の効果は高まる。

　透明ガラスを使っていれば、窓を開けなくても開口部全体から庭を楽しめるが、磨りガラスや片ガラ

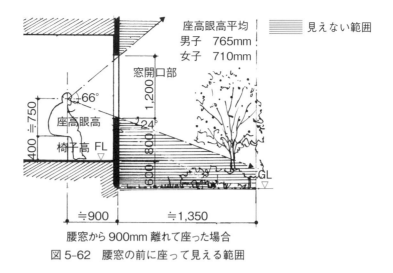

図 5-62　腰窓の前に座って見える範囲

スを使用している場合は、窓を開けた時にしか外を意識することはできない。どのようなガラスを使っているかも、エクステリア設計には大切な情報となる。

　図 5-63 では高窓の前に立つ位置により見える景色の高さの違いを比較している。a 図では窓から 50cm くらい離れた場合は、窓から 3m くらい離れている樹木でないと全体を見ることはできない。高窓は一般的にトイレやキッチンカウンターの前につくられる場合が多いが、全体を見るためには窓から相当離して植えないと全体を見ることはできないし、中低木はほとんど植栽効果が得られないことが分かる。高窓から緑を楽しんだり、目隠しを期待するには窓に近い場所で窓の開口部の位置に枝葉が丁度くるような状態になるようにすることである。あまり窓に接近しすぎても緑の心地よさよりうっとうしさが強くなるので、爽やか感のある樹種の選択が望まれる。

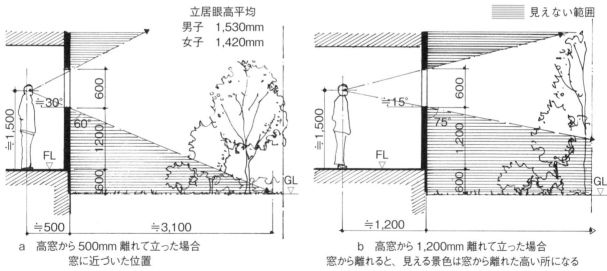

a　高窓から 500mm 離れて立った場合
　　窓に近づいた位置

b　高窓から 1,200mm 離れて立った場合
　　窓から離れると、見える景色は窓から離れた高い所になる

図 5-63　高窓の前から見える範囲

第6章　植栽と調和

　エクステリア空間は、植物だけで、あるいは構築物だけでつくられているのではない。植物と構築物との調和があって、初めてエクステリア空間の目指すべき景観が実現する。したがって、植物と構築物、部材などとの調和は非常に重要である。自然材料やコンクートなどの人工材料と組み合わせる植栽、テラスやパーゴラ、庭の添景物などに用いる植栽について、和洋の伝統的な方法を踏まえながら、相乗効果が生まれるようなデザインと植栽についてみていく。

第6章 植栽と調和

6-1 素材と植栽

住まい手がどのような環境に住みたいか、どういった風景が欲しくて、そこでどのように過ごしたいかを明確に読み取り、要望に添ったエクステリアの設計をすることが大切である。機能と意匠の両方の整合性を図りながら、構築物の施設や添景物を計画し、素材の選定を行い、完成形に適した植栽との組み合わせを選定できる力が求められる。

エクステリアを構成する素材には、レンガ、石材、タイル、木材、コンクリート（製品）、金属、その他（複合製品）などが挙げられる。

エクステリア計画の際、空間を想像どおりに、また、効果的に魅せるには、配置や組み合わせだけでなく、素材の持つ特性や性質をよく把握して、植栽を計画、選定することが重要となる。

和風や洋風、現代風など様々な建物や庭に適した植栽がある。和風にはモミジ、洋風にはミモザなど、植栽の持つ印象も選定する際の大事な要点になる。このため、選定した植栽と素材の組み合わせによっては空間の印象が変わる場合もあり、植栽と素材の特徴を考慮しながら計画することが、全体の雰囲気を形成することに繋がる。

6-1-1 レンガと植栽

レンガは粘土や砂などを主原料として製造され、洋風住宅に好んで使われる材料である。その形状や種類は多岐にわたるが、コンクリートにはない素朴な土の質感と色合いは、植物ともよく馴染み、植物と相性のよい素材といえる。レンガと植栽をバランスよく組み合せることで、魅力的な景観を生みだすことができる。

〈レンガを使った構築物〉

A　レンガの壁

壁にバラ類やヘデラ類などの枝を垂れさせ、または吸着するツル性植物を這わせると、植物と壁の対比により単調な空間に彩りや季節感が加わり、立体感がでることでレンガの壁面の美しさをより引き立たせる。また、ずっと昔からそこにあるような雰囲気を演出し、レンガの硬さや圧迫感を和らげてくれる（図6-1）。

B　花壇や花台

レンガの花壇や花台は草花を生かして、フォーカルポイントや印象的な空間をつくる。このため、ローズマリーやラベンダーなどのハーブ類、明るく華やかな植栽を組み合わせると、互いの素材が際立ち、装飾性を高める（図6-2）。

C　敷きレンガ

レンガ敷きのアプローチや園路の外側に沿って、樹木や草花を配植することは遠近感を出し、奥への期待を演出する効果がある。四季を通して花の咲く植栽を計画すると、通るたびに季節を感じられる空間となる（図6-3）。

レンガは一つが小さく軽量のため、加工しやすく施工性にも優れており、曲線、直線を自由に描くことができるので、芝生や園路、花壇の縁取り、テラスなどに有効に使える。芝生にレンガの縁取りはその好例であり、緑と素材との対比がより強調され、メリハリのある引き締まった印象を与える（図6-4）。

壁に這わせることで、彩りや季節感が加わり、圧迫感を和らげ、より自然な印象を与える

図6-1　レンガの壁

曲線の花壇に同じレンガで花台を設けて立体感をだす

図6-2　レンガの花台

〈代表的なレンガと組み合わせる植栽〉

A　赤レンガ、焼過レンガ

　歴史的建築物にも用いられている伝統的なレンガ。深みのある濃い赤褐色から黒褐色の色調を持つため、ヘデラやプミラなどの緑の美しいツル性植物がよく映える。レンガと植物の植栽空間において、ツゲ類やトピアリーを組み合わせる場合は整形式の趣が増し、バラや自然樹形の草花を組み合わせると自然式の趣のある風景となる。

B　アンティークレンガ

　古い建物を解体した際に得たものや、古びた味わいのある風合いが特徴のレンガ。樹形がやわらかで、淡い花色や葉色のクレマチスやアナベルなどをアンティークレンガと組み合わせた場合は、気品のある優しい印象を与える。また、濃い花色のバラや濃緑の葉色のアカンサスなどの個性の強い植栽を組み合わせた場合は、貫禄のある格調高い印象を与える。完成形の印象が異ならないように、植栽の樹種だけでなく、樹形、花色、植物のもつ印象を加味して植栽を選定することが大切である。

C　オーストラリアンブリック、ベルギーレンガ、海外レンガ

　サイズが大きめで色合いは赤褐色、黄褐色、濃茶色が主流のレンガ。重厚な素材感が特徴的であり、洋風な佇まいに用いられるため、植栽もミモザやジューンベリーなどの洋風を思わせる明るい色調の樹木や草花を組み合わせると調和が図れる。

敷きレンガのアプローチ両脇を植栽スペースに。空間に遠近感が生まれ、視線を奥へと導く

図6-3　レンガのアプローチ

曲線や直線を組み合わせたレンガの縁取りと緑が美しく映える

図6-4　レンガの縁取り

6-1-2　石材と植栽

　石材は天然素材のため、時を経て古くなるほど風格や趣が増す素材である。和風庭園では景石や石組み、延段や飛び石など石材は欠かせない素材だが、和風、洋風に関わらず用途に合う石材を選定し、違和感を生じない植栽を組み合わせることが重要である。

〈石材を使った構築物〉

A　門、壁、石垣、土留めなどの積石

　立体的で強い存在感がある積石には、足元に低木や草花、背景には灌木や中高木などの植栽空間を設けると、植物のやわらかいフォルムと彩りが加わり、重厚で硬い石材の印象が和らぐ。

B　飛び石

　敷石や飛び石を使ったアプローチや園路の両脇に、株立ちのトネリコやヤマボウシなどの雑木、山野草、ギボウシやクサソテツなどの下草を配植すると、木立ちの中の小道のような自然味ある風景づくりが可能となる。また、芝、苔、地被植物などの草目地にすることで、より素朴で自然な風情を演出することができる（図6-5）。

C　敷石

　色や大きさの異なる方形の敷石を園路や駐車空間に並べ、目地や縁取りにタマリュウや地被植物を線状に植えたデザインは、自然石を使いながらも、都会的な印象を与える空間をつくりだす。また、天然石を用いた石貼りのテラスの場合、方形貼りは整然とした印象を与え、乱貼りは変化のある表情豊かな印象を与える。これと組み合わせる方形貼りの植栽は、線の形状を意識したカレックスやコルジリネなどのグラス類ですっきりした印象でまとめる。乱形貼りの場合は、面の形状を意識したリグラリア、ア

第6章　植栽と調和

ルケミラモリスやヘリクリサムのやわらかい植栽でまとめると調和がとれる。

石材は素材自体の存在感が強いため、植栽の系統や色合いを絞り込み、たくさんの要素を取り入れない方がバランスよく統一感のとれた景観を生む（図6-6）。

飛び石のまわりには雑木を植え、株元には山野草と日陰を好む草花を植えることで、落着いた印象の園路に

図6-5　飛び石

正方形と長方形の石板材を組み合わせて、モダンな空間に

図6-6　敷石

〈代表的な石材と組み合わせる植栽〉

現在は国内だけでなく、海外からの輸入石材が一般的となり、世界中の石材から材料を選ぶことができる。エクステリアで使用する代表的な石材を次に挙げるが、これらはほんの一例であり、石材は非常に多種多様である。組み合わせる植栽を参考にし、石材の特質と植物の特性に留意しながら植栽を選定する。

A　石英岩

硬質で風化に強く、透明感をもった艶のある材質で、色彩もベージュや黄色、緑や青がかった灰色、ピンクや赤の入った色など豊富である。乱形石などの舗石材は駐車場やテラス、園路やアプローチなど幅広く用いられている。鮮やかな発色の材質のためハナミズキやライラック、アナベルなど可憐で華やかな樹木がよく似合う。

B　砂岩・硬質砂岩

産出国は海外が多く、薄茶色や黄褐色、灰色などの優しい自然味あふれる色調と、素朴な風合いが特徴。特に舗石材としての用途で使用され、鮮やかな花や葉色の草花や、自然な趣のある樹木との組み合わせに向いており、明るい空間の創造を可能にする。ただし、経年変化による汚れや黒ずみが発生する場合がある。

C　安山岩

黒いサビ模様が味わい深い丹波石や、やや赤みをおびてサビの入った灰褐色の鉄平石が代表的であり、日本で古くから使われてきた石材である。アオダモやカエデなどの高木や、シモツケ、ヤマブキなどとの組み合わせは、自然で野趣に富んだ空間を表現するのに適している。

D　粘板岩

淡い緑がかった灰色から濃灰までの強い色調の石材で、表面にはラメ加工を施したような光沢があり、洗練された落ち着きのある風格を感じさせる。方形の舗石材を使用して、剣状の葉をもつニューサイランなどの個性的な植栽と組み合わせれば、都会的でモダンな園路やテラスがデザインできる。

E　花崗岩

黒い斑点のような独特の模様が特徴的な石材。御影石の名前で親しまれてきた本御影石や、景石、積石、床石など様々な和の石材として好んで使われてきた木曾石に、モミジやソヨゴなどの雑木、ギボウシやフウチソウなどの葉の艶やかな下草などを組み合わせることで、和の趣のある落ち着いた空間が生まれる。

F　砂利

砂利の大きさは10〜50mmと幅広く、色・質感のバリエーションも豊富な素材のため、植栽と組み合わせて様々な景観をつくりだせる。

古来より枯山水の庭は、砂利と石と植栽を用いて風景や世界観を表現する代表的な庭として知られている。現代のエクステリアにおいても、比較的広い場所に使うことが多い砂利は、空間全体の雰囲気に影響を与える要素となり、色や質感の持つ印象を踏まえて植栽を計画することが必要である。

例えば、乾いた大地を思わせる赤茶や黄みを帯びた粗い形状の砂利には、フェスツカ・グラウカやカレックスなどの矮性のグラス類や、メキシコマンネングサなどのセダム類などの個性的な植栽を組み合わせることにより、地中海やドライな雰囲気を表現することができる（図6-7）。

また、砂利敷きの下に防草シートを敷くことで雑草を抑制し、植栽の保護にも役立つ。

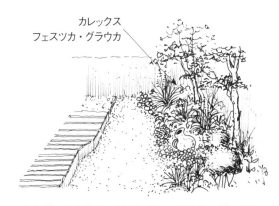

大小様々な赤茶系の砂利とグラス系植物の組み合わせにより、乾燥した雰囲気の庭となる

図6-7　植栽と石材・砂利

6-1-3　タイルと植栽

タイルは経年変化が少なく汚れにくい材質で、維持管理が容易である。規格、意匠も豊富で、他の素材に比べて装飾性に優れた素材でもあり、建物との調和を図りながら、意匠性の高い空間をつくるのに最適な素材といえる。素材の性質上、直線的なタイルは、デザインによっては単調になりやすい側面もあるが、植栽や鉢植えを配置し、彩りや季節感を加えることで調和のとれた表情豊かな空間を生む。

A　陶器質、磁器質タイル

近年の住宅のポーチには陶器質もしくは磁器質タイルが多く使用されることから、ポーチに用いた床タイルを、アプローチや庭のテラスにも使用することで統一感が図れる。植栽帯や花壇をタイル外周に沿って設け、縁取りが隠れるように低木や草花を被せ植えると、直線的なタイルが自然と植栽に馴染む。

B　テラコッタタイル

土を素焼きした優しい質感が特徴。テラコッタタイルを施したテラスに、植物をシンメトリーに植えて、整形された樹木の鉢植えやトピアリーを配置すると、西洋庭園の趣が増す。また、素材の風合いが好まれることもあり、素焼き鉢や庭園用品などとしても多く使われ、植栽との相性のよい素材でもある。

6-1-4　木材と植栽

木材は自然素材ならではの素朴さと温もりのある質感をもち、加工性に優れ、デザインや着色によって独自性の高い構築物をつくることができる。さらに、植栽と組み合わせることで、より特徴的な景観をつくり出すことが可能となる。維持管理が必要となるが、天然木の風合いの良さもあり、他にはない魅力のある素材。木材を組み立てた木製フェンス（図6-8）やパーゴラ（図6-9）、アーチはその好例である。

A　木製フェンス

道路側に設けた木製フェンスにツル性植物を這わせると、外観を緑で彩るだけでなく、目隠しや窓から見た背景を兼ねた景色をつくるのに効果的である。ツル性のブラックベリーやラズベリーなどを木製フェンスに誘引することで、花だけでなく果実の収穫も楽しむことができる。

B　パーゴラ・アーチ

落葉性のブドウやフジなどのツル性植物、バラ類がパーゴラやアーチには適している。夏には緑陰をつくり、冬の落葉後は庭に日差しがとどく。下を通りくぐる際には、可憐な花の美しさや芳花を楽しむ

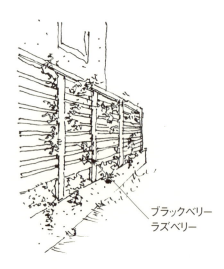
道路からも宅内からも緑が見え、明るく自然な景観になる。
図6-8 木製フェンス

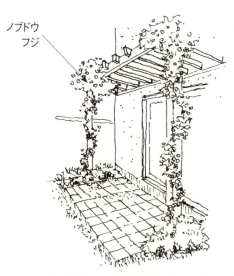
パーゴラにツル性植物がからみ、華やかな印象に。夏の日陰にも有効となる
図6-9 木製パーゴラ

こともできる。庭を立体的に演出でき、フォーカルポイントやアクセントの役割を担う。

C　ウッドデッキ

　ウッドデッキの一部に切り欠き花壇や植栽桝を設けた場合、リビングやダイニングからの眺めに奥行きが生まれ、空間を広く見せるのに有効。一年を通して緑を楽しみ活用するためにも、常緑樹や四季折々の花の植栽を計画することが大切である。

D　枕木

　本来は鉄道の線路に敷く枕木は、落ち着きのある独特の古びた質感が植物ともよく馴染むため、エクステリアで多用されている。枕木を立てて使う門柱や土留めなどは、株立ちのトネリコや樹形のやわらかいツリバナなどの雑木を植えると、枕木独特の重厚感が和らぐ。濃茶色の風合いのため、斑入りのツルニチニチソウやアメリカイワナンテンなどの明るい葉色の低木、ヘリクリサムなどの銀葉の下草がよく映える。広くとった枕木敷きの目地に、セダム類やダイカンドラなどの地被植物を植えることで、素材どうしが引き立ち、自然で素朴な空間が広がる。

6-1-5　コンクリート（製品）と植栽

　門柱や袖壁にはコンクリートブロックや化粧ブロックなどを使った組積材が、駐車場やアプローチには現場打ちコンクリート施工がそれぞれ多く用いられ、コンクリートはエクステリアを構成する必要不可欠な素材である。そこにコンクリートと対照的な植栽を取り入れることで、自然で一体感のある景観をつくりだすことができる。

A　コンクリートブロック

　壁や門に使用される空洞ブロックや化粧ブロックの周囲にシンボルツリーや高木を植え、足元に低木や草花で彩りを加えることで、無機質な中にも自然の緑と季節感が感じられる空間となる。住宅によっては植栽できる余裕のない敷地もあるが、壁前面10cmの隙間でも植栽帯にでき、立ち上がりには表面の凹凸を利用してプミラなどの吸着するツル性植物を這わせたり、床に40cm角程度の開口部があれば中高木が植えられる。狭小空間を生かし、工夫次第で緑のあるエクステリア空間をつくることは可能だ。

B　コンクリート（現場打ち）

　駐車場の計画においては、駐車スペースの床がコンクリートだけだと殺風景で寂しい印象を受けるが、床面にラインを描き、草丈の短いタマリュウや芝を植えた草目地で変化をつけることで、冷たい印象が軽減され、緑がアクセントとしての効果を発揮する。また、コンクリートやブロックがぶつかり合う場

所に、草目地や植栽帯を積極的に取り入れると、硬い単調な空間に緑が加わり、無機質なコンクリートの質感に緑の植栽が組み合わされて、樹木や草花をいっそう瑞々しく見せる（図6-10、「5-5-3　駐車スペースの植栽」も参照）。

C　舗装用ブロック

インターロッキングブロックは門廻り、アプローチ、駐車場に用いられる舗装材で、種類やサイズも豊富なため、選択や組み合わせにより多様なデザインが可能である。インターロッキングブロック敷きの床の一部を抜いて植栽帯にしたり、低木や季節の草花を縁取りに植栽することで床面に変化をつけ、明るく広がりを感じる空間がつくれる。

緑化ブロックはコンクリート製の植生用舗装ブロック。緑化ブロックを駐車場に敷くことで、芝の緑とブロックの対比が美しい、緑豊かな景観を効果的につくることができる。

D　擬石、擬木（コンクリート製）

本物の素材の色合いや質感を模した化粧が施された、コンクリート製の擬石や擬木などの二次製品が近年増えている。機能性や施工性に優れ、経年劣化が少ないこともあり、計画に取り入れる傾向が多くなっている。本物の質感とは異なるため、植物や砂利などの自然素材と組み合わせることで、素材どうしを馴染ませ、調和を図るようにする。

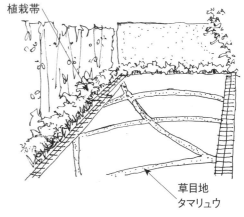

タマリュウなどの緑の目地を入れ、空間にメリハリがつく
図6-10　駐車場コンクリート

アルミ材、列柱の印象を、緑を加えて和らげる
図6-11　列柱＋植栽

6-1-6　金属と植栽

エクステリアでは、軽量なアルミ材が多用され、主力商品のフェンスを始め、門扉や手摺り、駐車場の屋根材など様々な製品に使われ、バリエーション豊かな素材となっている。また、鉄を素材としながらも、優雅な曲線が美しいロートアイアンも洋風住宅の普及により、門扉やフェンス、アーチなどがエクステリアに取り入れられ、高級感のあるオリジナル素材として用いられている。

〈アルミ材と植栽の組み合わせ〉

A　メッシュフェンス、アルミ形材フェンス

境界に用いられるメッシュフェンスやアルミ形材フェンスなどは、広い面積に設けられることが多いので背景が単調になりやすくなるため、一部を軽い樹形のトキワマンサクなどの生垣に変えたり、フェンス前後には中高木の常緑樹や、ツル性植物などを絡ませると、空間に遠近感や変化が加わる。同時に、自然な目隠し効果も得られ、道路や隣地からの景観もより美しくなる。

B　アルミ汎用部材

アルミ角材の列柱を設けた場合、適度な目隠しと抜け感のある軽い壁のような仕切り効果も期待できる。その前後に樹木や草花を用いれば、直線の列柱と植栽のやわらかな樹形が、動きのある空間をつくりだす。幹肌の美しいヒメシャラやアオダモなどの樹木と組み合わせると、列柱と幹との対比がより際立つ（図6-11）。

C　ラミネート加工を施したアルミ材

　木調や石調のラミネート加工が施されたアルミ材が出現し、軽く加工性に優れていることから、フェンスなどに使われたり、装飾された部材を持つ製品が増えている。アルミ特有の冷たい質感はラミネート加工によって軽減されているが、植栽や草花を一緒に植えて馴染ませることで、調和を図るようにする。

〈ロートアイアンと植栽の組み合わせ〉

　鉄を叩いて形づくるロートアイアンは、門扉や手摺り、フェンスからアーチやオベリスクなどのガーデンアイテムまで、オリジナルを含めて幅広く製作され、エクステリアのフォーカルポイントやアクセントとしての役割を担っている。

独特のアイアンの風合いと植栽がからみ気品のある門廻りとなる

図6-12　アイアンフェンス

　ロートアイアンは古来よりヨーロッパの建築に用いられ、手づくりの温もりと重厚感を併せ持つ素材のため、バラ類やハーブ類には特に相性のよい金属材である。クレマチスやツルバラなどのツル性植物を絡ませたアーチやフェンスは、空間に立体感がでて、気品のある華やかな雰囲気を演出できる。ロートアイアンの濃黒(まっくろ)の存在感に負けない鮮やかな花色の樹木や草花もよく映え、落ち着いた濃緑の植栽を植えれば、美しく優雅な風景に変えてしまう（図6-12）。

6-1-7　その他の製品と植栽

　エクステリアでは、その他にもエクステリアメーカーによって、様々な製品が開発されている。また、施工性に優れ、メンテナンスの少ない新しい素材も誕生し、最近ではよく見かける。その一例を紹介する。

A　ガラスブロック

　ガラスを成型してつくられ、装飾用として用いられる建築用ブロック。エクステリアでは壁面に使用し、意匠として空間に変化をつけたり、圧迫感を和らげるのに有効である。ガラスブロックの背面に植栽や草花を組み合わせ、照明を当てることで防犯性を高めるとともに、都会的な夜の雰囲気を演出することができる。

B　人工木材

　木粉と樹脂を合わせ、天然木の風合いを施した人工木材は、維持管理が容易で、木材特有の腐食が起こりにくい素材のため、ウッドデッキやウッドフェンスとして利用されている。切り欠き花壇や植栽桝の加工を要する施工には不向きなため、鉢植えやプランターなどで彩りや季節感を加えて楽しみたい。また、ウッドデッキの外周に植栽帯や花壇を設けることで、緑に囲まれた豊かな空間ができあがる。

6-2　構築物と植物

　人間の手が入っていない自然の美しい風景はそこかしこに見られるが、エクステリアの目的は、美しい景観を人間の手により意図的につくりだすことにある。植物だけの空間に人為的な構築物が加わると、手つかずの自然空間とは印象の異なる特徴ある景観が生まれたり、広がりのある、変化に富んだ美しい景観がつくりだされる。つまり構築物は美しい景観を創造するための重要な要素となっている。

　既存の建物がある場合は、その建物と植栽が相乗効果によって美しい景観を生みだすことができる。また、植栽空間が単調になりがちな場合には、新たな構築物によって変化や方向性を与えることで、バランスのよい印象的な景観づくりが可能となる。

6-2-1 門廻りと植栽

建物への入口となる門廻りは、その屋敷の顔となる最も重要な場所であり、また、街並みの一部を担っている。門柱や門扉とその上のアーチ、袖門やフェンス、門灯やポストなどが設置され、敷地正面を構成している。門から敷地の中に入る手前には、植栽が設けられる場合も多く見受けられる（図6-13）。

この場所では、植栽をバランスよく配置することで、硬い印象の構築物がやわらかい表情のあるものに変わる。樹木と下草・地被類の樹種を吟味することで、正面の顔にふさわしい、美しく心地よい空間づくりが可能となる。

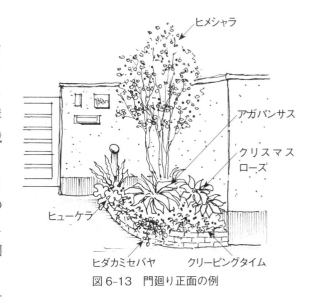

図6-13 門廻り正面の例

「5-4 敷地の接道条件による留意事項」「5-5 ゾーン別の植栽方法」でも述べているが、建物や門廻りの形態・色彩・質感と調和した植栽を選ぶように心掛けることが必要である。

門廻りの特徴や様式などを考慮した上で、そこにふさわしい樹種を表6-1に示す。

表6-1 門廻りに適した植栽例

東・南入りの門廻り	高木	洋風	ジューンベリー、ハナミズキ、ヤマボウシ、アオハダ、アカシデ
		和風	シラカシ、ヤマボウシ、ヤマザクラ
	中低木	洋風	ヒュウガミズキ、ミツバツツジ、ナツハゼ、アベリア、ニューサイラン、ビバーナム・ダビディ
		和風	ドウダンツツジ、コバノズイナ、オトコヨウゾメ、サツキ
	地被類他	洋風	ハイビャクシン、ローズマリー、フェスツカグラウカ、アガパンサス、タイム、イベリス、ベロニカ・オックスフォードブルー
		和風	オカメザサ、チゴザサ、ヤブラン、ツワブキ
北入りの門廻り	高木	洋風	ヤマボウシ、ハイノキ、シラカシ、モミジ、ソヨゴ
		和風	ラカンマキ、ゴヨウマツ、モミジ、ソヨゴ
	中低木	洋風	カルミア、セイヨウシャクナゲ、クロモジ、スキミア・ルベラ、セイヨウアジサイ
		和風	サザンカ・ツバキ類、フイリアオキ、ヤツデ、アセビ、カクレミノ、ナンテン、ヤマアジサイ、ジンチョウゲ
	地被類他	洋風	クリスマスローズ、ヒューケラ、ヒマラヤユキノシタ、アガパンサス、フイリヤブラン、アジュガ
		和風	クリスマスローズ、ギボウシ、フウチソウ、ユキノシタ、ヤブコウジ、フッキソウ、フイリヤブラン、アジュガ

6-2-2 パーゴラ・アーチと植栽

パーゴラは、比較的温暖な地域で、心地よい緑陰を作りだすために古くから用いられてきた。上部が棚になった直線的な構築物で、植物を絡ませることで美しい景観の一つにもなる。庭の園路や一休みする場所に設置すると、パーゴラに絡まった植栽と相まって効果的に景観を構成することが可能である。足元にも植栽を添えるとなお効果的だ。

建物の掃き出し窓部分に設置すれば、室内からも間近に植物を楽しむことができる。また、パーゴラの下は室内にいるような快適さを感じさせる空間になる。

アーチは中央部を上方に曲線状化した構築物だが、設置場所や用途によって形状も異なってくる。敷地内や駐車空間、庭への出入り口などに、しばしば門形のアーチが設置される。庭の園路などでは、単独で設置する場合もあるが、複数のアーチを連続的に並べて装飾的なトンネルをつくることも可能。門形であれ、複数のトンネル状であれ、パーゴラに比べて周囲を覆う形になるため、閉ざされた空間とい

う印象を与える。そこに植栽を絡ませることで、間近で植栽に囲まれた空間を楽しむことができる。さらに、少し離れたところからでも、その景観を楽しむこともできるので、庭を立体的に演出でき、フォーカルポイントやアクセントの役割を担う効果的な構築物である。

絡ませる植栽は、クレマチスやスイカズラなどのツル性植物、バラ類が適している。夏には緑陰をつくり、冬の落葉後は庭に日差しがとどく。アーチの下をくぐる際には、可憐な花の美しさや芳花を楽しむことができる。

A　パーゴラに向く植栽

ツルが頭上の棚を覆い尽くせるほど長く伸びるツル性植物がパーゴラの植栽に向いている。また、果実や花房が棚の下に下垂するものもパーゴラに適している。

- 日向……ツルバラ、フジ、ブドウ、キウイ、ノウゼンカズラ、ムベなど。
- 半日陰……テイカカズラ、耐陰性のあるツルバラなど。

B　アーチに向く植栽

パーゴラ向きのツルものより短めのツル性植物でも、アーチで楽しめる。

- 日向……ツルバラ、クレマチス、トケイソウ、スイカズラ、カロライナジャスミン、ソラナムなど。
- 半日陰……テイカカズラ、スイカズラ、耐陰性のあるツルバラなど。

6-2-3　テラスと植栽

建物の前面や庭の中に、石材・タイル・レンガなどを敷き詰めた台状の施設を「テラス」と呼ぶが、木材を素材にした、地表から高さのある「ウッドデッキ」と呼ばれるものも材質（木材）の異なるテラスの仲間である。テラスは建物の掃き出し窓部に接続することで、屋外のもう一つの部屋として活用できる空間を生みだすことが可能になる。

A　石材などの固い素材でつくるテラスに向く植栽

石材は使用する素材や形状によって印象の異なる装飾的な舗装面にすることが可能。テラス周辺に植栽を施し、視線を集める工夫をすると庭全体に調和のとれた空間が広がる。「6-1-2　石材と植栽」の中でも述べているが、使用する材が持っている特徴にこだわりをもって、テラスの雰囲気を生かす植栽を選定する。

テラスでは大型コンテナの設置も、視線を集める効果的な要素となるだろう。複数の植物を植え込む場合は、その組み合わせも疎かにはできない。線・面・点の形状や様々な葉色・花色を意識して、調和のとれたテラスの植栽デザインを心掛けるようにする。

B　テラス周辺に向く性質別小低木・草本類

テラス周辺に植栽する小低木・草本の例を表6-2にまとめた。他にも多種多様な形状の植栽があるので、その場所に適した、調和の取れた植栽を心掛けること。また、その植栽例を図6-14に示す。

表6-2　場所別のテラス周辺に植栽する小低木・草本類の種類

場所	種類
日向	カレックスやフェスツカなどのグラス類、コルジリネ、ガウラ、ニューサイラン、ラベンダー、ローズマリー、アイリス類（線状）、リグラリア、アカンサス、アルケミラ・モリス（面状）、シモツケゴールド、ロニセラ・ニティダ、ヘリクリサム・ペテオラレ、ワイヤープランツ、ネメシア、ベロニカ・オックスフォードブルー、バコパ（点状）
半日陰	フイリヤブラン、フウチソウ、キチジョウソウ、コクリュウ、セキショウ、アガパンサス（線状）、ギボウシ、ツワブキ、クリスマスローズ、ヒマラヤユキノシタ、ヤグルマソウ、ヒューケラ（面状）、ラミュウム、リシマキア・ヌンムラリア、ヤブコウジ（点状）

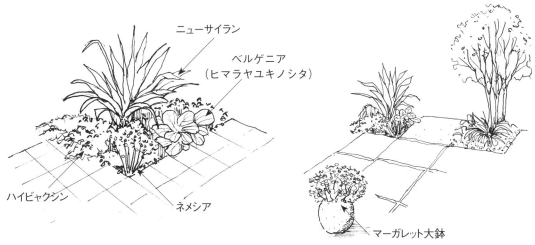

図6-14　テラスの植栽例

C　ウッドデッキ（木材・竹材）と植栽

　ウッドデッキは設置場所の条件に合わせて、工夫を凝らした様々な形状をより容易に楽しむことができ、デッキ自体も視線を捉える重要な役割を果たしている。ウッドデッキは石材などの素材に比べ、日差しの照り返しが緩和され、素材のやわらかな感触と木の香りを楽しめるという利点がある。ただ、木材でつくられるために、石材やタイルなどに比べると耐久性はやや低くなる。また、カジュアル感がある素材なので、素朴感を持った雰囲気づくりを心掛けたい。

　さらに、木肌を生かす以外にも、塗料によって色調を自由に選択することが可能。デッキではプランターを設置して、草花を主にした植栽にすることで華やかな景観をつくることができるが、その際には色彩効果も考慮して植物を選ぶと、デッキの存在感も高まる。例えば、白色に着色されたデッキには赤系の花や濃い緑の葉、グリーン系に着色されたデッキには白い花や薄緑の葉、茶系に着色されたデッキには青味がかった葉色が映える。

　広いデッキの場合は、その一部分をくり抜いて植栽枡を設け、緑陰樹になるような樹形の整った樹木を植え込むと、景観としての効果も期待できる。デッキの床に置かれるプランターだけでなく、デッキに合わせて設ける手すりや木柵に掛けるハンギングバスケットなどでも草花を楽しめる。

　プランターやハンギングバスケットに植える草花は住まい手の嗜好によるものが大きく、魅力的な草花の種類も多く出回っている。ただ、全体としての修景として考えた場合は、色数を数色に絞り、複数のコンテナを並べると印象の強い景観となる。全て同色に揃えるのも効果的である。ウッドデッキに映える季節ごとの草花の一例を表6-3に示す。

表6-3　デッキのコンテナに映える草花の例

季節	草花
春〜夏	ゼラニュウム、インパチェンス（強健種）、ペチュニアの仲間
夏〜秋	球根ベゴニア、ベゴニア・センパーフローレンス、マリーゴールド
秋〜春	パンジー、ビオラ、ガーデンシクラメン

6-2-4　あずまやと植栽

　園路の際に設置して、庭の散歩がてら一休みできる心地よい施設があずまや（四阿・東屋）であり、洋風庭園だとガゼボと呼ぶ。屋根にツル性植物を絡ませて植栽を楽しむと同時に、周囲の植栽景観を立体的に構成する効果的な要素となる（図6-15）。

　設置するときには、そこに至るまでの景観を考慮することが大切だが、あずまや内部から見える外の眺めも大切な要素となる。また、住宅の室内からはあえて見えない場所に設置して、秘密の場所として楽しむ方法もある。

組み合わせる植栽は、遠くからでもその存在感が際立つように意識して選び、美しい景観をつくることが肝要である。代表的な樹種には次のようなものがある。屋根などに絡ませるツル性植物は「6-2-2 パーゴラ・アーチと植栽」で記したものと同じ。
- 和風のあずまや……モミジ、ウメ、サクラ、サザンカ、ツバキ、ツツジ類など。
- 洋風のあずまや……バラ、ジューンベリー、セイヨウシャクナゲ、コニファー類など。

6-2-5　フェンスと植栽

フェンス（垣）は周囲を囲んだり、目隠しや仕切りの役割をするが、その使用目的や設置場所によって、素材や高さを選ぶ必要がある。

木製のフェンスは様々なデザインや色彩に仕上げることが容易である。縦格子、横格子、平板が棒状

図6-15　あずまやの景

のもの、縦格子の先端が丸いものや直線のものなど、デザインにより全く雰囲気が異なってくる。組み合わせる植栽は、白い低めの曲線のフェンスなら草花類を、和風の縦格子なら前面に竹やシャガなどを配植すると、調和のとれた景観が生まれる。

金属製のフェンスでは、ロートアイアン製には重厚な雰囲気があり、伝統的なデザインがよく似合う。ロートアイアンにはやはりバラが最も調和のとれた植栽といえるだろう。

軽量なアルミ材は、「6-1-6　金属と植栽」でも述べているように、簡素で機能的なもの、あるいは近代的な雰囲気を持つものなど、様々な意匠がある。植栽との関係では、ツル性植物を絡ませるのにも都合のよい構築物である。

フェンスの素材が何であれ、その素材や色彩に調和する植栽を選ぶことで存在感が高まり、景観上の見せ場をつくることができる。フェンスを生かす植栽としては、やはりツル性植物が欠かせない存在といえるだろう。フェンスに向くツル性植物を表6-4に示す。

表6-4　フェンスに向くツル性植物

場所・性質	植物
日向	ツルバラ、スイカズラ（ハニーサックル）、プルンバーゴ、クレマチス、ソラナム、カロライナジャスミン、トケイソウ、ビナンカズラ、ハゴロモジャスミン
耐陰性のあるもの	耐陰性のあるツルバラやクレマチス、テイカカズラ、ビナンカズラ

6-2-6　壁・塀と植栽

壁（塀）の多くはレンガやブロック、石材などを素材としているが、フェンスと同様に壁を背景にした植栽は、その素材・色彩によりそれぞれ異なる効果をもたらす。葉色や花色、その形状を考慮して植物を選び、壁との調和を図る必要がある。

A　壁の色彩との調和

赤色系統の花色・葉色は、ともすると暗く沈みがちになるので、白っぽい明るい壁を背景にするとよく植物が映える。赤色系以外の色彩を含め、その一例を表6-5に示す。

表6-5　壁の前に植栽すると映える色彩別植物の一例

特徴	植物
赤色系植物	赤バラ、ニューサイラン、コルジリネ・オーストラリス、スモークツリー、メギ・ローズグロー、ヒューケラ銅葉、アメリカハナズオウ・フォレストパンシー、銅葉コデマリ、銅葉ヒューケラ他 （暗い壁にはゴールド系、シルバー系、斑入り系の植栽を施すことで、植栽そのものが際立ち、周囲を明るくする）
ゴールド系植物	シモツケゴールド、フィリフィラオーレア、イレックスサニーゴールド、ヒューケラライム、ゴールド系ギボウシ他
シルバー系植物	オリーブ、ブルーアイス、シルバープリペット、ヘリクリサム、ラベンダー、マウンテンミント、ラムズィヤー、シロタエギク、コンボルブルスクネオルム他
斑入り植物	グミギルドエッジ、フイリサカキ、フイリマサキ、フイリヤツデ、フイリアオキ、ネグンドカエデ、フイリミツバ、アメリカイワナンテン、フイリギボウシ他

B　壁の形態との調和

それぞれの壁のデザインの特徴を把握し、その形態と調和する植栽選びを心掛ける。表6-6にその一例を示す。

表6-6　壁の特徴（デザイン）に調和する植物の一例

壁の特徴	植物
重厚な塀	大王松、モミ、タイサンボク、モミジ、サクラ
爽やかな塀	セイヨウニンジンボク、シロモジ
個性的な塀	コルジリネ・オーストラリス、ニューサイラン、ソテツ
和風	松、竹・笹、モミジ、ウメ、ツバキ、イヌツゲ・チャボヒバなどの仕立物

6-2-7　花壇と植栽

どのような植物を植栽するかによって、また、どのような場所に設置するかによっても花壇の形状や使用する素材が違ってくる。

パンパスグラスやコニファーなどの大型の植物を中心部分に植え込む花壇の場合は、周囲はレンガなどで低めの縁取り程度にする。比較的草丈の低い植物で構成する場合は、レンガや石材などで地面からある程度の高さに立ち上げたレイズドベッドにすると、植栽との調和がとれて観賞価値が高まる。

ヨーロッパの伝統的な整形式花壇では、刈り込みに強いクサツゲやボックスウッドなどの小低木を花壇の縁取りとして植栽する。日本でもそのような花壇が見受けられるが、クサツゲやボックスウッドなどの病虫害を目にすることもある。日本ではイヌツゲのほうが気候風土に適しているため、扱いやすい。

高山植物などは、山砂や軽石など排水性のよい土壌に石を組み込んだロックガーデンをつくり、そこに植え込むと過湿や夏場の高温を抑制することが可能である。

花壇の植栽は宿根草だけでなく、花壇空間に余裕があれば木本類を入れると高低差が出て、変化に富んだ立体的な花壇になり、季節ごとの一年草の植え替え作業も緩和される。

花壇の形状による植栽例等を表6-7、6-8、6-9、図6-16、6-17、6-18に示す。

表6-7　大型花壇の植栽例（日向）

種類		季節・植物
常緑種		カナダトウヒ・コニカ、ニューサイラン銅葉、アガパンサス、クリスマスローズ、クリーピングタイム
半常緑種		ゲラニュウム・ビオコボ、ラムズイヤー
落葉種		シモツケゴールド
一年草	晩秋〜春	パンジー、ビオラ、ハボタン、スイートアリッサム、アネモネ
	春〜初夏	ネメシア、キンギョソウ、シレネ・カロリニアナ
	初夏〜初秋	サルビアファリナセア、ペンタス、ニチニチソウ
	初秋〜晩秋	ケイトウ、アカバセンニチコウ、球根ベゴニア

第6章 植栽と調和

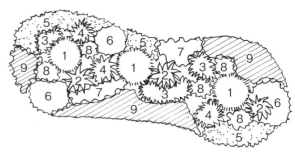

成長の遅い針葉樹のカナダトウヒ・コニカを植え込んで立体感を出し、常緑の宿根草をメインに配す。残りのスペースに一年草を植えることで季節感のある花壇になる

1：カナダトウヒ・コニカ　　2：ニューサイラン
3：アガパンサス　　4：クリスマスローズ
5：クリーピングタイム　　6：ゲラニュウム・ビオコボ
7：ラムズイヤー　　8：シモツケゴールド　　9：一年草

図6-16　大きい花壇の例

表6-8　小花壇の植栽例（半日陰）

種類		季節・植物
常緑種		カメリア・エレナカスケード、クリスマスローズ、ヒューケラ、アジュガ
落葉種		ギボウシ、ヒメシャガ
一年草	晩秋～春	パンジー、ビオラ、ハボタン
	春～初夏	ワスレナグサ、リムナンテス（ポーチドエッグ）
	初夏～秋	コリウス、インパチェンス、ベゴニア、矮性クレメオ、ツリフネソウ、トレニア、クロッサンドラ、イポメア

1：カメリア・エレナカスケード
2：クリスマスローズ
3：ギボウシ
4：ヒメシャガ
5：アジュガ
6：ヒューケラ
7：一年草

図6-17　小さい花壇の例

表6-9　ロックガーデンの植栽例

場所	種類	季節・植物
日向	常緑種	ミニシャクナゲ、ゴールテリア、タツタナデシコ、イベリス、ヒダカミセバヤ、ミヤマホタルカズラ、アルメリア、
	落葉種	セラスチュウム、シレネ・ユニフローラ、チシマギキョウ、アメリカコマクサ、ヒナソウ、フウロ草（ゲラニュウム）の仲間、レウイシア、バイカカラマツ
	球根類	アッツザクラ、シマツルボ、原種チューリップ、フリティラリア、シラーシベリカ、チオノドクサ、矮性アヤメ、原種シクラメン
半日陰	常緑種	ユキワリソウの仲間、キバナイカリソウ、バイカオウレン、プルモナリア
	落葉種	ニリンソウ、イチリンソウ、ミヤマオダマキ、イカリソウ、ブルンネラ、ヒメシャガ、ダイモンジソウ、イワシャジン

図6-18　ロックガーデンの例

6-2-8 園路と植栽

　園路は人が歩くための施設である。石材を使った見通しのきく直線の園路は改まった印象を与え、曲線を交えた園路は庭全体に動きのある雰囲気を演出する。直線の園路では、左右の所々に少しばかり園路寄りに植栽を配置することで、正面への視線が遮られて奥行き感を演出する効果があり、奥への期待

感も高まる。曲線の園路もカーブにアイストップとなる植栽を配置することで、同様の効果が得られる。いずれの場合も人間の足に優しく、周囲の植栽景観を損なわない素材・デザインを心掛けることが大切である。

レンガや石材などの舗装では目地に固い素材を詰めず、植栽が自然に入り込むようなつくりにすると素材と地被類との調和がとれ、野趣に富んだ風景となる。

〈舗装の目地に使える地被類〉
● タマリュウ、クリーピングタイム、ディコンドラ、マンネングサ、芝など。

6-2-9 水場と植栽

水場は、水音やさざ波、水面に映る周辺の景色など様々な表情を見せてくれる魅力的な場所だ。自然の景観の中では、水はほとんど岩、植物と共存している。自然風な池をつくるならば、素材として岩と植物の存在は欠かせない。その他にもテラスや舗装材で囲まれた水場など、様々にデザインできる（図6-19）。

流れを作る場合も同様だ。動きのある流れは、庭の全体的な景観の決め手になる重要な要素の一つとなる。流れに大小の滝を組み込めば、水音をより感じることができて効果的だ。自然石を素材にした自然風の

図6-19 水場の景

流れには、岩の間にシダやセキショウを、その後方にはニリンソウや草丈のあるヤグルマソウなどを配すると、渓流の雰囲気を表現することができる。

切石でつくられた人工的な流れには、水中にシラサギカヤツリ、縁取りにカキツバタ、ミソハギ、ギボウシなどを配すると、色彩のある明るい雰囲気にすることができる。

いずれの場合も水中や水辺に、水辺を好む植物を配することで立体感が生まれ、表情豊かで魅力的な水場となる（表6-10）。

ごく狭い空間でも水場の設置は可能。竹筒から水が滴り落ちる、シダやセキショウを周囲に配した手水鉢、エキゾチックな熱帯系のシペラス類を周囲に配した小さな壁面から滴り落ちる壁泉などはその好例といえる。

表6-10 水辺にふさわしい植栽

場所	植物
水中に植える植物	パピルス、シラサギカヤツリ、アサザ、スイレン、ハス、ホテイソウ、コウホネ、ミツガシワ、ハンゲショウ、ミソハギ（パピルスやカヤツリなど線形状のもの、水面に円形の葉を浮かべるスイレンやアサザ、球形の浮袋を持つホテイソウ、その他固有の形状をしたものがあり、組み合わせを工夫することで変化に富んだ植栽景観が生まれる。アサザ、ホテイソウ以外は鉢植えにして水中に入れる）
水中〜水辺に植える植物	パピルス、シラサギカヤツリ、ハナショウブ、ハンゲショウ、ミソハギ、セキショウ、カキツバタ
水辺近辺に植える植物	カキツバタ、ハンゲショウ、ミソハギ、クサレダマ、サワギキョウ（在来種・洋種）、シダ
適湿地を好む植物	シャガ、ダイモンジソウ、ニリンソウ、ヤグルマソウ、ギボウシ、クリンソウ

6-2-10 階段と植栽

高低差のある敷地ではスロープや階段の設置が必要になる。玄関前の階段は十分に機能性を考慮したつくりにする必要があるが、庭の一部に設置する場合は、単に移動の手段としてだけのものではなく、造形的魅力を兼ね備えた雰囲気のあるデザインを心掛ける（図6-20）。

素材も自然石を組み合わせたもの、山の遊歩道のように木材と砂利を用いた素朴で簡素なものなど、その庭の印象に合わせて景観の一部に取り込むと、変化のある庭を楽しむことができる。階段の両脇に植栽を施すと、その縦の線と階段の横の線の対比が美しく際立つ。コンテナで階段を飾るのも有効な手段である。

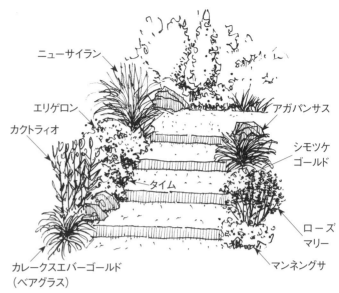

図6-20　階段脇の植栽例

〈縦のラインと香りを意識した階段脇の植栽例〉
- ニューサイラン、アイリス、ラベンダー、立性ローズマリーなど縦のラインが印象的なもの。
- タイム、ミント、カモミールなど触れて香りを楽しめるもの。
- その他、エリゲロンなど硬いイメージの階段をやわらかな表情にするもの。

6-2-11　その他の構築物と植栽

A　照明

エクステリアに用いられる照明には、門灯・アプローチライト・足元灯・スポットライトなど、機能により様々な用途に合わせた照明器具がある。門廻りには門灯を、敷地内から玄関に続くアプローチにはエントランスライトやアプローチスタンドを設置して、玄関へと導く。主庭や中庭では植え込みやデッキなどにも設置する。自然に溶け込み存在を感じさせない足元灯、植え込みの中に設置して樹木をライトアップするスポットライトなどがある。照明機能としての役割はもちろんのこと、夜のガーデンや樹木の梢を照らして眺める楽しみを得ることができる。

B　立水栓

機能としての役割だけでなく、庭の風景と調和したデザイン性のある立水栓は、庭の添景物としても存在感を発揮する。使い勝手を最優先したうえで、邪魔にならない程度の植栽を周囲に施すと、見栄えのする空間になる。シダやセキショウなど水辺に似合う植栽と調和する。

6-3　庭園添景物と植栽

庭づくりにおいては、水平と垂直の要素が基本的な構成となるが、さらにそれに付け加えて、庭の表情に変化を与え、豊かな景観を生みだす添景物がある。これらは庭の主役ではないが、あるものは庭の主要なフォーカルポイントとなり、あるものは庭の散策中に思いがけず目に飛び込んできて、アイストップの役割を果たす。

日本庭園では、伝統的に多くの添景物が用いられてきたが、西洋の庭園でも、ガーデンオーナメントと呼ばれる様々なアイテムを用いて、表情豊かな景観をつくりだしている。また、機能を持ちつつ装飾性も兼ね備えた添景物もある。これらの添景物は、植栽によってその存在が際立つ場合が多く、植栽の役割は見逃せない。

6-3-1 和風の風景をつくる樹種・樹形・下草

仕立て物を中心に構成される和風の庭では、マツ、マキ、モッコクなどの常緑樹が多用される。近景や中景の灌木類（サツキ、ドウダンツツジ、イヌツゲなど）も刈り込んで整形し、全体として統一感のある景色となるように心がける。自然樹形の樹木を仕立て物の中に取り入れる場合は、仕立て物の背景に用いるように配慮することで調和のとれた空間になる。

雑木を主体にした和風の風景をつくる場合は、その新芽、花、実、葉色や幹の表情などの特徴を把握して、建物や庭のテーマに調和した樹種を選ぶように心掛ける。

雑木に合う常緑樹は、マツ、サワラ、アラカシ、シラカシ、ヤブツバキなどが代表的だが、割合としては全体の3割程度が適当だと思われる。雑木の魅力は何といっても四季の表情の豊かさにある。早春から初夏の新緑、真夏の緑陰、鮮やかな秋の紅葉、真冬の木々の梢の姿まで、魅力に富んだ樹種は多種多様である。

表6-11に和風の風景に似合う雑木をリストアップする。

表6-11 和風の風景に似合う主な樹木リスト

区分	樹種	特徴
常緑針葉樹	マツ	築山や門廻りに主木として使われる代表的庭木
	サワラ	目隠しに役立つ高木
常緑広葉樹	アラカシ	庭園の主木　剪定によく耐える
	シラカシ	葉色がやや明るく、株立ちのスッキリした樹形が美しい
	モッコク	主幹がまっすぐ立ち上がり、葉張りが出る樹形。暗緑色の照葉と赤く美しい実が特徴
	カクレミノ	幹が直上し、横枝が張りにくくひょろひょろした樹形が和風庭園に好まれる
	ヤブツバキ	広卵形の樹形で冬の代表的花木。照り葉も魅力
	ナンテン	株立ち状樹形。細い幹がしなやかで赤い実も魅力
落葉高木	ヤマボウシ	野趣に富んだ風情と花・実・紅葉が楽しめる。単幹、株立ちともに美しい
	ヒメシャラ	樹幹の線が美しく、繊細でやわらかな印象
	ナツツバキ	樹皮がはがれて斑になった赤い幹肌と白花も魅力
	モミジ	全体にやわらかな雰囲気で、横張り・立ち・枝垂れと様々な樹形がある。新緑や紅葉が美しい人気樹木
	ヤマザクラ	やや横楕円形の樹形。日本の代表的花木
落葉中低木	ウメ	幹や主枝が太く力強い樹形。花も芳香も楽しめる
	ツリバナ	樹形は傘状でよく分岐する。実が美しく魅力
	クロモジ	樹形は楚々として樹幹もやわらかな雰囲気を持つ
	ミツバツツジ	樹形は株立ちで多数分岐する。早春の花が見事
	ドウダンツツジ	樹形は株立ち状。春の白花と紅葉が美しい
	アジサイ	こんもりとした株立ち状。多品種で色数も豊富
常緑低木	アセビ	株立ち状樹形で花も楽しめる。万葉植物
	アオキ	葉が大きく重たい印象があるが斑入り種は明るい
	ヤツデ	大きな掌状の葉が印象的。斑入り種もある
常緑下草	センリョウ、マンリョウ、ヤブコウジ、フッキソウ、シャガ、セキショウ、チゴザサ、リュウノヒゲ、ヤブラン、ユキノシタ、スギゴケ、クラマゴケ、ツワブキ、シャガ、エビネ	
落葉下草	ギボウシ、フウチソウ、シダ、シラン、イカリソウ、ホトトギス、ダイモンジソウ、ヒメシャガ	

6-3-2 和風庭園のしつらえ・添景物

和風庭園は時代と共に変化し、様々な様式の庭園がつくられてきた。石にも木にもあらゆるものに神が宿ると考える日本人は、自然石を信仰の対象として崇め、石仏・石塔・献灯など仏教の信仰から発生した石造品を庭の添景物として取り入れるようになった。さらに茶の湯の文化の影響を受け、多様な添

第6章 植栽と調和

景物が庭を飾るようになり、和風庭園を形づくっている。

A 石灯籠

石灯籠は日本庭園の代表的添景物で、仏殿前の献灯として寺社の境内に据えられたのが起源である（代表的なものは春日灯籠）。その後、茶の湯文化の発展とともに、茶人好みに自由な感覚で庭系の灯籠がつくられた（織部灯篭、雪見灯籠、山灯籠、朝鮮灯籠など）。灯籠ではないが、仏教の塔婆に当たる石塔類も茶人が好んだもので、庭の添景物として用いられている。

石灯籠そのもの自体を観賞の対象とする場合は、背景に樹木を配し、足元はなるべくすっきりと見せるように据える。背景の樹木はヤマモミジ、ツバキなど、足元には添景物を隠さない程度のシダやセキショウが引き立て役になる（図6-21）。

地表や笠の上には苔をあしらうとなお効果的である。暗示の手法で灯籠を設置する場合は、手前に樹木を植えて、全景が見えないように隠す方法を取る。

図6-21 植栽と石灯籠

B 水鉢（手水鉢）

神社参拝の際、心身を清める作法が水鉢の起源。これが茶の湯に取り入れられ、水鉢の右側に湯桶石、左側に手燭石、前石を配した蹲踞という様式が確立した。これは茶事には欠かせない「しつらえ」の一つであり、茶道にとっては重要な意味を持っている。ただ単に庭の添景物として設置する場合にも、このことを十分理解する必要がある。

蹲踞を設置する場合、背景に石灯籠を組み込んで景観をつくることが様式の一つにもなっている。この場合は蹲踞が主役になるので、蹲踞の背後に樹木があり、その枝葉越しに石灯籠が見えるという景色を意識するとよいだろう（図6-22）。

蹲踞周辺は、足元の景色を引き締める意味からも下草の役割は大きくなる。シダ、セキショウ、ヤブコウジ、シュンラン、ツワブキなどを自然にさりげなくあしらうようにする。小低木ではサツキ、アセビ、センリョウ、マンリョウなど、高さのあるものではツバキ、サザンカ、ナンテン、ヤマモミジ、シホウチク、クロチクなどの竹類が表情のある景色をつくってくれる。

図6-22 植栽と蹲踞

地被類はやはり苔が最大の効果を発揮するが、タマリュウのほうが扱いやすいという利点もある。

C 景石・石仏その他

石の姿、色、質感、大きさなどの要素により、庭の景観を引き立てるものが景石として用いられる。景石は一石でも、複数の石組みでも、添景物としての効果は大きい。

石仏は、阿弥陀仏などの仏像類と地蔵仏（野仏）を彫ったものが多くある。陶器などの焼き物でつくられた埴輪類や、装飾的な瓦類も添景物の一つになっている（図6-23）。

図6-23 装飾的な瓦

景石や石仏なども、そのもの自体を見せたり、視線をとめることが目的の場合は、植栽で隠すことは避け、背後や脇に植え込む。暗示が目的の場合は部分的に植栽で隠すと効果的である。

D　垣根

一般に空間を仕切る機能として用いられるが、全体の美しさや、庭の中で目を引くものとしての効果もあるため、添景物として庭に設置することもある。

日本の伝統的な垣根は竹をメインに、萩やクロモジなどの木の枝といった自然素材を生かしながらつくられている。また、伝統的な垣根の意匠も多くあり、美しい景観をつくりだす役目を果たしている。代表的なものに、建仁寺垣、大津垣、桂垣、金閣寺垣、四ツ目垣、光悦寺垣などがある（図6-24）。

図6-24　添景物としての光悦寺垣

E　その他の添景物（雪吊り、藁ボッチ）

本来は雪を除けるための造作物だが、雪害のない地域でも季節感を表すために装飾的につくる場合がある。日本の伝統的な手法。地域によって様々な様式がある。雪吊りは松に、藁ボッチはカンボタンなどに施し、添景の役割を担う（図6-25、6-26）。

図6-25　雪吊り

6-3-3　洋風の風景をつくる樹種・樹形・下草

洋風庭園の様式は、伝統的な「整形式庭園」と、自然風な「風景式庭園」に大別されるが、風景式は日本の庭にも通じる庭園様式である。ただ、和風の庭に比べて、草花類を多く取り込むのが洋風の庭園の特徴といえる。

代表的な洋風の風景に似合う主な植栽を表6-12に示すが、草花の種類は多種多様でここに挙げたのは一部の代表的な草花に過ぎない。植える場所、開花期、草丈、花色を考慮して調和のとれた植栽計画を立てることが求められる。

図6-26　藁ボッチ

6-3-4　洋風庭園のしつらえ・添景物

A　洋風庭園のオーナメント（装飾品・彫像）

洋風庭園では伝統的にギリシャ・古代ローマの彫像を始め、マリア像や宗教にちなんだ彫像を設置することがある。また、芸術的なオーナメント（装飾品・彫像）も広い空間に取り入れられ、これらはいずれも庭の中で目を引くもの（焦点）として、庭の景観を際立たせている（図6-27）。

彫像を庭全体のシンボルにする場合は、彫像の邪魔をしないように植栽を背後に配置すると樹木が額縁の役割を果たし、彫像を引き立てる効果が生まれる。コニファー類やゲッケイジュ、ヘデラで覆われた壁面などが効果的である。

彫像が庭のアクセントとして設置される場合は、樹木の奥に見え隠れするようにしたり、足元にポイントとして下草をあしらうなどの方法により、全体の調和を図りながら植栽を配することが肝要である。

表6-12　洋風の風景に似合う主な植栽

区分	樹種
常緑針葉樹	イチイ、コニファー類
常緑広葉樹	ヒイラギ、ゲッケイジュ、オリーブ、フェイジョア、レモン
落葉広葉樹	メープル、銅葉スモモ、スモークツリー、ベニバナトチノキ、ハナミズキ、モクレン、シナノキ、ニセアカシア、ジューンベリー、ミモザ
常緑中低木	セイヨウシャクナゲ、カルミア、ビバーナム・ティヌス、ダビディ、グミ・ギルドエッジ、コルディリネ・オーストラリス、スキミア・ルベラ、マホーニア・チャリティ、コンフューサ、ウッドボックス、ピラカンサ、ローズマリー、マートル
落葉中低木	ヒペリカム・ヒドコート、ブルーベリー、オオデマリ、セイヨウアジサイ、バラ、メギ、エニシダ
常緑多年草	アカンサス、クリスマスローズ、アガパンサス、ラベンダー、ゴールテリア、ヒマラヤユキノシタ、イベリス、タイム、ミスカンサス、ヒューケラ、ゲラニウム、アルケミラ・モリス、タツタナデシコ、ユーホルビア・カラシアス系、ヘリクリサム類、アジュガ、宿根ネメシア、サルビア類
落葉多年草	スズラン、ギボウシ、ガウラ、シャクヤク、モナルダ、ルドベキア、エキナセア、カンパニュラ、フロックスパニキュラータ
球根類	スノードロップ、ムスカリ、チューリップ、スイセン、セイヨウカタクリ、ユリ類、リコリス、アイリスの仲間、ダリア、原種シクラメン
一年草	パンジー・ビオラ、スイートアリッサム、ペチュニア、ネモフィラ、ニチニチソウ、ベゴニア、ナスタチュウム、ロベリア、インパチェンス、コリウス、トレニア、センニチコウ、ケイトウ

　庭のデザインを考えるときは、冬の景色を考慮することも忘れてはならない。花もなく、落葉樹が葉を落とした冬景色は、ともすると寂しくなりがちになる。常緑樹を背景にした彫像やオーナメントは、冬の庭を楽しむ大切な役割を果たしてくれる。

B　植木鉢と各種コンテナ（鉢・プランター）

　洋風庭園では様々なコンテナが使われる。多様にある伝統的な様式や形の花鉢が多く、何も植えずに単独の装飾要素としても用いることができる。

　コンテナやプランターに花や緑を飾り付けるといっそう魅力が増し、際立った添景物となる。一鉢でも、複数まとめて設置しても重要な役割を果たす（図6-28）。

直線のパーゴラをくぐり抜けた突当りに設置された彫像。パーゴラが奥行き感を引き出し、正面の彫像が期待感を抱いて向かう目標としての役割を果たしている。背景の常緑樹（イヌツゲ、カイズカイブキなど4)）が額縁となって彫像を引き立てる

図6-27　洋風庭園の彫像

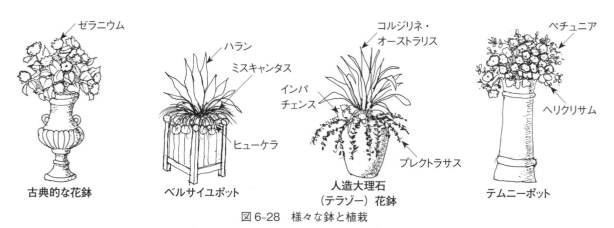

図6-28　様々な鉢と植栽

〈フォーカルポイントとなる印象的な鉢植えの例〉

- ニューサイランやコルジリネ・オーストラリスなど個性の強い植物を中心に据え、カラーリーフ（葉の色の美しいもの）を添えて色彩効果をだす。しだれる植物も加えると、調和のとれた効果的な添景物となる。
- トピアリーは、単純な素鉢に植え込むことで存在感が高まる。イヌツゲ、ゲッケイジュ、キンメツゲなどの樹種を選ぶのがよい。
- ゼラニュウムは扱いやすく、鉢花としての存在感がとても大きい植栽物。近年は種類も色数も豊富に出回るようになった。同色の鉢を並べて、景観をつくっても見事である。

C　ガーデンファニチャー（椅子・テーブルなど）

庭の散策中、あるいは作業の途中にベンチがあるとホッと一休みすることができ、また、椅子やテーブルがあれば、庭で食事などを楽しむことができる。

これらのベンチ、椅子、テーブルなどはガーデンファニチャーと呼ばれ、実用として備えるものだが、庭の添景物としてもその役割を果たす。ベンチやテーブルを据え付けにすると、見た目にもすっきりして、限られた空間でも効率よく収まってくれる。周りの植栽に溶け込めば庭の添景物ともなり、魅力的な空間が生まれる。

庭の散策中に一休みするベンチの周囲に香りのある植物を配すれば、癒やされるだけでなく、アロマセラピーの役目も果たしてくれる（図6-29）。

〈アロマセラピーに使われる植物〉

- バラ、ラベンダー、レモン、ジャスミン（マツリカ）など。

〈香りを楽しむ植物〉

- ウメ、スイセン、クチナシ、キンモクセイ、ロウバイなど。

D　バードバス・鳥の巣箱

庭にバードバス（水鉢）を設置すると、小鳥たちが水浴びをしに集まってくる。近くに巣箱や餌台も設置して、小鳥を呼ぶ庭をつくることができるが、これらは機能面ばかりではなく、庭の添景物としても魅力的な存在となる（図6-30、6-31）。

周囲に小鳥の餌となる樹木を配すれば、バードサンクチュアリの空間が生まれる。

〈小鳥が集まる植栽物、誘鳥木〉

- ハナミズキ、ジューンベリー、グミ、ウメモドキ、セイヨウヒイラギ、ナンテン、マユミ、ニシキギ、マンリョウなど。

図6-29　ツルバラを絡ませたベンチ

図6-30　バードバス

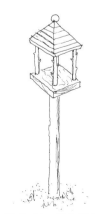
図6-31　鳥の餌台

第7章　植栽の施工

　植栽の施工は、エクステリアの施工の最終段階において、総仕上げの大切な仕事である。建築を含む全体の美しさ、仕上がりの見栄えに大きく関わり、評価の高い作品となるか否かの判断に、大きな影響を与える要素となる。植物の緑と生命力は建物やエクステリアの構造物をやわらかく、爽やかに見せてくれる効果が大きい。また、四季の変化による、緑、紅葉、花、果実の色彩の豊かさは生活環境を潤してくれる。

　植栽は構造物と違い、生き物を扱う。

　植物を掘り取り、根巻き、運搬、植え付け、土壌改良、灌水、支柱、剪定、整姿などの維持管理作業工程の中で活着させ、健康な状態で生かすことが植栽の施工の目的となる。植物を健康な良い状態に保つためには、その特性、植生、生態を知り、生き物に対するやさしさのある手入れ、手当てが必要で、多くの経験と日ごろから植物を良く観察する目が必要になる。

　本章では、植栽の施工における技術、技能の体験により蓄積された手法と、基本的な考え方を説明する。

第 7 章　植栽の施工

7-1　植物の手配

工事に取りかかる前には、材料となる植物の手配が必要である。ここでは、発注から荷受けまでのそれぞれの過程における留意点をまとめた。まず平面図を見て、建物、門塀、施設物等の構成の中で、植栽がどの様に配置計画され、どこにその目的があるかを読み取る。それから材料の拾い出しや整理を始め、立体的な構成も考えながら作業を進める。

7-1-1　植物材料の拾い出しと整理

植栽工事ではまず、設計図書などの内容を把握し、樹種、樹姿、規格寸法を指定して、納入期日や単価などを確認しながら資材業者に見積りを依頼する。

主木や役物などのほか、樹姿の特別なものは畑で現物を見て根の良し悪し、規格寸法、キズや病害虫、葉の色などを確認して決めることが大切となる。資材の単価見積りが出たら、予算と植栽施工の実施計画との突き合せをして、規格寸法などを確認、検討してから発注することになる。

施工者はこれらについて自己管理用の表をつくり、整理しておくと、発注や受け取りの間違いや確認がしやすく、段取りも順調に進む。

自己管理用の植物材料表の例として表 7-1 を紹介しておくが、植物名は和名でカタカナ表示が一般的である。また、最近は園芸品種（同じ樹種の中で品種が様々ある）の注文が多いので必要に応じて表示する。さらに、新品種も多いので、花の色や葉に斑の入ったもの、香りのあるものなどはさらに商品名、学名などの確認も必要になる。

（注）樹形、樹姿、規格の寸法などは、「第 10 章　植栽の積算」を参照

表 7-1　自己管理用表の例（発注日、納入予定日も必要に応じていれる）

＜　○○邸植物材料表　＞

NO.	植物名（品種名）	規格寸法			樹姿（樹形）	数量	単価	価格	備考
		樹高	枝張り	目通り					

7-1-2　材料の発注と引き取り（荷受け）

資材業者に発注した植物の納品単価や在庫、納入の可否が分かったら、施工する見積り価格の採算を検討、交渉して施工工程計画に合わせた納入期日の予定を組み、調整後に発注することになる。

植栽材料は、資材業者から材料の準備ができたとの連絡を受けてから、発注側が取りに行って受け取る場合と、連絡後に納入してもらう場合がある。納入量が多い場合は、資材業者に現場へ搬入してもらうこともあるが、多くの場合は引き取りに行く。

材料は受け取ってから早く植栽するのが理想であるので、荷受け日を決めるには天候の状況や工程に合わせた段取りを考えることが大切である。

荷受けの際には、材料の種類、規格、寸法、数量のほかに、根鉢の崩れ、葉や枝の状態など、品質の良し悪しなども十分に検査し、良質の商品を受け取ることに気を配る。

また、畑の生産者に直接交渉して、自分で掘り取り、根巻きをして仕入れることもある。生産者が根巻きをして仮植したものやポット物、鉢植えの商品を準備している場合は、すぐに取り引きして荷受けできる場合もある。

7-1-3 運搬と品質の確認

積載、運搬、荷卸しの時、積み方などによって荷崩れがあると、根鉢が崩れたり枝が折れたりして商品が傷むので、積載運搬は慣れた人が行うのがよい。

また、材料の品質が悪い状態のものを植栽する場合は、活着するための十分な手当てと、早く植え付ける段取り調整が必要で、迅速な判断と施工が重要である。受け取る時点でしっかり観察して、品質を見定めて対応する。

受け取り時の品質状況を見極めるポイントは次の通り。

- 根鉢がゆるんで崩れていないか
- 幹に傷や傷痕がないか
- 枝折れが多くないか
- 葉が傷んでないか（しおれていないか）
- 病気や害虫がいないか
- 根鉢が乾燥しすぎていないか

A 振るい鉢について

振るい鉢（根と土が分離され、根が空気にさらされている状態の材料）の場合は、まず、移植の適期であること、苗木や幼木、若木であることが最低条件である。根が乾燥しないような養生、梱包がされていて、早く定植できることが大切となる。例としては、サクラ、バラ、果樹の苗木などが挙げられる。

B ポット物について

ポット物では、根や茎、葉が十分生育し、姿、芽数があるかどうかを見ることが必要。伸びすぎて中が蒸れて枯葉が多くあったり、ポット内の根が廻りすぎて詰まっているものは悪いものといえる。特に、灌木類の根がポットの中で周囲に廻り巡って、ポットから抜けづらく、根が固くなってポットの形になってしまったものは、植えた後の育ちが良くない。使う場合は、根を切り直してから植えるとよい（図7-1）。

ポット物の運搬はトレーに入れて行う。多量の場合は棚状の運搬車を使うことや、商品によっては段ボール箱に詰め込み、積み重ねて運搬する。目的地に到着したら早く箱を開けて蒸れないように管理し、乾燥しないように養生、灌水する。

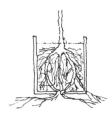

根がポットの外に出て生育したもの　／　外に出た根を切り、そのまま大きな鉢に植え直したもの　／　左図のようなポット物を植栽したもの（地植え）。正常な根系にならず、乾燥に弱い

図7-1　ポット物の植え替えが遅くなってしまったもの

7-1-4 材料の仕入れ方と流通

生産業（栽培）から施主（消費者）にいたるまでの植物材料の流通経路を図7-2に示す。

7-2 植物の栽培

植物を手配する際の材料選択には、その栽培方法を知ることも重要である。また、植物は生き物であるからまったく同じ状態のものはなく、良い材料を選ぶためにはある程度の経験や能力も必要になる。こうした、植物を選ぶうえで必要な知識や要点を取り上げる。

図7-2の材料の流通経路の始めにある生産業のところでは、植物の繁殖から栽培、管理し、植木

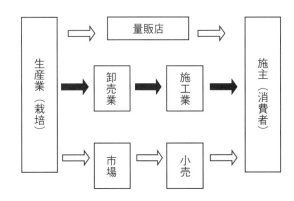

- 生産業……畑、温室、ビニールハウスなどで植物を繁殖、栽培している
- 卸売業……生産者より仕入れて施工業者、量販店に卸している
- 小売業……一般消費者や施工業者に販売している
- ➡　主な流通経路
- ⇨　量販店や市場、小売などを含めた流通経路

図7-2　現在取引されている材料の流通経路

の樹形や根鉢をつくり商品化することになる。したがって、どのように育て管理するかによって品質の良し悪しが決まる。

なお、ここでの栽培は育て方の技法ではなく、根鉢のつくり方の違いによる商品の説明を主とした。

7-2-1 地植え栽培

地植え栽培とは、地面や畑に植物を植えて育てることをいう。生産者から苗を購入して植える場合と、自分で苗木に育てて植える場合があり、繁殖方法には播種、挿し木、接ぎ木、取り木などがある。

栽培は、苗木を植え付けてから、活着させ、剪定管理作業をして樹形や樹姿を整え、目的の材料にするために成長させ成木にする。植木としての価値をだすには根伐り、根廻しなどをして、姿だけでなく根鉢をつくることが大切である。庭で使えるようにするには、移植して確実に根付くような根鉢をつくらなければならない。幹の根元付近に細根を多く発根させておけば、移植に強い植木になり、植木の商品価値が上がる。

植木生産は上記のような栽培が主流だったが、最近（10～20年）ではポット栽培や鉢植えにして、いつでも移植、移動できることで便利さを重視した栽培も多くなっている。

〈育つ過程での名称　図7-3〉
- 苗木……各種繁殖方法で畑に定植可能な材料。
- 幼木……苗木～4、5年くらいの若い栄養成長が盛んな時期の材料。
- 成木……幹や枝葉の繁茂も盛んで花や結実もあり、生殖成長も盛んで樹形もでき上がり、完成度の高い材料。
- 老木……栄養成長は衰退し、幹や枝は太くなっているが、枝葉の伸びは悪く、成長がにぶったため樹形も悪くなるが、幹の風情は時の経過による味わいが増す材料。

幼木・苗木（2～5年）
幹も細く枝数も少ない。
根の数も少なく細い

若木（5～10年）
幹も太っているが枝数は多くない。樹冠の形ができ始めるが枝が立上がる傾向がある。根張りが出て、根も太く細根も多くなる

成木（10～50年）
幹も樹冠も成熟する。根張りも完成し安定感もある。根系も複雑で、地上の枝と同じように伸び細根を広げている

図7-3　樹木の名称と樹冠・根系

7-2-2 ポット、鉢植え栽培

ポット（鉢植え）栽培は、下草類、草花類に多く、樹木では苗木類（1～3年くらいまで）に用いられている。

植木鉢を単純に英訳するとフラワーポット。一般的にポリポット、ビニールポットと呼ばれているも

のは小さな花物などを植え込み、生花店の店先に並んでいる。少し大きい樹木でも鉢（ポリポットで見栄えの良いものも出回ってきている）に植え込み、持ち運びに便利な商品として手軽に扱いやすくなってきている。

A　ビニールポットなどの規格

植木鉢やビニールポットの「直径」を表現するときに使う単位に「寸」「号」がある。鉢を地面に置いたときに、上の方、つまり土を入れるようになっている口が広い方の直径を指す。基本は寸＝号であり、1寸は3cmとして計算する。すなわち、3号鉢は3寸ポットもしくは3寸鉢、直径9cm。10寸は10号、尺鉢で直径30cmとなる。

ビニールポットやプラスチック鉢は、設計した寸法どおりにできあがるので誤差はないが、テラコッタ鉢などの焼き物は個体によって誤差が生じる。ちなみに焼き物の場合、号数は鉢の外側（外径）で決められているようだ。焼き物にはある程度の厚みがあるので、その厚みも含めた直径で号数を決めているようである。

B　ポット（鉢植え）栽培の利点・欠点

ポット（鉢植え）栽培には、植木のポット栽培から徐々に鉢を大きくして育てたものや、畑で成木に育てたものを鉢に植えて管理したものもある。以下にポット栽培の利点と欠点をまとめた。

〈利点〉
- 小さなスペースで栽培可能。
- 移動可能。
- 庭以外でも栽培できる（熱帯性の観葉植物は、冬に室内で栽培ができ、鉢植えに適している）。
- 大きさのコントロールが可能。

〈欠点〉
- 乾燥しやすく水やり回数が多くなる。
- 強風や台風などにより、転倒の可能性がある。
- 成長が地植えに比べて遅くなりやすい。
- 場合により、植え替えの作業が必要。
- 大型の植物には不向き。

7-2-3　ポット栽培と地植え栽培の比較

ポットや鉢物は四季を問わず、いつでもすぐ運搬できて、すぐに植栽できる点が優れている。また、地面でない所に鉢のまま置いて、樹木（緑）、花木、下草などに使えることが大きな利点である（図7-4）。ただし、扱いやすい反面、管理、特に水やりは必要以上に手数がかかり、植え替えは5〜10年ごとに必要となる。

地植えものの場合は、移植の適期を考慮した庭の工事を行わなくてはならない。発注後、資材業者が掘って根鉢を巻いてから買うことになるので、少し時間がかかる。ただ、植木市場や園芸店では、移植の適期になると根鉢を巻いたものが多く出されるので、鉢物と同様にすぐ求めることもできる。

大きな樹木は、地面でないと育てられない。また、

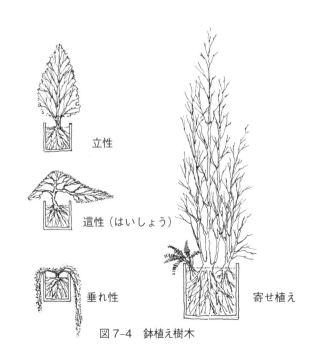

図7-4　鉢植え樹木

大量の種類と多くの本数が必要な場合には、管理の面でも地植え栽培が有利である。まずは地面で育ててから移植し、ポットや鉢に植えて育てるのが現実である。

ポット栽培と地植え栽培には、それぞれに長所と短所があるが、急ぐ工程、短期工程の多い現代の工事に対して適合するために、なくてはならないのがポット（鉢植え）栽培の商品といえる。

施工作業からみたポット（鉢植え）栽培と地植え栽培の比較を表7-2にまとめておく。

表7-2　ポット栽培と地植え栽培の作業別比較

作業		栽培		
		植木・地植え	植木・鉢植え	草花・苗木ポット
移植作業		適期選ぶ	いつでも良い	いつでも良い
根巻き作業		必要	不要	不要
栽培作業	植え付け	土・手間早い	鉢植え・手間掛かる	鉢植え・手間掛かる
	灌水	少ない	必要・手間掛かる	必要・手間掛かる
	材料	不要	鉢・用土	ポット・用土
	除草	必要	少ない	少ない
植え付け		そのまま	鉢除去	ポット除去
価格		安	高	号数に依る

7-2-4　植物の商品価値

植栽するための材料となる植物を選択するには、能力が必要であり、この能力が高いことをメキキ（目が利く）という。良い商品を選ぶ目を持った人のことである。経験と実践、熱心さが大切で、どのような判断をしているのか、メキキの目の付け所について列記するので、参考にしてもらいたい。

A　樹形、樹姿
- 根元（芝付き）から梢の先端までの調和が良い。
- 幹の模様と枝の配置・長さの調和が良い。
- 枝葉の密度と透き度合いが良い（種による違いあり）。
- 計画している場所に適した条件である（寄せ植え、独立樹）。

B　根鉢の良し悪し
- 移植後に何年経過しているか、移植後の枝先きの伸び具合。
- 樹齢は何年くらいか、根元径の太さと根鉢のバランス。
- 枝葉の緑の濃さと伸び具合（根の荒れているものは濃い緑色、移植されているものは黄緑色）。
- 根鉢の巻き方としまり具合、水分の含み具合。
- 根鉢の周辺に細根が発生していて、良くしまっている。

C　病虫害、傷
- 枝葉や幹に傷、害虫痕がないか確認。
- ポット物の場合は、ポットの周りや底に細根が廻っているか確認する。廻っていない場合は未熟不良。根が多く廻りすぎても不良だが、その場合は、底根や廻りの根を切り開いて植えることが大事。
- 大きい鉢植えポットの場合で、鉢周りに太い根が回り付いているときは、根を切り直して植えないと樹齢が短くなり、乾燥に弱くなる。切り直しは移植適期に合わせて行う。

7-3　植物の移植、技法

庭づくりに際し既存樹があり、移植が必要となる場合は、植木は掘り上げて、根巻きをして移植する。ここでは、掘り取り（掘り上げ）と根巻きの施工手順を示す。

根巻きには次のような方法がある。

- 安行巻き……比較的小さな根鉢に用いる巻き方で、両手で軽く持てる重さに適している。
- ミカン巻き……一人で持ち上げるには少し重い根鉢に適し、根鉢を置いたままで巻く。巻き上がりがミカンの皮をむいた形に似ている。
- 揚げ巻き……根を巻く時、植物の根を地上に持ち上げて巻く方法。
- タル巻き……立ったままで植木の根鉢を巻く方法。

7-3-1 掘り取り（掘り上げ）

掘り取りの施工は次の手順で進める（図7-5に全体の概要）。

①下枝をし折り（透引）、幹に巻き付ける（図7-6）。
②上鉢（表土）をすき取り、根元を出す。
③幹の根元（ジギワ）の周囲をナワ（ヒモ）で測って切る。ヒモを2つ折りにして、根元周りに片側を合わせて円を描く（根鉢の直径は幹の直径の約4倍）（図7-7）。
④描いた線に沿ってスコップを外に向けて浅い根を切り、外にはね出すように掘り根鉢の外周を決める。
⑤掘りやすい幅（最低スコップの幅）で側根を切りながら掘る。根の伸び方が横向きから縦下向きになるまで垂直に掘り進める。
⑥下向きの根が多くなったら、斜め横下向きに鉢の底をさぐるように掘り、中心に向けて根鉢の周囲を回りながら掘り進める（図7-8）。

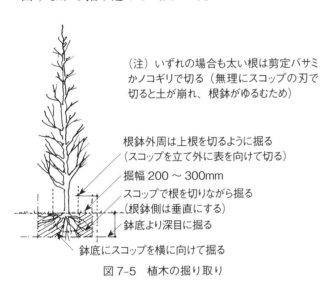

図7-5 植木の掘り取り

図7-6 下枝をし折った姿

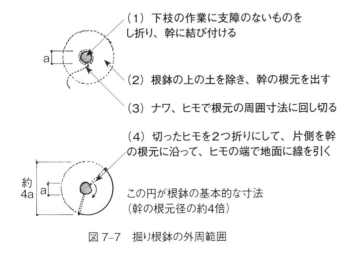

図7-7 掘り根鉢の外周範囲

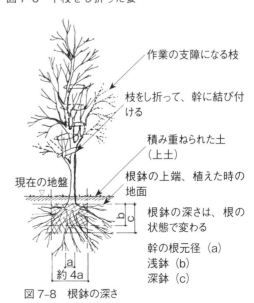

図7-8 根鉢の深さ

⑦鉢の中心部に直根や下向きの根を少し残し、樹冠が倒れないところでやめる。
⑧ナワ、コモ（ジュート）を用意して、ナワ、コモの順番に地面に置く（図7-9）。
⑨根鉢の底にある根を切る（スコップで切れない根はノコギリやハサミを使う）。
⑩根鉢を崩さないように準備したナワ、コモの上にそっと置く（ナワの短い端部の方に、枝部の先を向ける）。

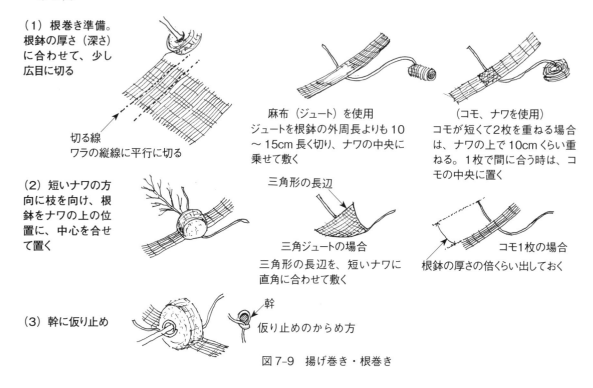

図7-9　揚げ巻き・根巻き

7-3-2　根巻き（安行巻き）

①～⑩（「7-3-1　掘り取り」）の後、次の手順で仕上げる（図7-10）。
⑪コモ（ジュート）を根鉢に巻き付ける。

〈1巻目〉
⑫ナワの短い端を60cmくらい見えるように引き出し、ナワの両側を両手で軽く持ち上げる感じで締め付けて交差する。

〈2巻目〉
⑬緩まないように長いナワの手を鉢底に回しながら、1番目のナワに60度ずらし交差する様にして、両手のナワで持ち上げて根鉢を回転させる。そこで両手をしめる。

〈3巻目〉
⑭さらに60度ずらし⑬と同じ繰り返しで締め付けて、イボ結びで結束すると根巻き作業の仕上がりとなる。

〈安行巻きハッ掛け〉
　さらに同じ方法で、十文字を半分に割るようにしてナワを掛けて、十文字をダブらせる。鉢底から見て4本のナワが均等に掛かって、8等分していれば正しい掛け方。しっかり締めてイボ結びで結束し、均等にきれいに仕上がると根鉢が緩まず、商品価値も高くなる（図7-11）。
　根鉢が少し大きくて緩みやすい場合に使う（締め方は安行巻きでナワの掛け方はミカン巻きと同じ）。

7-3-3　根巻き（ミカン巻き）

①～⑩（7-3-1　掘り取り）の後、次の手順で仕上げる（図7-12）。

第7章　植栽の施工

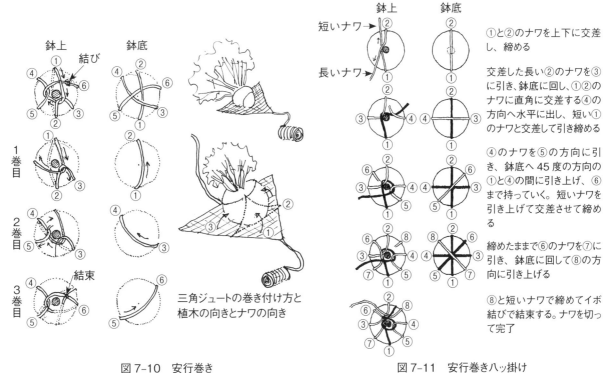

図7-10　安行巻き

図7-11　安行巻き八ッ掛け

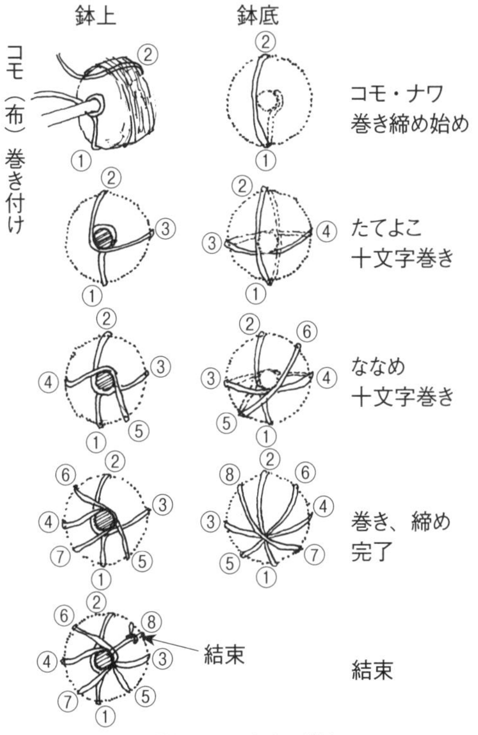

図7-12　ミカン巻き

〈コモ（布）巻き付け〉

⑪ナワの短い方を少し引き出し、幹の根元に巻き仮止めをする。その端は鉢の径と同じくらい余らせておく［図7-9（3）幹に仮り止め］。

〈コモ・ナワ巻き締め始め〉

⑫コモ（ジュート）を根鉢に丁寧に巻き付け、長い方のナワを持ち鉢底から引き上げる。コモが緩まないように締めながら鉢の上部までゆき、片手で引きながら、もう一方の手で軽く叩きながら締める。

〈たてよこ十文字巻き〉

⑬鉢の頂部から幹の下方に向かって引き下げ、直角に幹に掛けて、水平方向に引き出す。

⑭そのまま鉢底に回して、初めの立方向のナワ（図中鉢底①〜②の方法）に直角に交差させ、片手の手で引きながら、もう一方の手でナワを叩いて締め付ける。

〈ななめ十文字巻き〉

⑮そのまま鉢上まで水平に回し、幹の上を通り直角に掛けて下方45度に曲げて斜めに下げる。前のナワの十字の間を通るように鉢底に回し、引き上げながら叩いて絞め付ける。

〈巻き、締め完了〉

⑯斜め先端で同じ方向に下がり、幹に直角に掛けて逆45度斜め方向に引き上げ、鉢底に回り同じ方向に引き上げながら叩き締める。

〈結束〉

⑰そして、鉢底から上げ締めたナワと、幹に仮止めした先を引き出して根鉢の横あたりでイボ結びをし、2、3cm余して切れば、仕上がりとなる。

第7章　植栽の施工

(1) 表を外側に向けて描いた根鉢の縁にそって上から突き刺して細根を切る

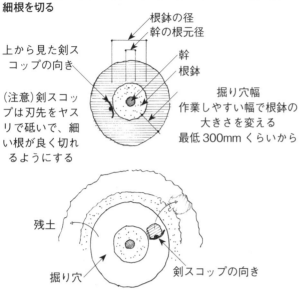

(2) 掘り穴に対して直角に刃を立て、片足で踏み込んで掘り、残土は外側に置く。細い根はスコップで切れるが、少し太いものは剪定ハサミやノコギリで切る（無理してスコップで切ると根鉢がこわれて崩れる）。根鉢は垂直に掘り、円筒形にする

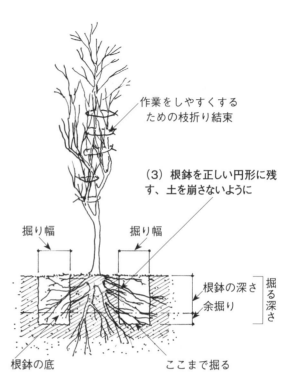

(3) 根鉢を正しい円形に残す、土を崩さないように

図 7-13　タル巻きの掘り取り

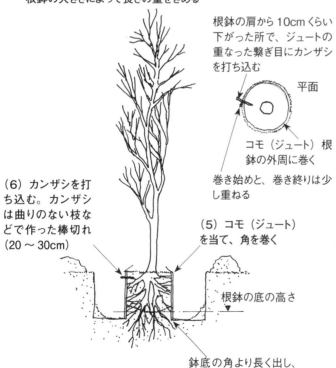

(4) ナワ、コモの準備
　　ナワを2重にとる
　　根鉢の大きさによって長さの量をきめる

根鉢の肩から10cmくらい下がった所で、ジュートの重なった繋ぎ目にカンザシを打ち込む

コモ（ジュート）根鉢の外周に巻く

巻き始めと、巻き終りは少し重ねる

(5) コモ（ジュート）を当て、角を巻く

(6) カンザシを打ち込む。カンザシは曲りのない枝などで作った棒切れ（20～30cm）

鉢底の角より長く出し、底まで廻せるように残す

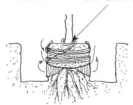

(7) 2重取りしたナワの先端をカンザシの先に掛けて引きながら回し、コモ（ジュート）を押さえて緩めないで1回りずつ、もう1人がコノキリ（木槌）で叩き締めてゆく。始めは2、3周重ねて、その後は5～10cm間隔を空けて巻き締める。最後は2、3回重ねて引き上げて、幹に仮止めする

(8) その後、巻いていない下のコモをはね上げ、一重のヒモで仮止めする

(9) 鉢底を剣スコップで上を切り崩し、根が出たら、ハサミ、ノコギリで切る。鉢底が崩れないように静かに行う

図 7-14　タル巻きの根巻き

7-3-4 タル巻き

①〜⑤（7-3-1 掘り取り）まで同じ。次の手順で仕上げる。

⑥下向きの根が多くなっても、さらに垂直に深く掘り下げる（図7-13）。

⑦ナワは2重にして、コモは鉢の高さの1.3〜1.5倍くらいの幅で準備し、コモを巻き、仮止めする。

木の枝でカンザシを打ち、ナワを掛けるが、1巻き目は鉢の肩から5〜10cmくらい下がった位置から始め、水平に回す。

普通は、引き手の人がリードし、もう一人がコノキリ（木槌）でナワに沿って引き手の方に送るように叩くが、最初は弱めに叩き、根鉢が崩れないように加減する。

2、3周重ねるように寄せて、その後は5〜10cm離して巻く。鉢底の角の位置の少し上で止めて2〜3巻き重ね、最後は斜めに引き上げる。

鉢上端の角でしっかり叩き固めて、幹の根元に仮止めする（図7-14）。

⑧樹木の幹の仮支え（専門用語でトラを張るという）として、樹高の1/2〜2/3ほどの高さからロープを使って2、3方向に張り、倒木を防止する。

⑨長めに残したコモのすそを跳ね上げて、鉢底の角で折り曲げ、1巻きで水平に仮止めする。

そして、スコップを使って、タル巻きした最下部の横から斜め下方向に鉢底の土を探るように削り取り、回りながら奥の鉢底中心に向かって掘り込んでいく。

根の太いものは、ノコギリやハサミで切り、根鉢が崩れないように掘る。中心部の根や土は、樹が倒れない程度に残しておく。

⑩コモの仮止めを外し、根鉢の底面に差し込むように下に曲げ入れる。

⑪幹の根元に仮止めした2重のナワを緩めるが、この時、叩き手は鉢の角のナワを緩めないようにコノキリで押さえる。引き手は2本のナワを交差しないよう平行に持ち、強く引いてリードする。

叩き手はリードに従って意気を合わせてナワの上を叩き、伸ばし送るような気持ちで角を強く叩き締める（ナワの掛け方は図7-15による）。

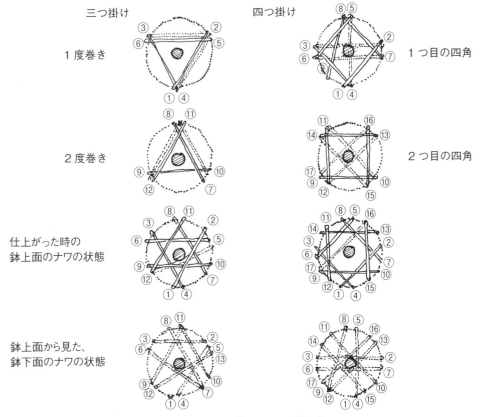

図7-15　タル巻きのナワの掛け方

最後は引き上げ角を決めて、交差した鉢の外周辺の平面で結び締め、外周をぐるりと1周して結ぶと完成する。

⑫巻き終わったら、根鉢の中心部までスコップで削り、根を切る。仮に張ったロープを緩めながら徐々に倒すか、クレーン車で幹に養生の当て布をして、スリングで吊りながらロープを外すが、倒してから鉢底を掛け結んで仕上げる場合もある。

〈用語解説〉
- コノキリ……小さな木槌。根鉢を巻き締める時にナワの上から叩いて締める。
- 養生……材料や施工中の植物を保護したり傷をつけないように手当てすること。
- 根鉢……移植の時、根を切る位置、土と根を巻いた鉢の大きさ。

7-4　植物の植え付け

植木材料を手配して搬入されたら、植え付けを行う。

なお、庭や畑にある植木を掘り上げ、搬入して植え付けすることを移植といい、配置された場所に土を掘り、木を植える作業を植え付けという。移植して植え付ける、この2つの作業で植栽されたことになる。そして、活着を確実にするためには根を乾燥させないで早く水ぎめをきちんと行い、根を土に密着させることが一番大切である。移植後は活着を促す維持管理をして、生育をよくし、健全な植物で美しい環境を保つ庭をつくっていく。

7-4-1　振るい鉢の植え付け

振るい鉢の若木・苗木は、根と土が分離されて、根が空気にさらされている状態の材料。植え付けは次の手順で行う（図7-16）。

①振るい鉢は、若木で苗木として畑から多量に掘り上げる材料。移植の適期に行われ、根が乾燥しないように養生する。

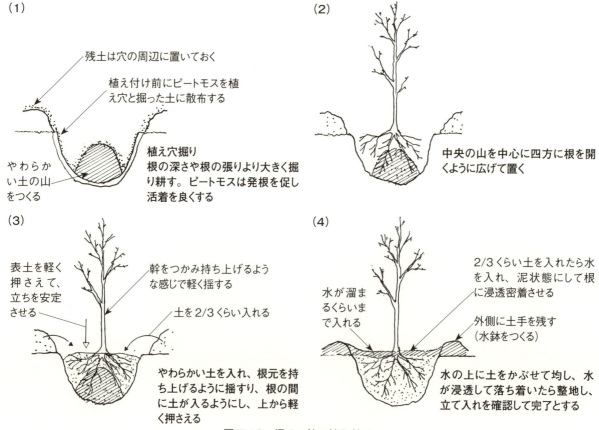

図7-16　振るい鉢の植え付け

②地面・庭内で植え付けの位置を決める。

③苗木の根元から発根している長さや量をみて、大きめに植え穴を掘る。

④土の状態を確認しながら掘り、根に直接接する土を柔らかく細かくしておく。必要があれば土壌改良を行う。

⑤植え穴から掘り上げた土に、ピートモスを散布しておく。

⑥根の長さより深めに掘った植え穴の中央部を、少し高くしておく。高くした山の頂部に苗の根を開いてのせる。その時、樹形を見て見付け（木の正面）の方向を決める。

⑦掘った土を根にかぶせる。苗の根元を持ち軽く持ち上げながら揺すると、根と根の間に細かい土が入り込んで、根を安定させる。さらに土を入れる（全体の2/3くらいの量。植え穴が全部埋まらないくらいにする）。

⑧残りの土を、掘った穴の外周に高くしてから水を入れる（灌水した水が外に出ないようにするため、「水鉢をきる」という）。

⑨根元に水をやる。水鉢から外に出ないように、幹の根元を持ち、少し上げると水が根の中に吸い込まれていく。さらに水をやり、外廻りの土手の中に水がいっぱいになるまで入れる（土手より外に出さない）。

⑩水が根の周りにしっかり浸透したら、周辺の土を水鉢の中に入れて軽く押さえる。

⑪見付けの方向から見て、真っすぐに幹が立っているかを見る（さらに、見付けから直角となる方向からも幹の立ちを見る）。

⑫根元の水が引いてから、地表面を足で軽く踏んで根元の土を押さえ、地面を整地して仕上げる。

7-4-2　ポット物の植え付け

ポット（鉢植え）物は、以下の手順で植え付ける（図7-17）。

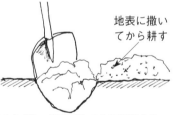

（1）植え床が堅い時は耕耘してから植える。必要に応じて地表にピートモス、腐葉土、改良材などを散布してから耕すと良く混ざりやすい

（2）植栽範囲を軽く踏みながら、整地をしてから植栽する（地盤の造形）

（3）計画に従ってポットの位置を決める

（4）植え穴を少し大きめに掘る

（5）左図

（6）葉の向き、開きを見て方向を決め、土を入れ両手で土を押さえて安定させ、地均しをする

※株元に土を寄せて、株元をしめるような押さえ方でなく、根の外側を上から軽く押さえた感じで葉や茎を中心に寄せつけない植え方が好ましい。葉や茎が野山で見るような自然な形で植えられるとよい

（7）全体を植え終えたら、地盤全体の整地をして灌水する

図7-17　ポット物の植え付け

第7章　植栽の施工

①植え付け位置を決める。
②根鉢の大きさよりも大きく深く掘り、土は穴の周囲に置く。土壌改良が必要な場合は、既存の土と改良材（ピートモス、パーライト、バーミキュライト、燻炭、腐葉土など）を混ぜておく。

〈樹木の立て込み〉
③-1　ポット、鉢から外して根鉢を植え穴に入れる。樹形、枝張り、下枝、梢を見て向きを決める。周囲の土を半分くらい入れる。根鉢の高さはGL（地面の高さ）と同じにするか、高くするか、深くするか検討する。

〈下草、草花の植込み〉
③-2　ポットから外して根鉢を穴に入れる。草丈、葉の向きなどにより位置を決め、根元に土を入れて高さを調節しながら、倒れない程度に手で軽く押さえる。ポットや地面が乾き過ぎている場合は、水ぎめすることもあるが、通常は整地してから水を散布する。

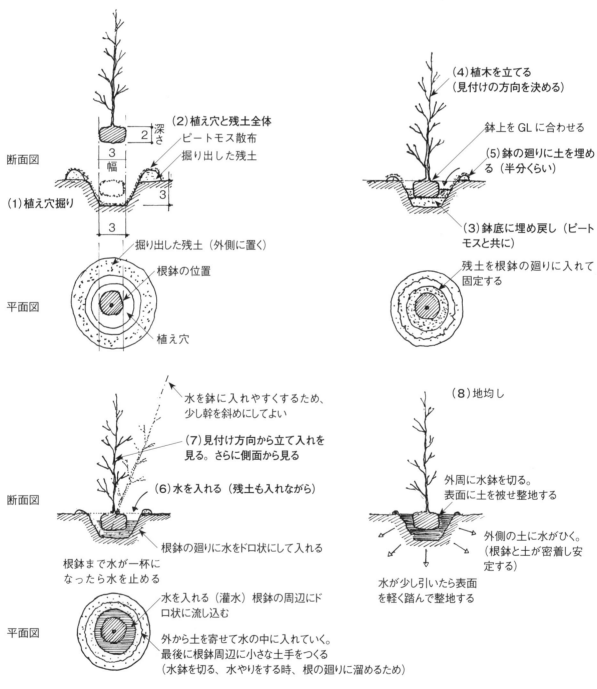

図7-18　根巻き物の植え付け・水ぎめ

④植え穴と根鉢の周辺に水を入れながら、土を泥状にして鉢底まで廻るのを確認する。少し高く残してある周辺の土の外に、あふれない程度まで水を入れる。根鉢の周りに水が溜まったら土をかける。鉢の周辺に土手を残して、上部を軽く押さえる。この時もう一度、幹が真っすぐ立っているか、立て入れを確認し、水が引いてから足で軽く踏み、根鉢を安定させる。整地して水鉢をきり、仕上げる。

7-4-3 根巻き物の植え付け

根巻き物とは、畑から掘り、ナワ、コモ、ジュートで根鉢を巻いたもの(「7-3-2 根巻き(安行巻き)」「7-3-3 根巻き(ミカン巻き)」「7-3-4 タル巻き」を参照)。植え付けは次の手順で行う(図7-18)。
①植え付け位置を決める。
②植え穴掘りは「7-4-2 ②」と同じ。
③植木の立て込みは、根鉢を巻いたナワ、コモ、ジュートはそのままにして植え穴に入れ、「7-4-2 ③」と同じにする。根鉢に巻かれているナワ、コモなどは3～6カ月で腐食して土となる。

7-4-4 土壌改良と養生

A 土壌改良

土壌改良とは土の表土を改良すること。植物の根に直接接し、生育に関わる土の部分だから、まず耕耘することが大切である。そして、土の程度の良し悪しの判断をする。

良い土とは、保水と排水が保たれる団粒構造の土といわれるが、表土300mmくらいの土ではなく、その基盤の土や岩、近くの沼などの排水の良し悪しと表面の排水勾配の影響の方が大きいと思われる(詳しくは「1-1-3 植物にとって良い土壌とは」を参照)。

植栽での活着のためには土の表土の管理が大きく影響する。腐葉土、チップ、ワラ、ピートモス、植物性粉砕物などを、植栽した樹木の土の表面に散布して保水を高め、微生物や小昆虫生物の共存を進めるような土壌改良を心がけ、樹木の生育能力を高めるような養生を行えば効果が大きい。

B 支柱養生

強風などにより根が切れたり、土に空洞ができて枯れやすくなるので、支柱で養生して倒木を防ぐことも必要になる(図7-19)。普通の樹木では3年間も経てば活着するので、それ以降はできるだけ早く

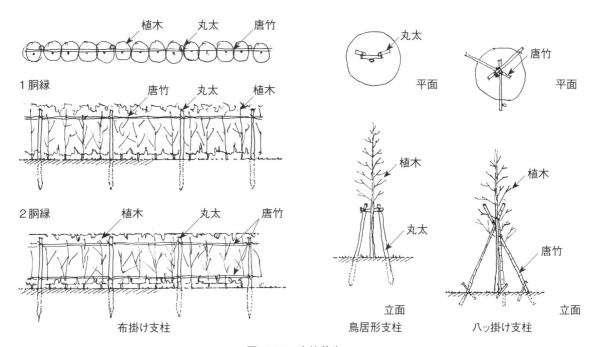

図7-19 支柱養生

外して自然状態にすることが好ましい。根鉢が大き目で、しっかりした材料の場合、風当たりの弱い所での植栽は、支柱をしないこともある。

C　灌水管理（保水養生）

植栽後、水を切らさないことが大切。1カ月以内に1度でも水が切れると枯れることになる。仮に助かったとしても、元のようには回復しない。

夏季の高温で乾燥している時は、夜中にホースを根元に置きっぱなしにして、少しの水を点滴のように出しておくと、土の奥深くまで水を浸透させることができるので、有効な方法の一つである。

また、剪定枝をチップやパウダー状にして植栽の周囲に散布し、敷き込んでおくことにより保水力が増す。地表からの蒸散を防ぐので、水やりが少なくてすむ。さらに、腐葉土化するのが早く、土壌改良（ミミズ、微生物、菌類などの生物共生）の環境改善には効果絶大である。

植物の根は菌類と直接的、間接的に結びついて、根の分布よりさらに広域で水分の供給を受ける能力があるようだ。長い年月を経た雑木林が、私たちの身近にある良い例である。

7-4-5　自然、野趣的な植栽の場合

一般的な花壇の植栽では一定の形や線、一定の高さを主に同じ材料、同じ間隔で植えるが、野趣的な庭では造形ではなく、いかに自然に近く見えるかの感覚が大切となる。私たちの近くにも自然に育っている野草、植物は沢山あり、その環境を参考にするのが一番である。その際に必要となる視点には次のようなものがある。設計段階での把握、検討と思うかもしれないが、施工段階でも十分な検討や考えが必要となる。

- 周辺にある樹木の構成、隣り合う植物との関係。
- 地形（地模様）と施設の関係。
- 土質と水分などの環境、維持管理条件。

7-4-6　仕上げと確認

植栽工事では、1本、1本の植え付けについてのみの技術論になりやすいが、設計図、設計意図による理解をくみ取らなければならない。植物と植物の間合い、高低差、明暗などの構成によって配置が異なってくる。仕上がり前の剪定技術も出来上がりに大きく影響する。

これらを踏まえ、仕上げと確認について、全体への心配りを怠らないことが大切である。

①設計図の配置と全体の構成。
②隣り合う植物や施設との調和（植物を植え、活着させて育てる技術は、他の植物と全く変わらないが、同じ間隔、同じ高さなど、繰り返しをしないことが大切である）。
③植栽による明暗と奥行き（見え隠れ）。
④見付けからの梢、枝先の高さの構成。
⑤樹木類の剪定整姿の出来と間合い。
⑥下草、地被類の仕上がり（草花、下草、地被類の植栽は、最後の仕上げ工事。ここで、今までの工事でどのような結果がでているかを判断しておくことも大切である）。
⑦植物の状態の把握と養生。

7-5　植え付け後の管理

植物を植え付けた後、健康な状態に保つためにはその後の管理が大切である。それぞれの植物の特徴を知り、生き物に対してのやさしさのある手入れが必要になってくる。ここでは、主な事項と要点についてまとめた。

7-5-1 灌水と活着

A　灌水

　植栽での技術的な目的は活着することである。そのためには、植栽が完了して引き渡した後も含め、水やりが植え付け後の樹木にとって一番大切な作業となる。植え付けてから3週目までにおける、灌水の主な留意点を以下に挙げておく。

〈植えてから3週間〜1カ月間は乾燥状態にしない〉

- 1週目……毎日灌水し、表土がいつも濡れている状態を保つこと（雨の日はやらない）。
- 2週目……根鉢の表面の土が白く乾いたら、朝か夕にたっぷり灌水する。
- 3週目〜1カ月……植物の葉や芽に異常が見られなければ、毛細根が発生して吸水できる状態と思われる。特別な乾燥状態でなければ、表土が白く見えて乾いていたら灌水する普通の管理でよい。

〈夏季乾燥期／根鉢の状態の悪い物〉

- 1週目……根鉢の上にホースの先を置き、少量の水を1日中出しっ放しにする（少量の水を長時間出していると土の奥深くまで浸透する）。
- 1週目〜2週目……上記と同じ方法で、1日のうち夕方に水を出し、朝方に止める。
- 2週目〜3週目……葉や芽が元気な状態か見て、表面が白く乾いていたら灌水する。
- 4週目以降……乾燥のひどい時に灌水する程度の普通の管理でよい。

　なお、庭全体の土が乾燥している場合には、水が出たままホースの口を移動して各樹木の根元に置き、順番に水をやると土に深く浸透して、蒸散の少ない効率の良い灌水ができる。

B　活着の時期

　落葉樹、常緑樹、針葉樹、竹類によりそれぞれ異なるので、樹種に合わせた移植時期の選択が活着には大切である。

〈落葉樹〉

　落葉樹は、秋に紅葉してから春に発芽するまでの休眠期（冬季）が適期で活着しやすく、その後の生育も順調となる。若木や苗木であれば、根から土を振るい落としても移植できる。ポット物や鉢物の植え替えも、落葉樹はこの時期に行える。

　同じ落葉樹でも紅葉してから、その年内に行った方が活着率がよいのがモミジ、カエデ類であり、逆にウメのように花の咲く時期（2月〜3月）の方がよい種類もある。モミジは寒さにむかう時季、ウメは暖かさに向かう時季と違いがある。

〈常緑樹〉

　常緑樹は寒さが弱まり、暖かくなる2月末から4月ころまでの発芽する前後が適期となる。真夏は避けて、秋は9月中旬〜10月くらいまでとし、あまり寒くならないうちがよい。これは、活着するまでの余裕が欲しいからである。

〈針葉樹〉

　最近の温暖化の影響もあり、針葉樹は2月中旬〜6月ころまでが適期。根を切っているので、発芽した新芽は蒸散を防ぐために摘み取った方がよい。一般的に秋季も行われるが、春季より活着率が悪い結果が出ている。根鉢の良い物、ポット物、鉢植え物を使用した方がよい。

〈竹類〉

　竹類は梅雨期がよいと一般的にいわれるが、時期を選ぶというよりも乾きに弱いので、そういわれているようだ。移植前日に、十分に灌水して掘り取り、乾燥しないように養生すれば大丈夫である。

7-5-2　支柱や幹巻きを外す時期

　支柱の目的は、台風や季節風の強い風によって倒されるのを防ぐために行われているが、修景からす

ると目障りになるので、必要なければ早めに除きたいところだ。そこで問題となるのは、植物は植えてから何年くらいで強い風に耐えられるかということ。新しい根は、良い条件であれば1年に1m前後伸び、2年後には根元の径が直径20mmくらいになる。そこで、3年を目途として周囲の環境、土壌、気候条件などを考慮しながら取り外す時期を決める。

支柱を除去せずに、樹木の障害となっているものを多く見かけるが、景観だけでなく樹木のためにもよくないので、5年以上の支柱は不要と思われる。いつまでもあると幹にこぶができたり、根の発達に支障があるようだ。

幹巻きの目的は、幹の保護（直射日光、水分の蒸散、寒暖、傷から守る）にあるが、1年して枝葉の量が増えれば保護の役目はほとんど完了している。病害虫の温床になりやすいので早めの除去が望ましい。

7-5-3　土壌管理と活着の観察

一般的には、土壌管理というと土の良し悪しや耕耘、改良材、堆肥、肥料などを施すことだと思われているが、庭内や緑地内には地被、下草、灌木類があるので、耕耘などの作業はできない。

そこで雑木林の腐葉土の状態を庭の中に取り入れた土壌管理を行いたい。日ごろの剪定作業で出た枝葉や落葉を粉砕して表土に散布し、腐葉土層を毎年積み重ねることで土壌をつくる。

ミミズ、昆虫、微生物、菌類など、生物多様性の環境が生まれて土壌改良が進む。植物との共生により生態系の調和がとれ、植物の健康も維持されることになる。

毎年土壌管理をしながら植物の生育状況を観察し、枝葉の張り方、伸び方から地下の根を想像して活着状態を把握することが大切である。そして養生の必要性の判断をして施工を行う。

7-5-4　剪定、整姿管理と庭づくりの意識

植栽が完了して、引き渡した後の管理では、建築物やエクステリアと植栽のバランスを保つこと、庭の構成と景観を保つことが重要である。植物は毎年成長し、増殖するため、剪定の維持管理を毎年行うことで景観を保っていく。

手入れをする業者は、この植栽の設計目的、景観目的を理解したうえでの剪定作業、除草作業、下草、地被の管理作業を行わなければならない。庭づくりの時と同じような感覚を持ち、「どう剪定したら設計目的に近づく手入れになるか」を追求することが大切である。庭をつくる時は次々と樹木、材料を加えていく「プラスの庭づくり」に対し、手入れする作業は全く逆に、枝を切り詰め、透かし、枝葉の数を少なくする作業になるから「マイナスの庭づくり」といえる。

管理と手入れは、庭づくりと同じ能力に加えて、植物の生態や性質、生育、気候環境など多方面からの知識に基づいた技術、技法が必要と考えられる。つまり、剪定作業はただ枝葉を切るだけの目的ではなく、庭づくりと同じ意識、感覚を持って行う（剪定の方法などは「8章　植栽の管理」を参照）。

7-5-5　病害虫への対応

植物の種類や取り付く病害虫により、その対応は変わってくる。しかし、完全に虫を防除することはできない。ここまでに述べた土壌管理を一番の目標とし、元気で病害虫に対して耐性のある植物に育てることや、虫が付きにくい環境を整えておくことで予防していくことが大切である。

ここでは、病害虫対策としての基本的な事項をまとめておく。

A　早期発見、防除

植物の異常を見付けたら、原因を早く探り対処することが重要となる。害虫（卵、幼虫、成虫）は手（手袋）で捕り処分する。病状を見付けた部分は切除処理するとともに、枯葉、枯れ枝も除去する。

代表的な病害虫についての対策を挙げておく。

〈チャドクガ〉

春と秋の1年に2回発生する。ツバキ類につきやすいが、シャラ、ヒメシャラにもつく。

ツバキ類は新芽部をよく見ると、卵からかえったばかりの小さな幼虫が食べている。食べられた新芽の枝の下方の葉の裏には、幼虫が寄り添って並んでいる。その葉をハサミで切り取り、触らないでそっと袋にいれて処分する。

剪定作業中の注意も必要。幼虫の毛や脱皮した抜け殻の毛が人の皮膚に付着すると、湿疹のようにひどく痒く荒れる。被害が広がりすぎて、抜け殻が多い場合は、剪定時、片付け時の付着を避ける防護の服装で作業し、体内に入らないようにする。

〈カミキリムシの幼虫〉

テッポウムシともいう。モミジ、カエデ類、果樹類、ドウダンツツジ、ハナミズキなどにつきやすい。

幹の中に穴を掘り食害するので、枝が折れたり、枯れたりする。健康な木、枯れた木、伐採された木の全てにつき、その木で成虫になって外に出る。

穴を開けた木くずが落ちているので見つけやすい。その穴に殺虫剤、木酢などを注入し、粘土、ドロで穴を塞いだ後、幹をビニールテープで巻き上げて穴を密閉すると効果がある。

幹の根元の周囲の皮（形成層）をぐるりと食べる種もいる。この種は早く見つけないと樹が枯れてしまう

〈カミキリムシの成虫〉

羽で飛ぶようになると細い枝の皮を食べる（6～7月頃）。伸びたばかりの枝が枯れているのはこれが原因。

また、マツガレ病の原因であるマツノザイセンチュウの媒介役でもある。身体に付けたセンチュウ（線虫）を6、7月頃に運び、小枝を食害時に、傷から侵入したセンチュウが増殖してマツを枯らす原因となっている。

B　農薬散布

病害虫が大発生した時の対処に農薬散布があるが、完全に防除できるものではない。また、個々の庭では使用を避けるのが望ましい。

使用の際は殺菌、殺虫かを確認し、処方をよく読んで使用する。近隣への飛散や影響を考慮して、養生をしっかり行ってからの施用が必要。予防的散布は、効果のある、なしの差が大きいので、病害虫が発生してから対処する方が安全である。

C　酢、木酢、ハーブ

様々な商品が出回っている。主なものに、有機木酢ニーム液、有機竹酢ハーブ液、熟成木酢液があるが、他にもトウガラシ、ニンニク、酢などに水を加えて薄めた液をつくり、一定期間ねかせた後に使用したり、コーヒー、牛乳を利用したものもある。まずは、実験してみて効果をみるのがいいだろう。

D　虫除け効果のある植物を植える

以下に、主な植物を挙げておく。

- センテッドゼラニウム
- タンジー（キク科の多年生草本）
- シナモンバジル
- ラベンダー
- レモンバーム
- 蚊嫌草
- レモングラス
- 除虫菊
- レモンユーカリ
- タイム
- ミント

7-5-6　健康な植物の育て方と環境

よい環境の例として挙げられるのが、里山や雑木林である。農業の分野で自然栽培と呼ばれる農法も、雑木林の成り立ちを参考にして説明されている。そこには農薬や化学肥料の使用や使い方が、自然、生

活環境に悪影響を与えていることを心配する視点がある。そうした視点から住環境、エクステリアの施工でもできることを挙げてみる。

①土の面積をできるだけ残し、植物と他の生き物との共存を考える。
②雑木林ように表土の腐葉土層を維持できるように意識し、健康な土づくりを進める
③植物の落葉や剪定枝を土にかえし、腐葉土にする

　このうち③の腐葉土をつくる方法としては以下の3つがある。

- 庭の決めた場所に枝葉や落葉を積み重ねて腐葉土をつくる。
- コンポストなどに混入して腐葉土をつくる。
- 腐葉土化したものを庭の表面に散布してひろげる。

　腐葉土は、植えたばかりの植物や衰弱ぎみの植物の地表周辺に撒くと、活着が良くなったり、勢力が増したりする。

　こうして庭の土づくりを3～5年すると、土がやわらかく変化してくる。

　1年でも積み重ねた枝葉の下には虫や菌類が発生し、分解が始まるので土の表面が改良されているのが分かる。ぜひ、良くなった土を確認してもらいたい。この土づくりが生物共生や環境改善、植物の健康維持に大きな力を与えることになる。

　エクステリアを施工し、完成度が高く、よい住環境をつくりあげるためは、ハード面のみでなく、植物を生かす土を健康な状態で保ちながら維持管理することが大切である。

第8章　植栽の管理

　植物は生き物であるため、植栽も植えたら終わりではなく、季節に応じた日常的な管理を行うことによって健全に生育する。エクステリア空間の中でよりよい緑の環境を形成するために必要となる剪定、灌水、施肥、除草、病害虫への対策など、主な年間の管理項目について、樹木と草花に分けて基本事項や留意すべきことをみていく。

8-1　樹木の剪定と整姿

　剪定とは美観、樹形維持、風通しと倒木防止、病害虫予防などのために、樹木の不要な枝葉を切ることをいう。整姿とは樹形を整えることで、樹木の目的や機能、その他の樹木とのバランス、生育を考慮して行う剪定の一環である。

　樹木は周囲に幹や枝葉を伸ばし、しっかりと根を張って安定した栄養状態を維持し、バランス、樹勢を保って倒木を防ぎながら生育する。しかし、樹木を剪定をせずに放置した場合は、年々繁茂して旺盛に生育するため、樹形が悪くなるばかりでなく、樹冠内の環境悪化による病害虫の発生や枝枯れ、強風による倒木の原因になることもある。毎年剪定を行うことにより、不要な枝や古枝を切除することは樹木の負担を軽減させ、より健全な新しい枝を多く出させる。果樹や花木の場合、適切に剪定することは、より多くの果実の収穫や、多くの開花につながる。

　また、日常管理では、剪定や整姿を行うことで庭園での全体的なバランスを調整し、樹形維持と美観を保っている。エクステリアでは、枝張り（葉張り）や樹高を調整して暮らしやすい空間をつるための剪定作業も行う。

8-1-1　剪定時期

　剪定時期は、樹木の生育サイクルに合わせて、適切な時期（適期）に行うことが重要であり、適期は樹木の休眠期がよいとされている。ただし、エクステリアの場合は、住む人の要望により剪定を行うこともあるので、専門家はいつの時期であっても、施主の注文と樹木の生育に合わせた剪定技術が必要とされる。

　以下に主な樹種ごとの育成期と剪定時期を示す。

A　針葉樹

　針葉樹は4月～10月にかけて生育する。特に春芽は成長が旺盛なために樹形を崩しやすいので、一定の大きさや樹形を保つためには、4月～6月の春芽の処理（剪定）が必要になる。また、11月～12月ごろに枯枝や枯葉の除去と剪定を行う。

B　常緑広葉樹

　常緑広葉樹は年間を通じて生育するが、冬季はやや生育が鈍くなる。剪定は年間を通じて可能だが、新芽が旺盛となる3月～4月、台風到来による倒木防止を目的とした8月～10月、整姿程度であれば12月～2月が適期となる。

C　落葉樹

　落葉樹は4月～10月にかけて生育する。11月には落葉を始め、3月まで休眠するが、剪定はこの休眠時期である11月～3月が適期となる。生育が旺盛で整姿が必要となった場合は、7月～8月に作業を行うこともできる。

D　花木

　落葉花木は11月～3月に、常緑花木は3月～4月に剪定を行うが、剪定時期に花芽が形成されている場合が多くある。剪定の際はむやみに枝を切らず、花芽となる芽を切らないように注意しながら不要な枝を切り、樹形を整える。萌芽以降は生育開花させるが、花後には整姿を行う。

E　果樹

　家庭の庭に果実のなる木を植えることは、近年盛んに行われている。果樹にはカキ、リンゴ、ブルーベリーなどの落葉果樹と、ミカン類、ユズ、ビワなどの常緑果樹、キウイ、ブドウなどのツル性果樹がある。基本的には、落葉果樹は休眠期である12月～2月に冬剪定を行い、ツル性果樹の場合は剪定と誘引を行う。常緑果樹は、寒さが明けた3月に剪定する。

　剪定は開花枝を残し、その他の枝を整理して切除する。春以降に新芽が伸びてきたら、不要な芽をか

き取る。花が咲きすぎた場合は「摘花」、開花後に実がつきすぎた場合は「摘果」を行い、より充実した果実を収穫するために実の数を制限する。

ただし、家庭の果樹は大量の収穫を目的とする果樹園ではないため、樹形、花や実の観賞も重要になる。庭木としてのバランスや調和を保ちながら、毎年実がなるように樹形を整え、剪定と整姿を心がけるようにする。

8-1-2 切除すべき枝と種類

剪定は、基本的には樹木の生育や美観を損ねる不要な枝を切り、形を整えることが目的である。また、病害虫被害を多く受けた枝は、薬剤散布防除の効果を上げることを目的として剪定することもある。樹木剪定では、剪定すべき不要枝をより分かりやすくするため「忌み枝」として名称を付けている（図8-1、8-2）。

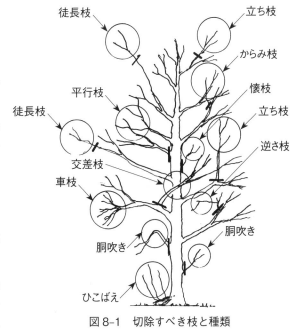

図8-1 切除すべき枝と種類

- 徒長枝、立ち枝……上方に伸び、樹勢が強い枝、樹形を著しく乱す。
- ひこばえ……株元から発生する複数の枝。本体の樹勢を弱める。
- 胴吹き……幹の不定芽から出る細枝。樹勢衰弱が原因の場合もある。
- 交差枝、逆さ枝……内側へ伸びる枝。樹冠内で枝がからみ、美観を損ねる。

図8-2 忌み枝

- からみ枝……狭い場所に多く出た細枝。枝がからみ、枝枯れの原因となる。
- 平行枝……平行して伸びる枝。良い枝を残し他方を剪定する。
- 懐枝……樹冠内部で発生する生育不良の小枝。
- 車枝……1カ所から複数の枝が出たもの。間引き、剪定を行う。
- 閂枝（かんぬき枝）……対生に出る枝。どちらかを間引き、剪定して樹形を整える。

8-1-3 剪定方法、生垣の刈り込み

剪定には大きく枝を切る「枝おろし」、樹形を整えて風通しをよくする「枝透かし」、伸びた枝を切って樹形を整える「切り戻し」、生垣や玉物（玉つくり）、トピアリーなどの整形を目的とした「刈り込み」がある。

一般に、発芽期の新芽を剪定する場合と、伸長しきった枝を切り詰めて一年間に伸びた節間を短くし、葉の量も少なくして樹冠を小さく維持する方法がある。その他、中間の枝を間引いて樹間や樹下の明るさを調整することで、心地よい空間をつくりだす透かし剪定がある。

A 枝おろし

数年放置した樹木を小さくするための剪定。また、根を切って移植する際の活着をよくする目的で、樹勢を弱めないために行う。大きく太い枝を、付け根から切り落とすため、剪定時期や木の健康状態によっては、かえって樹勢を弱めることになるので、慎重な判断が必要になる。

剪定は、樹皮が剥がれないように注意して、枝の下から半分程度の切り込みを入れた後に、上から切る。切り残しがある場合には、付け根をさらに切りなおす。切り口が大きくなった場合は、樹内へのウイルス侵入などが樹勢衰退の原因となるので、切断面には抗菌癒合剤を塗るなどの処理が必要になる。

B　ノコギリを入れる順番

枝付け根よりやや離れた場所を下から切った後、少し枝先の部分を上から切る。最後に枝の付け根から切り直しを行う（図8-3の1〜3）。切り口が大きい場合は、抗菌癒合剤などを塗って腐敗を防止する（図8-3の4）。

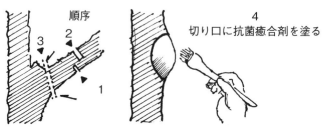

図8-3　枝おろしの切る順番と処理方法

C　枝透かし

エクステリア空間の風通しと日照を確保するために、また、樹冠内の蒸れを防ぐことで病害虫発生を抑制するために行う。さらに、枝透かしによって枝の美しさも際立ち、樹形も整うので、剪定技量が最も問われる作業である。

透かしの度合いにより「大透かし（ノコギリ透かし）」「中透かし」「小透かし」の3種類がある（図8-4、8-5、8-6）。

- 大透かし……ノコギリ透かしともいい、不要な古枝、太い枝を大きく切って間引き、樹形全体の骨格をつくる。
- 中透かし……「大透かし」と「小透かし」の中間程度の剪定。樹冠を形成するために行う。
- 小透かし……伸びすぎた枝や、混み合った小枝を切り、枝葉を間引く。樹形の整った木の仕上げとなる剪定。

D　切り戻し

伸びすぎた枝を切り、新芽を出させる剪定。強い切り戻し（極端に短く切ること）は樹勢を弱めるこ

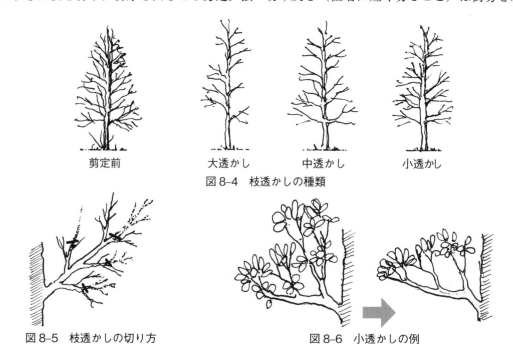

図8-4　枝透かしの種類

図8-5　枝透かしの切り方　　　図8-6　小透かしの例

とがあるので注意して行い、樹形を整える程度にとどめて開花の促進、枝葉の更新を促す（図8-7）。

E　刈り込み

樹勢が強く、枝葉が細かく密な樹種を対象に、刈り込みバサミなどで樹形を整える剪定（図8-8）。仕立てもの、玉もの、生垣などで刈り込みを行う。イチイやサワラ、コニファー類のような針葉樹、サツキ、マサキなどの広葉樹などが適している。刈り込みは樹形が乱れたら行うが、通常は年2回（初夏、秋）、花の咲くサザンカやサツキなどの刈り込みは必ず開花後に行い、花芽を切らないように注意する。

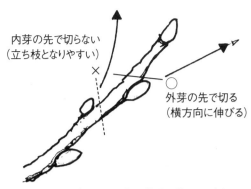

図8-7　切り戻しで切る位置と芽の選び方

剪定ノコギリ
太い幹や枝を切る

木バサミ
直径1cm位までの枝を切る

剪定バサミ
受け刃と切り刃がある。直径2cm位までの枝を切る

刈り込みバサミ
片手を固定して、利き手を動かして刈り込みを行う

図8-8　剪定で使用するノコギリ、ハサミの種類

F　生垣の剪定

生垣の刈り込みは側面から行う。また、樹木の上部の枝は萌芽力が強く、下部は弱いため、上部はしっかりと強めに剪定し、枝の樹勢を見ながら下から上に向かって刈り込む。その時に、上部が狭くならないよう垂直に切り、どっしりと安定した生垣に見えるように仕立てる。

＜生垣の刈り方＞

両側面を先に刈り込み、天端はその後に行う。刈り込みバサミは、利き手を上にすると刈りやすい（図8-9）。

側面の刈り込みは腰の高さから始め、次に上部に向けて刈り込み、その後、下部に向けて刈り込んでいく。大切なことは、側面が垂直に見えるように真っすぐ刈ること。そのためには、刈り込み中でも、ときどき生垣から少し離れて眺め、垂直になるように修正しながら刈っていくが、ハサミの刃を刈る面に対して平行にするときれいに刈れる。

両側面の刈り込みが終わったら天端に移る。その際に水糸や細いヒモを張って目安にすると直線、水平をきれいに刈り込むことができる。天端は前年の刈り込み形や、建物の水平線などを目安に仕上げる

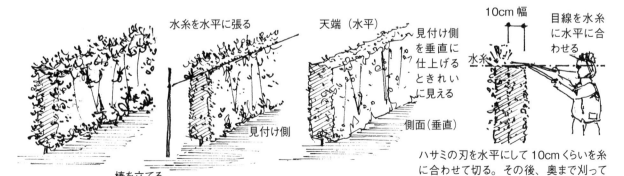

図8-9　生垣の刈り込み

ことが多い。主となる見付け(正面から見える面)側から水平に刈っていく。

刈り込みバサミには表裏があるので、生垣の側面では表側を使い、生垣の天端は水平に刈るために裏面を使用する。

G 仕立物の刈り込み

刈り込み剪定には、灌木の単植刈り込み、玉形仕立て(玉もの)、角形仕立て、寄せ植え仕立てなどがある(図8-10、8-11、「2-2-1 自然樹形」図2-3も参照)。刈り込みバサミ、木バサミなどで行うが、中高木の単植刈り込みの高所は、キャスターやハシゴなどを用いる。

図8-10 刈り込み剪定1　　図8-11 刈り込み剪定2

H 玉ものの刈り方

玉ものの刈り込みは背景や隣り合う木、施設などとの関係も考慮しながら、高さと枝張りの大きさ、丸味の形を決める(図8-12)。

刈り込みは天端の自分側より始め、左右に曲線を描くようにしながら枝下まで刈る。それから、刈り進めて丸味を出す。続けて、樹木の反対に回り込んで刈り進めて丸味を出すと全体が仕上がってくる。仕上げは枝下のすそ(裾)部を少し中心方向に切り込ませて刈り、垂れさがった枝も切っておく。

全体が刈り終わったら、ホウキで切り枝や葉を払い落し、飛び出ている枝をきれいに刈り揃えて仕上げる。

図8-12 玉ものの刈り込み

● 玉もの

玉もの(玉つくり)は、剪定によって人工的につくられる半円形の樹形。太く強い枝は、刈り込みの内部で深めに剪定し、小枝や小葉で表面を仕上げると美しい半円形になる。刈り込みバサミは裏面を使うと、きれいに仕上がる(図8-13)。

● 散らし玉(玉散らし)

枝先の枝葉を玉のように剪定し、樹木全体にバランスよく玉を配置する樹形。日本庭園で用いられる剪定技法で、ツゲやマキ、キャラボクなどに用いられる。不要な太い枝を深く切りながら、左右のバランスと仕上がった時の全体の大きさをイメージして、毎年剪定を繰り返しながら樹形を仕上げていく(図8-14)。

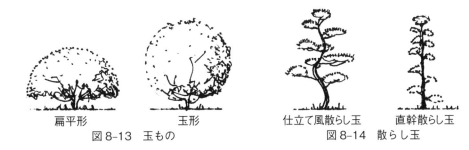

図8-13 玉もの　　　　図8-14 散らし玉

● 大刈り込み

　修学院離宮（京都市左京区修学院藪添）などにみられる、数種類の樹木を混植、あるいは、寄せ植えをして、一つの大きな塊のように刈り込む剪定技法。生育状態を考慮しながら刈り込みすぎに注意し、植栽全体の形を整えるように剪定する（図8-15）。

図8-15　大刈り込み

I　大きくなりすぎた樹木の剪定

　樹木が大きくなりすぎた場合は、残す幹を決め、その他の枝はすべて根元から切る（図8-16）。

J　灌木の枝の更新

　毎年数本の古枝を切り、新しく出た枝に更新しながら樹木を若返らせる（図8-17）。

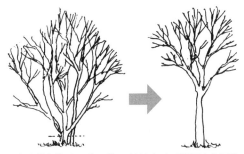

図8-16　大きくなりすぎた樹木の剪定

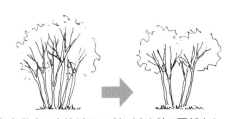

図8-17　灌木の枝の更新

K　しだれの剪定

　落葉樹の剪定時期は11月〜3月。樹形を崩す徒長枝や内向きの枝、さらに、交差枝やからみ枝などの不要な枝を切り、樹形を整える。しだれる種類の樹木は下へ枝を伸ばす性質があり、上向きの枝であっても成長するにしたがい枝が下がって落ちていく。そこで、下向きに伸びる枝はすべて切って上向きの枝を残し、上から枝がゆったりと下がっていくような樹形になるようにする（図8-18）。

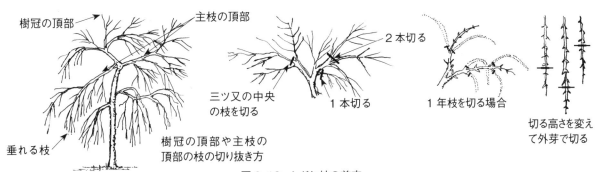

図8-18　しだれ枝の剪定

8-2 その他の樹木管理

剪定と整姿以外の樹木管理としては、樹木の成長に大きく関わる土壌づくり、寒さや雪などへの対応がある。ここでは主な管理事項について述べる。

8-2-1 灌水

植栽時に順調に土壌に活着すれば、その後は特に灌水の必要はない。ただし、雨が降らずに乾燥が続くことで樹勢が弱くなる場合は、必要に応じて灌水する。その場合は、木の根元だけでなく、根が広がっている周囲全体の地面にたっぷりと行う。

8-2-2 施肥

一般的に、樹木の施肥は寒肥として1月～2月、追肥として8月～9月ごろに行う。寒肥には緩効性有機肥料を施し、追肥にはリン酸、カリウム成分が多く配合された粒状配合肥料を適宜施す（詳しい施肥方法は「8-6 施肥」を参照）。

8-2-3 エアレーション

植栽から数年が経過すると、樹木周辺の土が踏圧などで固くなることがある。固くなった土は排水が悪くなり、土の中の酸素も少ないために根が呼吸できなくなって生育が悪くなる。そうなると、根からの養分が十分に行き渡らなくなるので、樹勢も衰える。その対策としては、土の中へ空気と養分を供給し根や樹勢の活性化を図るエアレーションを行う（図8-19）。

エアレーションパイプは、長さ150cm程度、直径10cmの割り竹（割って節を抜いて組み合わせた竹筒）や塩化ビニル管にドリルで数カ所穴をあけ、筒の中にパーライトや砕いた木炭、緩効性肥料などを詰めたもの。これを、根が伸びていると思われる範囲の周辺に深さ100cmほどの穴を掘り、数カ所埋め込むことで根や樹勢の回復を図る。エアレーションパイプの周辺も完熟堆肥などを混ぜ込むことで、より根の生育が活性化される。

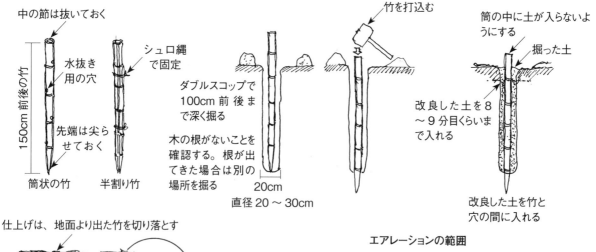

図8-19　エアレーション

8-2-4　防寒・防雪

秋季から冬季にかけて植栽や移植を行った樹木や、耐寒性が弱い樹種には防寒が必要な場合がある。

防寒作業として一般的な「幹巻き」は、ワラ、コモ、寒冷紗などを幹あるいは木全体に巻き付けて冬の間養生し、芽吹きの時期に外す。

また、日本庭園における伝統的な防寒・防雪技術としては、常緑小低木にワラをかぶせ傘のようにして雪を防ぐ「ワラボッチ」や、北海道や北陸で行われている枝折れや雪対策としての「雪つり」がある。「雪つり」は金沢・兼六園では冬の風物詩になっており、防雪だけでなく景観の一つとしても毎年行われている。

また、株元をバーク堆肥などで覆い、根を凍害から守るマルチング作業も、防寒対策として効果的である。

8-2-5　樹木保護としての支柱

支柱は、樹木新植時や移植時などに強風による倒木防止として、また、新しい根の発生や活着の安定を促すために設置する。

支柱設置は、樹木保護の役割上から大変重要だが、美観を損ねたり、樹木の成長とともに幹に食い込んで生育を阻害したり、支柱の経年劣化により腐ってくることがある。強風に耐えられるぐらい樹木の根が張り、自立できるようになるまで生育したら、支柱は取り外す。支柱の取り外し時期は、樹木の大きさや成長の度合い、樹勢により違ってくるが、植栽後5年経過したころを目安とする。

8-2-6　移植の時期、作業方法、注意点

移植は、適正な位置に植栽されず、周囲の植栽との調和が取れない場合や、生育が著しく悪い場合、隣地に枝葉が強く出てしまい剪定を繰り返さなくてはならない場合など、特殊な事情があるときに行う。樹種によって移植に適した時期があり、適期以外の移植は樹木に大きなダメージを与えるので、作業時期は慎重に選択する（表8-1）。

基本的には移植しなくてもよいように、周囲の環境に配慮した植栽計画や、設計、施工時の慎重な樹木の位置決めが重要だが、やむを得ず移植をする場合は、移植先の植え穴を先に掘り、根鉢を崩さず、乾かさないように養生しながら移植作業を行う。その際、不要な枝葉は剪定し、蒸散による木の衰弱を防ぐために水を散布して水分補給をする（移植作業の詳細は第7章を参照）。

表8-1　移植の適期（関東標準）

	1月	2月	3月	4月	5月	6月	7月	8月	9月	10月	11月	12月
針葉樹		(萌芽前)2月上旬～4月上旬							9月下旬～10月下旬			
常緑広葉樹			(萌芽前)4月上旬～4月下旬			(梅雨期)6月中旬～7月中旬						
落葉樹			(萌芽前)3月下旬～4月上旬							(落葉後)10月中旬～11月中旬		
竹類	(地下茎の成長が始まる前)2月上旬から3月中旬											

8-3　草花の管理

草花は種類により管理方法が違うため、注意深い観察と速やかな管理により美観維持が可能になる。病害虫の早期発見、花柄の処理、追肥などの日常管理を行い、管理スケジュールを立てて実施することが重要である。

第 8 章　植栽の管理

8-3-1　灌水

　草花の 80 〜 90％は水でできており、草花が健全に生育・開花するために水は不可欠である。水が不足すると乾燥としおれにより衰弱し、枯死に至ることもある。根から吸収された水は栄養分を運んだり、蒸散作用に使われる。水が不足すると植物にとっては大きなストレスとなって花数が大きく減り、期待した花景観とならなくなってしまうので、灌水は注意して行う必要がある。

　灌水は重要な日常管理であり、基本は適切な灌水方法、灌水回数を守ることである。さらに、植栽時には土に有機質を混ぜて保水性を高めること、乾燥を防ぐために定期的にマルチングを行うことなどの労力を削減する工夫も必要である。

A　灌水方法

　灌水の方法には、主に自動灌水と手撒き灌水の 2 種類がある。

①自動灌水

　スプリンクラーやチューブによる灌水があり、土や植物の乾き具合に関係なく、全体に均一な灌水を行う。スプリンクラーは芝生や広い面積での灌水に適しており、水圧によってノズルを回転させて円形や、ノズルが左右に動いて矩形に散水する。

　チューブには散水タイプと滴下タイプがある。散水タイプは、チューブ内の水圧によりチューブ周辺に水を散水するので、やや広めの面積でも手軽に灌水することが可能である。滴下タイプは、花壇や植栽に小さな穴をあけたチューブを設置し、その穴から水が少しずつ浸み込むように時間をかけて灌水する。細いチューブや枝分かれしたものは、高所や立体修景に使用する鉢やハンギングバスケット（吊り鉢）などへの灌水も可能となる。

②手撒き灌水

　ホースの先にハス口を付けて灌水する。目視により土の乾き具合を見極めて、植物ごとに必要量を灌水できる。

B　灌水の注意点

①タイミングの見極め

　植物が地中の水を吸い上げて順調に生育するには、土の内部までしっかりと湿っていることが必要である。灌水の目安は、土が乾燥して土色が白っぽくなった時であり、この時の土は握ると水分がほとんどないので、固まらずに崩れる。雨後で地表面が濡れていても、軽く掘ってみて土の内部が乾いている場合には、植物は水枯れを起こしているので、日ごろの観察が大切になってくる。

②灌水回数

　冬季は週 1 〜 2 回程度、それ以外の時期は気温や植物の生育に応じて週 3 回〜毎日行う。植物の水分要求が少ない休眠期である冬季に灌水量が多いと、土も湿ったままになるために根腐れや、根が凍害を起こすことがある。反対に、気温が高く生育期である春〜夏季は蒸散も激しく、根の水分要求も高いので水やりの回数は多くなる。天候により 1 日 2 回の灌水が必要となることもあるので、自動灌水なども使用し、効率よく灌水を行う工夫が必要となる。

③灌水時間帯

　午前 10 時〜正午までが理想である。それ以外の時間、例えば、朝と夕方のどちらが灌水に適した時間帯かと問われれば、葉の蒸散が盛んな朝の水やりが植物にとってはよいといえる。真夏以外の夕方の灌水は葉が湿ったままとなり、病害虫の発生を誘発しがちなため、極力避ける。真夏については、日中の非常に暑い時間（炎天下）の灌水を避けることが重要。葉焼けや葉の傷み、蒸れによって植物が弱るからである。

　灌水量が少ないと植物が水分不足となり生育が悪くなるだけでなく、地表面が湿るだけで土の内部まで水が浸み込まないので、根が浅くなる原因となる。根が浅くなると倒れやすく軟弱になってしまう。

逆に水の量が多すぎても根腐れを起こす。

　地中までしっかりと水が浸み込むには15ℓ/m²の水が必要であり、これは雨に換算すると15mm/h程度の強い雨に相当する。目安として、土の表面から深さ5～7cmまでが湿るくらいまで灌水すればよいということになる。

④その他の注意
- ホースを使う場合には、ハス口または手で水の勢いを和らげ、植物を水圧で傷めないように注意して灌水する。
- 炎天下での灌水は避け、朝もしくは正午までに行う（真夏はすぐ乾くので夕方も可）。
- 水枯れで植物が弱ってしまった場合は、炎天下を避けてたっぷりと水を与え、鉢の場合は日陰に置いて養生する。

C　雨水の貯水

　灌水には多くの水が必要となる。建築面積が100m²程度の住宅の屋根に降る一年間の雨量は130tともいわれている。環境にやさしい植栽管理をするうえでも、雨水を集めて貯め、利用することは積極的に行うべき灌水方法でもある。雨水利用では次の点に注意する。

①雨水に光を当てないこと。光を遮断し、藻の発生を防ぐ。
②ボウフラなどの虫がわかないよう、貯水タンクは密閉すること。
③貯水タンクの底にたまった泥や汚れを清掃できる仕組みであること。

　雨どいから集水できる「雨水タンク」は各メーカーから多くの種類が販売されている。ステンレス製やプラスチック製のもの、樽型などデザイン性の高いものも増え、貯水量は個人庭園の場合で200～300ℓ程度が一般的である。

8-3-2　花柄摘みと切り戻し

A　花柄摘み

　花柄摘みは、終わった花や枯れた花を除去して、次の花を早期に次々と咲かせる作業である。

①花柄摘みの効果

　開花が終わった花を放置すると種子が形成されるため、次の花が付きにくく、体力も消耗する。また、著しく見た目が悪くなるほか、カビや病害虫発生の原因にもなる。美しい花壇や植栽の維持管理のためにも、花柄摘みはこまめに行い、開花サイクルを促進することが重要である。

②花柄摘みの回数と方法

　花が咲いている時期は、毎日、花柄摘みを行うのが理想である。特に花数が多いものはこまめに作業することで、その効果は大きくなる。枯れた花はハサミで切る、あるいは、手で直接つまんで除去する。花は種類によって咲く順番や蕾の付き方が違うため、一つ一つの花を切る場合と枝ごと切る場合がある（「2-3-2　E　花の形」図2-15を参照）。いずれの場合もよく観察して行う。枯れた花は株元に落とさずに場外処分する（図8-20、表8-2）。

図8-20　花柄の切り方

第8章 植栽の管理

表8-2 花柄摘み

花柄の切り方	パンジー（花で切る）	サルビア（穂・房で切る）	アジサイ（枝で切る）
植物例	ガーベラ、マーガレット、デージー、パンジー、マリーゴールド、プリムラ、ペチュニア、トレニア、ニチニチソウなど	キンギョソウ、サルビア、ジキタリス、デルフィニューム、ラベンダー、ルピナス、ストック、ゼラニウムなど	アジサイ、キク、クレマチス、シオン、ダリア、ヘメロカリス、アイリス、アガパンサス、ボタン、カンナ、バラなど
注意	一つ一つの花を切り、控えている蕾を咲かせる	枯れた花を取りながら、おおむね咲き終わったら穂または房ごと切る	枯れた花を切りながら、おおむね咲き終わったら枝ごと切る

B 切り戻し

切り戻しは、株が大きくなりすぎたことによる生育不良を解消する手段なので、無理に行う必要はない。植物の生育状態を見て、蕾が次々とつく場合には行わない方が順調に開花する場合もある。また、日照や根の状態により、枝葉の片側だけが伸びた場合には形よく切り戻しを行い、新芽を出させることで株全体をバランスよく生育させることも行う。

①切り戻しの効果

切り戻しとは、枝を適切な位置まで切ることで生育を促したり、見栄えをよくするために行う大切な作業である。梅雨時や真夏の高温多湿時に、枝葉が多く密度が高い場合は風通しが悪くなるので病害虫がついて病気にかかりやすくなったり、株内部に光が入らくなることで生育も著しく悪くなる。このような場合に切り戻しを行い、生育環境を改善して順調に生育させれば、花も咲きやすくなる。

②切り戻しの位置

切り戻しは概ね全体の1/2〜1/3程度の大きさに切り、新芽を出すために少なくとも枝や葉の2〜3節は残すようにする。

③切り戻し後の養生

切り戻し後は追肥を行い、新芽の生育を促す。

8-3-3 追肥

順調な生育と開花には肥料が欠かせない。植物は肥料切れになると生育不良や葉の黄変、花つきが悪いなどの現象が表れる。また、病害虫にも弱くなるので、肥料不足が起こらないように年数回の追肥を行う。追肥の時期は植物により違ってくるが、生育を促す時期や開花・結実後に与え、体力消耗を回復させる。

草花の生育には主に窒素（N）、リン酸（P）、カリウム（K）の補給が必要だが、一般的には次の割合で配合された化成肥料などを使用する。

「N：P：K=8：8：8」または「N：P：K=10：10：10」。

一般的な化成肥料の施肥量は150〜200g/m^{2}であり、これを均等にばら撒いて施した後、灌水を行う。肥料効果や施肥量は使用する肥料により違うので、十分な注意が必要となる。施肥量が極端に多い場合には「肥料焼け」を起こして、株が弱ることがある。有機質が多く含まれた土は肥料焼けを緩和する役目もあるので、年に1度（冬が良い）は土壌改良と施肥目的で、腐葉土や堆肥などの有機質を混ぜ込んで良い土づくりを心がける。こうした土壌改良は、植物を守ることにも繋がる。

また、N、P、K以外にも、葉緑素をつくるマグネシウム（Mg）や呼吸作用を促す鉄（Fe）、タンパク質合成を促すカルシウム（Ca）などの微量要素が欠乏すると生育が悪くなるため、追肥の際に少量を与えるとよいだろう。

開花や生育期間が長いものは、植物の葉色や状態により追肥回数や施肥料を増やして生育を促す（肥料が不足しないように注意する）（表8-3）。

表8-3 草花類の追肥の適期

		1月	2月	3月	4月	5月	6月	7月	8月	9月	10月	11月	12月	備考
一年草 二年草	秋まき一、二年草（春咲き）			━━	━━	━━								追肥により長く生育開花を促す
				■	■	■	■	■						
	春まき一、二年草（初夏〜秋咲き）						━━	━━	━━	━━				
							■	■	■	■	■	■		
宿根草	春咲き	━━	━━			━━	━━							冬季の追肥（寒肥）の効果が高い
					■	■								
	初夏〜秋咲き	━━	━━					━━	━━		━━	━━		
							■	■	■		■	■		
球根	秋植え球根（春咲き）		━━	━━	━━									液肥も可
					■	■								
	春植え球根（初夏〜秋咲き）	━━	━━	━━	━━	━━								追肥により長く生育開花を促す
							■	■	■	■	■			

━━ 追肥
■ ■ ■ 開花期

8-3-4 補植

適切に植栽した草花であっても、植栽時の状態、天候や灌水のムラによる土壌の乾燥、肥料不足によって部分的に衰弱したり、枯れる株がある。また、植物の個体差により枯れることもあるので、植栽した全ての株が生育しないこともしばしばある。

そのような時は、衰弱または枯れた植物を抜き取り、花壇の美観を損ねないように適宜同じ種類、または、類似する種類を植栽（補植）する。美観を維持することが目的なので、同じ種類が手に入らない場合は、入手可能な植物を既存植栽になじむようにバランスよく植栽する。また、あえてポイントにしたい植物を選んで植えると、花壇に変化をもたらし、少量でも季節感を盛り込むことができる。

8-3-5 植え替え

草花には、年数回の植え替えが必要な一年草、一度植栽すると数年は生育と開花を繰り返し、冬季でも越冬する宿根草や多年草がある。一年草は寒さに弱いもの、暑さに弱いものがあり、気温の変化に耐えることができずに枯死するものも多い。そうした場合には、季節に応じた植え替えが必要となる。

植え替えの目的は、植物性質上の気温による衰弱枯死以外にも、季節ごとの植え替えによる美観維持、季節感の演出、植栽イメージの変更による演出効果などが挙げられる。植え替え時期は主に春、初夏、秋、冬などに行い、全体または一部の植物を抜き取り、新植する。

植物の調達先としては、市場や生産者から直接仕入れたり、ホームセンターや通販で購入できるが、季節に応じた健全な苗を入手するためには、正しい情報収集と、実際に見た時に品質を判断できる目を養う必要がある。

植え替えの際、土が硬い場合や水はけがよすぎる場合には、必要に応じて土壌改良と施肥を行う。一年草の場合で25〜30株/m^2の密度で植栽することが一般的である。植栽後には順調に生育するよう施肥を行い、十分に灌水する。

8-3-6　除草

　除草作業は庭を管理するうえでは非常に大切であり、雑草が小さいうちに抜き取って処分をしてしまうのが一番である。雑草の生育は非常に旺盛で、庭を管理する人ならよく分かることだが、春から夏にかけてはひと雨ごとに、1週間もたてば立派に成長してしまうため、抜き取るのが困難になることもある。雑草は生育すると植栽した草花よりも大きくなってしまい、美観を損ねるだけでなく、草花の生育も阻害して風通しや日照にも悪影響を及ぼす。

　「除草が嫌なのでなるべく植栽地をつくりたくない」といった声も多く聞かれるが、それでは庭の魅力も半減し、住宅の緑が減少してしまうので、しっかりとした雑草対策が必要である。

A　除草回数

　春～秋は月に1～2回程度の除草作業を行い、冬季は補助的に除草する。年間にすると10回程度は除草作業が必要だが、定期的に行うことで雑草を小さいうちに除去すれば、種子による繁殖を防ぐことになるので、徐々に除草作業は軽減されていくことになる。特に雑草が発芽する3月と9月、梅雨時の6月に除草をしっかり行えばその後の雑草量も減るので、タイミングよく除草することが肝心である。

B　作業道具と方法

　草刈り鎌や草刈り機による方法がある。

①小面積の場合

　小面積や植物の株間、花壇の中は草刈り鎌を使用し、手取りによる除草が中心となる。雑草は根際で切らずに根ごと抜き取り、土を落として、種による繁殖を防ぐために場外処分を基本とする。重量を軽くするために天日乾燥してから持ち出すこともある。

②広い面積の場合

　広い面積は草刈り機（刈り払い機）などで除草を行う。ホームセンターなどで購入可能で、刃はチップソーやナイロンコードなど数種類があり、動力もエンジン式や電動がある。戸建住宅の庭では数種類の草花や低木などが混植されているため、草刈り機はあまり使用しないが、使用の際は機材の安全確認と、防護、石飛びなどの周辺への配慮が必要になる。

③除草剤

　除草剤は、土壌に撒いて根から吸収させるタイプや、茎葉に散布するタイプがあるが、いずれにしても周辺の雑草以外の植物も枯らしてしまうので、植栽地での除草剤使用は薦められない。なお、芝については、イネ科植物には影響が少ない芝専用タイプの除草剤を使用することもある。

C　雑草

　主に一年生雑草と多年生雑草の2種類がある（表8-4）。

①一年生雑草

　一年生雑草は春に発芽して成長し、秋に枯死するもの、あるいは、秋に発芽して成長し、越冬の後に春から秋に枯死するものがある。種による繁殖力が強いものも多く、注意が必要となる。

表8-4　代表的な雑草

	一年生草雑草	多年生草雑草
広葉雑草	アカザ、アメリカセンダングサ、オオイヌノフグリ*、カラスノエンドウ*、コニシキソウ、シロザ、タデ、ツユクサ、ナガミヒナゲシ、ナズナ*、ハハコグサ*	オオバコ、カタバミ、ギシギシ、クズ、シロツメクサ、スギナ、スベリヒユ、セイタカアワダチソウ、セイヨウタンポポ、チチコグサ、チドメグサ、ドクダミ
イネ科雑草 カヤツリグサ科雑草	エノコログサ、オヒシバ、カヤツリグサ、スズメノカタビラ、メヒシバ	カモジグサ、ササ類、ススキ、スズメノヒエ、チガヤ、チカラシバ、ハマスゲ、ヨシ

＊オオイヌノフグリ、カラスノエンドウ、ナズナ、ハハコグサは二年草

②多年生雑草

多年生雑草は、冬季はロゼット状（タンポポなどにみられる地表から直接葉が出ている状態）で休眠したり、地上部が枯れても根が越冬して春以降に生育繁茂する雑草で、生育サイクルは宿根草に似ている。種あるいは地下茎で増え、根が強く張るために除草の労力が大きくなる。

③外来種

「特定外来生物（種）」に指定されているオオキンケイギクや「要注意外来生物」に指定されているアメリカオニアザミなどの植物は非常に繁殖力が強く、在来種や生態系に影響を与える。そのような外来種はきれいな花を咲かせがちだが、放置せずに早期の抜き取りが必要である。外来生物法（特定外来生物による生態系等に係る被害の防止に関する法律）には指定されていないが、近年春に見られるナガミヒナゲシも繁殖力が非常に強いため、自治体によっては見つけしだい抜き取るように呼びかけている。

8-3-7 病害虫防除

植物の生育状態や気候により、病害虫が発生することがある。特に気温が上がる春〜秋、湿気の多い梅雨や秋雨の時期、高温多湿となる夏は虫、病気ともに発生が多くなる。病害虫が発生することで葉や花が食害されたり、衰弱、生育不良などが起き、著しく美観が損なわれる。病害虫は気温や季節、時期により必ず発生する種類や、被害状況が予測しやすいので、日々の観察や記録による情報収集が大切になる。初期発生であれば防除は比較的容易である。しかし、発生初期を見過ごしたり、対処が遅れると被害が拡大するので、緊急な対策が求められる。

8-4 芝生の管理

芝生とは、芝（シバ）を一面に人為的に植えた場所のことをいう。人為的に植えた場所なので、管理することが前提であり、スポーツ、レクリエーション、憩いの場としての利用を目的としている。シバはイネ科に属し、様々な種類があるが、大きくは気候による暖地型シバと寒地型シバ、種類による日本シバ（古くから日本に自生）と西洋シバ（アメリカ、ヨーロッパで自生または育種）に分けられる。

8-4-1 主なシバの種類

A 暖地型シバ

夏の高温、乾燥に強い夏シバ（夏型シバ）。春から秋に生育し、冬は休眠のため「冬枯れ」する。暖地型シバには、日本シバと西洋シバがある。

〈日本シバ〉

①ノシバ……葉幅が広く、粗く広がり、密度の低い芝生となる。管理がしやすく、公園、法面などに適している。

②コウライシバ……最も一般的で家庭での管理も容易。ノシバより密度が高い芝生となる。非常に丈夫で庭園、ゴルフ場などに適している。

〈西洋シバ〉

①バミューダグラス……暑さ、乾燥、湿気に強い西洋シバ。日陰には非常に弱いが、日向では生育旺盛である。

②セントオーガスチングラス……耐暑性、耐陰性に富み、成長が速い。葉幅が広く、粗い。耐潮性がある。

B 寒地型シバ

冬枯れせず寒さに強い冬シバ（常緑型シバ）。北海道、東北地方、高冷地などでは春から秋に生育旺盛となるが、冬は生育を止めて常緑を保つ。一般的には、寒地型シバを西洋シバと呼ぶ。

〈西洋シバ〉
①ベントグラス類……葉が細く、密でやわらかいシバとなる。ゴルフ場のグリーンに使用される。高温多湿に弱い。
②ブルーグラス類……耐寒性に富み、非常に美しい芝生となる。北米や日本で最も使用されているケンタッキー・ブルー・グラスが属する。
③フェスク類……乾燥に強く、耐暑性、耐陰性があるため、条件の悪い場所でも使用できる。ゴルフ場、道路法面などで葉幅により適用する。
④ライグラス類……多年草タイプのペレニアルライグラスはゴルフ場、サッカー場などに適している。一年草タイプのイタリアンライグラスはコウライシバのオーバーシーディングに最適である。

暖地型シバと寒地型シバの特徴をに表8-5に示す。

表8-5 暖地型シバと寒地型シバの特徴

気候型	種類		耐踏性	耐寒性	耐暑性	耐陰性	利用
暖地型シバ	日本シバ	ノシバ	○	○	◎	○	公園、道路法面
		コウライシバ	○	○	◎	○	庭園、ゴルフ場
	西洋シバ	バミューダグラス	◎	△	◎	△	競技場、公園、校庭
		セントオーガスチングラス	◎	×	◎	◎	公園、臨海緑地
寒地型シバ	西洋シバ	ベントグラス類	△	○	△	○	ゴルフ場
		ブルーグラス類	○	○	△	△	競技場、ゴルフ場
		フェスク類	○	○	◎	◎	ゴルフ場、道路法面
		ライグラス類	○	△	△	○	サッカー場、ゴルフ場

8-4-2 芝刈り機とシバ管理のための道具類

A 芝刈り機
シバの刈り込みをするための機械で、以下の種類がある。
①ロータリー式……水平に高速回転する円盤状の刃でシバを刈り払う方式。高刈りができ、非常にパワフルなため、公園や緑地など広範囲を効率よく刈ることができる。エンジンタイプは騒音に注意。
②リール式……刃をすり合せ、シバをハサミで切ったような美しい仕上がりが期待できる。手押し式でコンパクトなタイプは家庭用に適している。刈り高も低く、緻密な芝生管理が可能となる。
③芝生用バリカン……狭い場所、エッジの刈り込みなどに使用する。

B シバ管理のための道具類
①散水ホース……芝生への水やりに使用する。
②ふるい……播種後、狭い場所への目土撒きに適している。
③小鎌、除草フォーク……芝生内の雑草除去に使用する。
④ローンカッター……芝生のエッジ切りに使用する。
⑤ローンスパイク……芝生に穴をあけるエアレーション作業（「8-4-3 G①エアレーション」参照）に使用する。
⑥ローラー……シバの浮き上がりを押さえるための転圧作業に使用する。
⑦レーキ……落ち葉、サッチの除去（「8-4-3 G②サッチ」参照）に使用する。

8-4-3 芝生の年間管理の基本

一年を通して芝生管理には様々な作業があるが、重要なポイントは「芝刈り、水やり、施肥」である。シバには大きく「暖地型シバ」と「寒地型シバ」の2種類のタイプがあり、それぞれ管理方法が異なる。しかし、「芝刈り、水やり、施肥」が基本であることに変わりはなく、定期的な管理によって美しい芝

生を保つことができる。

A 暖地型シバの管理

暑さに強く、4月〜10月が生育期となる。特に盛夏を含む6月〜9月は非常に生育が旺盛な時期のため、週に1回の芝刈り（刈り込み）が必要。冬は休眠期で「冬枯れ」するため、特に管理は必要ないが、冬の雑草や霜によるシバの根上がりに注意し、シバが浮き上がった場合は転圧をする。

B 寒地型シバの管理

寒さに強く、厳冬期を除き生育する。3月〜11月が生育期で、生育により週に1〜2回のシバ刈りと灌水が必要。また、より生育を促すためには施肥も大切となる。寒地型シバは暑さや湿気に弱いため、関東以西の地域では、盛夏になると夏枯れによるシバの枯死が懸念される。冬季は5℃以下になると生育をやめて葉色が変色する。冬もグリーンを保つためには夜間のシート養生を行うが、大変な作業になる。

C 刈り方

シバは時期により芝刈りの頻度が変わるが、生育旺盛期間は週1回程度の刈り込みが必要になる。一度に深く刈り込まず、3〜5cm程度で、やや高いと感じる長さでこまめに刈ると美しいシバ面を維持することができる。シバそれぞれの生育に合わせ、日本のシバ（コウライシバなど）は春から秋の期間、西洋シバは秋から来春の期間は刈り込みをまめに行い、丁寧な管理を行う。

芝刈りを怠り、伸びすぎてしまった場合でも、急に深く刈り込むことは芝生を傷め、シバの生育を衰弱させる原因となる。シバは葉のない部分（茎）を切ると、葉の再生に時間がかかるだけでなく、夏季のような厳しい暑さのもとでは枯死することもあるので、刈り方には注意が必要となる。

狭い場所のシバや、縁石沿いの芝刈りは非常に手間がかかって作業しにくいが、芝専用バリカンや芝専用バサミを使用して丁寧にシバを切ると、芝面の縁が美しく仕上がる。

D 灌水

乾燥に強いコウライシバの場合、真夏の乾燥が続く季節以外は水やりが不要。西洋シバは乾燥に弱いため、2〜3日に1度の定期的な水やりが必要となる。ホースでの手撒き灌水（小面積や個人庭園など）、スプリンクラーによる広範囲の灌水により過度の乾燥を防ぎ、定期的な水やりを行うことで順調な生育を目指す。どちらの場合も一度の水やりでたっぷりと与え、芝生全体にむらなく水が行き渡る灌水方法を選択する必要がある。

E 施肥

芝生の施肥では窒素（N）・リン酸（P）・カリウム（K）が配合された芝用化成肥料を使用する。Nは茎や葉の成長を促して葉色をよくする。Pは芝の根の生育を促進し、地中に根がしっかりと張るのを助けて、養分や水分を吸い上げる力を育てる。Kは健全に生育するように生理機能を調整し、病気への抵抗力を上げたり、栄養分を貯蔵して継続的なシバの生育を保つことを助ける。

肥料には手で撒く顆粒タイプと、水に溶かして散布する粉状タイプがある。顆粒タイプは雨や水やりによりゆっくりと溶けて効果を発揮する緩効性で、一般的には「N：P：K＝10：10：10」を使用する。一回の施用量として20〜30g/m^{2}を手でムラなく芝生にばら撒く。暖地型シバ（日本シバ）は3〜10月に、寒地型シバ（西洋シバ）は3〜6月と9〜12月に、それぞれ月1回の頻度で行う。

粉状タイプは水に溶かして散布するために即効性があり、顆粒タイプとの併用も可能。既定の量を水に溶かして、噴霧器を使用して散布する。

F 雑草の種類と防除

雑草のない均一な芝生は大変美しいものだが、雑草は生えやすく、一度入るとあっという間に大きくなってしまうので厄介だ。雑草は見つけ次第、小さいうちに根ごと引き抜く。大きくなるまで放置すると景観を損なうだけでなく、種や根が広がり駆除が大変になるので、こまめな雑草対策が必要となる。

また、芝専用タイプの除草剤も有効。除草剤には発芽後の雑草に散布する茎葉処理タイプと、雑草発芽前に土壌に散布する土壌処理タイプがあるが、いずれのタイプも大きくなった雑草には効果がないので、散布時期に注意する必要がある。雑草の発生時期と生育状況に応じ、春と秋に散布することで雑草防除効果が期待できるが、除草剤は農薬なので環境・人体への影響に配慮しながら注意深く適切に使用する。

主な雑草の種類と特徴を表8-6に示す。

表8-6 雑草の種類

種類	発生時期	特徴	防除方法
オオイヌノフグリ	1～7月 10～12月	秋に発生し、冬～春にかけて生育。小さな青い花を付ける	抜き取り
カタバミ	3～11月	春～秋に生育し、地下茎や種で旺盛に繁殖する多年草	抜き取り 除草剤
コニシキソウ	5～11月	春～夏に生育し、地面を這うように広がる一年草	抜き取り
シロツメクサ	2～11月	春に白い花を咲かせ、地下茎で旺盛に繁殖する多年草	抜き取り 除草剤
スズメノカタビラ	通年	芝生の代表的なイネ科の一年草雑草。繁殖力が強い	抜き取り
タンポポ	通年	春に開花、根が深く駆除しにくい	抜き取り 除草剤
ナズナ	通年	別名ペンペングサ。繁殖力が強く、冬も旺盛に茎を伸ばす	抜き取り
ホトケノザ	1～6月	繁殖力の強い春の雑草。紫色の花を春に咲かせる	抜き取り
メヒシバ	4～9月	夏～秋に這うように旺盛に広がるイネ科の一年草雑草	抜き取り

G その他の管理

①エアレーション

芝生は、度重なる踏圧や乾燥により土壌の通気性が悪くなると根が呼吸できず、芝の生育が著しく悪くなる。その場合は年1～2回程度、根切りや土壌の穴あけによる「エアレーション」を行って、根の再生、発育を促す。

エアレーションにより土とともに根が崩されることで、排水性、通気性が改善し、十分な養分と水分の吸収ができるようになるため、生育が非常に良くなる。エアレーションは、芝刈り後にローンスパイクなどの専用器具を使用し、穴あけは直径1cm、深さ10cmを目安として5～10cm間隔で均等に行う。エアレーション作業後は根が乾燥しやすくなるので、目土を2～3mmほどかけてブラシで穴にすり込み、水やりを行う。暖地型シバ（日本シバ）、寒地型シバ（西洋シバ）ともに春と秋に実施する。

②サッチ

芝生表面の枯れた茎や葉をサッチという。シバ刈りにより発生した刈りくず、枯死した芝や雑草が芝表面に厚く堆積すると通気性が悪くなり、蒸れや病気の原因となるため、サッチの除去が必要になる。また、根が弱る原因にもなるので、サッチの除去は熊手、ほうきなどで適宜行い、除去後はシバ保護のために目土を撒くと生育がよくなる。

③オーバーシーディングとトラジッション

暖地型シバ（日本シバ）は冬に枯れてしまうため、冬の芝生は茶褐色となり、一年中芝生の緑を楽しむことができない。そこで、秋にシバのタネを撒いて発芽生育させることで、冬は寒地型シバ（西洋シバ）を生育させ、夏は暖地型シバ（日本シバ）を生育させて、一年中芝生を育てることをオーバーシーディングという。サッカー場やゴルフ場で一年中芝生が美しいのは、このオーバーシーディングによるものである。しかし、一年中芝生を緑に保つにはオーバーシーディングに加え、4～5月にトラジッション作業も行わなくてはならない。

トラジッションとは、前年の秋に種まきした寒地型シバがまだ生育旺盛な春（地域差はあるが4～5

月が適期）に、強制的に深いシバ刈りとエアレーションをすることで寒地型シバを衰弱させ、暖地型シバの生育を促す作業。これを数回繰り返すことで、暑さに強い暖地型シバに切り替えていく。しかし、切り替えの時期は見栄えが悪くなったり、生育が安定しないこともある。また、この作業を毎年行うことは手間もかかるので、大変な作業といえる。

家庭では比較的手間のかからない「混植シバ」を使用すれば、日本シバと西洋シバの切り替えが自然に行われるので、大変便利である。日本シバをベースとし、秋に西洋シバのタネを撒いて共存させる。また、西洋シバのタネは毎年撒かなくてもよく、補修したい部分のみに秋だけでなく春も撒くことができるので、あまり作業負担がかからずに気軽に行える。

違うタイプの芝と共存させるためには春から初夏に施肥し、年間を通してまめに刈り込みを行い、刈り高を3cm程度に保つ。また、乾燥を防ぐために夏の水やりは多めに行う。

H　日陰のシバ管理

シバは湿気を嫌い、風通りの良い場所を好む。したがって、美しい芝生は日向であることが良い条件といえるが、戸建て住宅などの場合は、敷地条件により完全な日向を求めることは難しい。日陰での芝生管理ではやや土を盛って水はけを良くして根腐れを防ぐことや、風通しを良くするため周囲に植物を植えすぎないように注意する。また、日照条件が悪い中で深く刈り込むと衰弱するため、深く刈り込まずに葉はやや多めに残す。肥料を多く与えすぎることも軟弱となる原因になるので、控えめに与えながら丈夫に育てる。

I　補修作業

芝生は病害虫や乾燥で傷むと再生が困難になる場合が多く、傷んだ部分は早期に張り替えを行い、補修する必要がある。補修・張り替えは通年できるが、切り取ったシバと同じ種類を選び、シバ専用用土を下に入れて補修による段差ができないように調整しながら目土を撒き、周囲の芝となじませる。その際には、板やローラーで転圧して踏み固め、しっかりと固定してから水やりし、根の活着を促す。

J　芝の病害虫

芝生の病気には、糸状菌などが原因の伝染性病害と、排水の悪さや気候条件による根腐れ、栄養不良などによる肥料焼け、衰弱が原因の非伝染性病害がある。病害対策は日ごろから病気発生の予防を行い、発生時には病気の断定、適切な薬剤選び、早期の対処によって被害を最小限に防除することが重要である。

害虫による被害もあっという間に広がってしまうので、注意深い観察と早期防除を心がける。その他、深刻な被害となるモグラやアリ、ミミズによる生物被害もシバを荒らすので、注意が必要である。

シバの病気と害虫の種類、生物被害を表8-7、8-8、8-9にまとめておく。

8-5　病害虫の予防

病害虫は初期に対策することが重要。樹木や草花に病気や害虫が発生すると葉が黄色くなる、花が咲かない、または萎縮する、実付きが悪くなるなど、生育が著しく悪くなることがある。そうした場合は、病害虫の初期被害であることが多く、葉の裏や蕾などに潜んでいる虫や病気を発見できる。そのまま放置すれば被害はさらに広がり、美観を損なうだけでなく、樹勢が衰えたり、最悪の場合は枯死する。日々の観察や初期予防がとても重要なので、病害虫を見つけたら速やかな対策が必要となる。

病害虫への基本的な対応は次の3点。
- 日ごろから良く観察し、初期発見に努める。
- 予防対策を怠らない。
- 病害虫の発生を見つけたら、被害が拡大する前に、速やかに適切な処置を行う。

表8-7 病気の種類

種類	科名	発生時期	特徴と防除
さび病	すべての芝	春、秋	葉に赤褐色の胞子が付き、多発の場合は枯死する。肥料不足や肥料過多も発生の原因となる。ミクロブタニル系薬剤が有効
葉腐病	日本芝	春、秋	ラージパッチともいい、直径20cmほどの茶褐色の円形状に枯れ、裸地となることもある。過湿に注意する。ポリオキシン系薬剤が有効
ダラースポット病	すべての芝	春、秋	2～10cm程度の灰褐色のパッチ（病変）が不定形に広がり枯死する。芝刈り機、靴の裏の踏圧でも病害は広がる。防除には窒素が不足しないように尿素を施し、イプロジオン系薬剤が有効
カーブラリア葉枯病	日本芝	春、秋	直径5cm程度の茶褐色のパッチが生じ、広がると枯れることもある。窒素肥料過多は発生の引き金になる。硫安を施し、土壌がアルカリ性とならないように注意する。イプロジオン系薬剤が有効
ブラウンパッチ	西洋芝	梅雨時	褐色のパッチが生じ、拡大すると50cm程度まで広がる。多湿により発生するので、土壌の排水、透水性を良くし、改善を促す。ベノミル系薬剤やポリオキシン系薬剤が有効

表8-8 害虫の種類

種類	発生時期	防除方法	特徴と被害
スジキリヨトウ	5～10月	殺虫剤	幼虫期に葉や茎を食害する。昼は地際に隠れ、夜に食害するため、一晩で広範囲に被害が広がる恐れがある
コガネムシ	5～10月	殺虫剤	幼虫期に芝の根を食害するため、葉が枯れる。被害を受けた芝は簡単にはがれ、芝がはげたようになり、美観を損なう
シバツトガ	5～10月	殺虫剤	幼虫は夜間に根や茎を食害し、多くの芝で発生する

表8-9 生物被害

種類	防除方法	特徴と被害
モグラ	防除器、捕獲器の使用	ミミズ、コガネムシ幼虫などをエサにして芝の根を荒らしたり、地下にトンネルをつくって芝生に穴をあけ、土を盛り上げる。
ミミズ	忌避剤の使用	芝に直接の被害はないが、ミミズが増えることによりモグラ被害も多くなる
アリ	駆除剤の使用	芝のタネを食害し、巣をつくることで芝生の美観を損ねる

8-5-1 薬剤を使わずに防除する方法

　病害虫が発生しやすい環境とは、植物が生育しにくい環境ともいえる。それぞれの植物が、生育条件に合った環境で健全に生育することは、病害虫を最小限に抑えることに繋がるので、最大の予防であり防除となる。

A　環境や生育を利用した防除

①日照、通風をよくする

　日照条件を考慮して、植え付け時から樹木や草花が快適に生育できるような環境（陰樹、陽樹、耐陰性なども考慮）についてよく検討する。日照条件が悪いと光合成が十分に行われないため、病害虫に弱くなるので、植え付け時は適切な株間と密度を確保し、生育後に風通しが悪くならないように留意する。

②肥料は適量を守りバランスよく与える

　多すぎる肥料（特に窒素肥料）は植物を軟弱にし、病害虫に弱くなる。反対に、肥料が少なすぎる、あるいは肥料切れは植物を衰弱させ、病害虫に打ち勝つことができなくなる。肥料は適量をバランスよく与れば生育が安定して健全な状態を保ち、病害虫予防にも繋がる。

③土壌の排水に注意

　土壌の排水（水はけ）が悪いことにより根が育たない、あるいは根腐れを起こすと病害虫が発生しやすくなる。また、土壌が硬くて根が健全に生育しない場合は、地上部も生育できないために衰弱し、病害虫にも弱くなる。したがって、土壌の状態を健全に保つことが大切となる。水はけがよく根の呼吸が

順調であれば、樹勢もよいので病害虫予防に繋がる。
B　日常管理での防除
①病気被害部分の切除や摘み取り
　病気になった葉は放置するとすぐに株全体に広がり、周囲の植物に伝染して被害が拡大する。被害が広がると防除が困難となり、植物の衰弱や枯死に繋がってしまう。見つけ次第、早期に病葉は摘み取り、敷地外で適切に処分することで、被害範囲を最小限にとどめることができる。
②害虫の捕殺
　毛虫が卵あるいは幼虫の場合は発生範囲が小さいため、数枚の枝葉を切除することで簡単に被害を抑えることができる。これは、卵あるいは幼虫が塊や集団で葉の裏などに潜んでいることが多いからである。しかし、切除せずに放置して幼虫が成長すると行動範囲も広がり、捕殺が難しくなるので薬剤での防除が必須となってしまう。
③過湿を防ぐ
　植物が順調に生育して枝葉が茂ると、風通しが悪くなる。さらに、樹木の枝葉が込み過ぎると過湿になるため、内部が蒸れてカビ発生や樹勢衰弱などの原因となり、病害虫を誘発する。繁茂により込み過ぎた枝は剪定、透かし剪定などを行い、樹幹内の通風を確保する。また、草花類も茂りすぎた場合は切り戻しを行い、過湿による蒸れを防ぐ。
④庭内を清潔に保つ
　雑草が繁茂して管理が追いついていない庭は、蒸れや植栽植物の生育阻害が原因となって、病害虫が発生しやすい環境になりがちとなる。また、落葉した葉や枝の放置も病原菌や害虫の巣窟となり、病原菌が温存され、病気や害虫の発生源となる。庭内は管理計画のもとに、定期的な除草、清掃に努める。
C　その他の防除
①粗皮削り
　冬季に古くなった樹の粗皮を削り、樹皮の下に潜む病害虫を駆除する作業。樹皮の下には、ダニ、アブラムシ、その他の害虫の卵や幼虫、病原菌が、冬越しのために隠れていることがある。ひび割れたり、めくれた皮は病害虫の巣となるので、削って除去し、殺菌剤や殺虫剤を散布する。カキ、リンゴ、モモなどの果樹農家では、樹木が大きく充実してくると、必ず行う冬の作業である。
②バンド誘殺
　バンド誘殺とは、秋になると根元で冬越しをしようと幹を降りてくる虫を捕殺するために、主幹の地上高1m付近にワラ、麻布、コモなどを巻いて虫を誘い込み、冬季にはずして焼却する方法。マツカレハ、カメムシ、シンクイムシなどを防除する。

8-5-2　薬剤による防除

　薬剤の種類には病害虫に効く農薬（薬剤）、病気（病原菌）に効く殺菌剤、害虫に効く殺虫剤、病害虫に効く殺虫・殺菌剤がある。農薬の使用については、適用する作物名、適用病害虫、希釈倍数などの使用方法に従い、注意事項を確認して適正に使用する。
A　薬剤の効能別タイプ
①接触タイプ……害虫が薬剤に接触、もしくは、散布した植物に触れることで効果を発揮する。
②食毒タイプ……散布された植物を害虫が食害することで効果を発揮する。
③浸透移行性タイプ……植物が根や葉から薬剤を吸収し、その葉を食害することにより効果が発揮される。持続性が高く、長期間にわたり害虫を駆除する。
④誘殺タイプ……害虫が好む匂いやエサを薬剤に混ぜ、おびき寄せて駆除する。

B 薬剤の状態別タイプ
①液体タイプ……水和剤・乳剤があり、水で規定濃度に希釈してから噴霧器で散布する。広範囲の散布が可能。
②粉末タイプ……そのまま散布、または、水に溶かして規定濃度に希釈し、噴霧器で散布する。
③顆粒タイプ……土や株元にそのまま撒いて使用する。浸透移行性のため、高木への効果は低くなる。
④エアゾール、スプレータイプ……希釈せずにそのまま病害虫に使用する。部分的な被害や、一時的に使用する際に便利である。

なお、噴霧器を使用して庭全体へ散布する場合には、防護服、長袖の上着や長ズボン、防風メガネ、防護マスク、ゴム手袋を着用し、薬剤が体にかからないこと、吸い込まないことに注意する。散布は、晴れた日の風のない早朝または夕方に行う。高温時や日中の直射日光が強い時間帯は薬害が起こりやすく、葉が黄変したり、衰弱するなどの逆効果にもなるので注意する。

8-5-3 主な病気の予防と防除

植物の病気は、カビやウイルスなどが原因で発生する。代表的な病気にうどんこ病、斑点病、さび病などがある。主な病気の種類と発生時期、予防と防除方法について表8-10に示す。

表8-10 主な病気の予防と防除

種類	発生時期	特徴	予防と防除方法、薬剤
うどんこ病	5～6月 9～10月	白い粉のようなカビが発生し、葉の表面が白くなり、よじれて衰弱または枯死する	日当たり、風通しをよくする。ベノミル系殺菌剤や炭酸水素カリウムが有効
すす病	4～9月	枝葉が黒くなり、衰弱または枯死する。アブラムシ、カイガラムシの排泄物に生えるカビが原因とされる	排泄物、害虫の除去
さび病	5～6月 9～10月	葉の表面や裏に糸状菌（カビ）が付着し、褐色またはさび茶色の斑点が多数発生する。ビャクシン類に胞子が付き越冬するため、ビャクシン類の側は発生が多発する	密植を避け、風通しよく剪定する。発生した枝葉は剪定・除去する。ビャクシン類との混植は避ける。冬季に石灰硫黄合剤や銅水和剤を散布し、殺菌する
斑点病	4～10月	葉に黒、白、茶褐色などの斑点が多発し著しく美観を損ねる	殺菌剤による予防に努め、罹患した葉は除去する
もち病	5～6月	ツバキ類に多く発生し、葉が餅のようにふくれ、後に黒変する	殺菌剤を散布し、罹患した葉を除去。銅水和剤の冬季散布は有効
炭そ病	4～10月	葉に灰白色の斑点が発生した後、黒斑が多発する	殺菌剤を散布し、罹患した葉を除去。マンネブ系薬剤が有効
白紋羽病	4～5月 9～10月	根にカビが発生。木は衰弱の後、枯死に至る	木は抜根し焼却。周辺土壌は殺菌が必要
根頭がん種病	3～10月	幹の地際や株元に塊ができる	切除して殺菌する

8-5-4 主な害虫の防除

害虫により、葉を食害する、樹液を吸う、樹皮または木の内部を食害する、根を食害するなど、食害する場所が違う。害虫の種類や食害の箇所により、適した防除の方法を選んで対処することが大切である（表8-11）。

表8-11 主な害虫による被害と除去方法

種類	被害の特徴	主な害虫	防除方法
葉を食害	葉や新芽を食害し、4月〜10月にかけて長期に発生する	イラガ、チャドクガ、アメリカシロヒトリ、スズメガ、ハマキムシなどのケムシ、イモムシ類	捕殺または殺虫剤の散布による駆除
樹液を吸う	枝や葉、新芽に寄生し樹液を吸う。4月〜10月に発生し、葉が黄変したり、すす病など他の病気の原因となる	アブラムシ、カイガラムシ、コナジラミ、ハダニなどの吸汁害虫	6月〜7月の幼虫期の薬剤散布による駆除や冬季のマシン油散布
樹内に潜む	枝や幹などの木の内部に潜り込み食害する。樹内が食害されるため、樹勢が衰え枯死に至る	スカシバ、シンクイガなどの蛾の幼虫や、カミキリムシの幼虫	捕殺または木内部への薬剤注入による駆除
根を食害する	根元への産卵により幼虫が多発。根の食害で樹勢が衰えて枯死に至ることもある	コガネムシ、カブトムシなどの幼虫	根元への薬剤注入による駆除

8-5-5 農薬散布の仕方

A 安全な散布の仕方

発生した病害虫を見極め、適した農薬を使用する。農薬には容器裏に使用基準として適用農作物、使用量、希釈倍率、使用時期、回数などが記載されているので、ラベルをよく読んで安全に正しく使用する。作業中は手袋、マスク、防護服を着用して、農薬に直接触れることがないように注意し、作業後は洗顔やうがいを行う。

散布には手動や電動、エンジン式の噴霧器を使用するが、病害虫の範囲を確認して必要最小限の噴霧範囲にとどめる。また、薬害が生じる恐れがあるため、散布を行うのは風のない日を選び、日中の暑い時間帯は避けて作業する。散布中は周囲への飛散や、通行人に薬剤がかかることがないように配慮、注意する。散布後は農薬の保管管理にも注意が必要。

B 使用期限

農薬は経年により物理性が変化したり、成分が分解されることがあるため使用期限があり、容器に記載されている。使用期限が過ぎたものは使用せず、使用者の責任で産業廃棄物として適正に廃棄しなくてはならない。

C 余った農薬や農薬容器の処理

基本的には適正な量の農薬を場内で散布し、薬剤が余らないようにする。余ってしまった場合は下水道などに流すことはせず、かけ残した箇所に散布する。

農薬容器は洗浄し、使用者の責任で産業廃棄物として適正に廃棄する。

8-6 施肥

自然界に自生している樹木や野草は、人による施肥を必要とせずに毎年枝葉を広げ、開花し、生育しつづけている。これは自ら落とした枝葉（落葉枝葉）が堆積し、微生物による分解で堆肥化され、栄養分となって根から吸収されているからで、自然界のサイクルともいえる。しかし、庭や鉢に植えた樹木や草花には自然界のサイクルがない、または、乏しいために施肥が必要となる。施肥とは「植物に肥料を与えること」であり、植物の安定的で順調な生育と開花にとって、重要な管理作業の一つといえる。

8-6-1 三大栄養素

施肥には窒素（N）・リン酸（P）・カリウム（K）の3要素があり、それぞれ作用する部位が違う。以下にその違いを示す。また、要素の過多や欠乏したときの症状を表8-12に示す。

第8章　植栽の管理

表8-12　三大栄養素

肥料の要素	過多	欠乏
窒素（N）	葉色が濃くなる 徒長気味になる	葉が黄変し、枝葉が軟弱となって下葉が枯れやすくなる。病害虫に弱くなる
リン酸（P）	鉄（Fe）の吸収を阻害	下葉が黄変あるいは赤くなり、生育不良となる
カリウム（K）	カルシウム(Ca)、マグネシウム(Mg)の吸収を阻害	葉先が黄変する

- 窒素（N）……主に根茎や葉の生育を促す。植物には最も重量な要素。「葉肥え」ともいう。
- リン酸（P）……主に茎葉や根の生育を促す。開花や実の結実にも有効なため「花肥え」「実肥え」ともいう。細胞分裂などの生理作用の調節をする必要不可欠な要素。
- カリウム（K）……主に根の生育を促す。水分の調整、微量要素の吸収促進、病害虫に対する抵抗力向上などの作用がある。

さらに、マグネシウム（Mg）、カルシウム（Ca）を含めた5要素が植物生育には重要だが、微量要素として16種類以上の要素がバランスよく与えられることで、植物の生育は良好となる。

8-6-2　肥料の種類

肥料には原料によって「有機質肥料」と「無機質肥料」がある。無機質肥料は一般的に化成肥料と呼ばれている。肥料にはそれぞれ粒剤（小粒・中粒・大粒）、粉末、液状があるが、一般的に粒が大きい方が、肥効（肥料のもち）は長く遅効性である。粒が小さいほど、あるいは、粉末や液状であれば肥効が短く即効性が高いといえる。

A　有機質肥料

動物の糞、骨粉、油粕など天然の資材を原料とする有機物の肥料。即効性は低いが、持続性が高い緩効性肥料。

B　無機質肥料

硫安や尿素などを原料とする無機物の肥料。1種類の栄養素で構成された肥料を「単肥」、数種を化学的に合成したものを「複合肥料」という。三大栄養素を2つ以上含む場合を「化成肥料」と呼んでいる。無機質肥料は即効性が高いが、持続性が低い。

8-6-3　肥料の特徴と効果

肥料には種類によって特徴があり、効果的に使用すれば植物を順調に生育させることができる。
主な有機質肥料としては、以下のようなものがある。

①油かす（発酵油かす）
菜種や大豆などのアブラナ科植物の種から油を抽出した後に、残ったカスを発酵させたもの。窒素分が多く、土に混ぜることにより土壌微生物の活性化を促す。

②バットグアノ
コウモリの糞を肥料としたもので、匂いはあまりない。主にリン酸分を含み開花・結実を促す。

③草木灰
草木を燃やした灰のことで、カリウムを多く含み即効性がある。アルカリ性のため、酸性土壌をアルカリ化することができる。

④石灰質肥料
アルカリ性のため、酸性土壌をアルカリ化したり、水素イオン濃度（pH値）を整える効果もある。

⑤有機配合肥料

主に油かすや骨粉などを混ぜ、窒素、リン酸、カリウムなどをほどよく配合した長期間効果が持続する有機肥料。

⑥化成肥料

三大栄養素を植物に吸収されやすいように化学合成したもの。「化成肥料8-8-8」に代表され、この場合はN8％、P8％、K8％が配合されていることを示している。短期間で効果があるが、肥料がゆっくりと溶けてじっくり効かせるために非透水性膜で肥料の粒をコーティングしたものや、水で希釈して葉面散布あるいは土壌灌注するものもあり、用途にあわせて使用する。

8-6-4 施肥の種類と施肥方法

施肥の種類には大きく、元肥、追肥、寒肥があり、施肥の方法としては環状、つぼ状、放射状、全面の4つが主に用いられている。

A 施肥の種類

①元肥

植栽時、移植時などに施す肥料。植物の生育を助け、根の活着を促す。即効性のある化成肥料では肥料焼けを起こすことがあるため、じっくり効く遅効性の有機質肥料が向いている。

②追肥

植物の生育に合わせて開花、結実の促進や、養分補給をするために施す肥料。即効性と効果に応じた肥料選びが重要である。

③寒肥

植物が休眠をしてる冬に施す肥料。春からの生育に向けて、緩効性肥料である有機質肥料を使用する。耐寒性も向上するので冬季の植物保護にも役立つ。

B 施肥方法

木の外周に20cm程度の溝を掘って肥料を施す「環状施肥」、深さ30～50cm程度の穴を掘って肥料を埋め込む「つぼ状施肥」、根と根の間に沿って放射状に溝を掘り肥料を施す「放射状施肥」、外周全体にばらまいて浅くすき込みを行う「全面施肥」がある。一般的には「環状施肥」を行うが、樹勢や植栽密度により施肥方法を選ぶ（図8-21）。

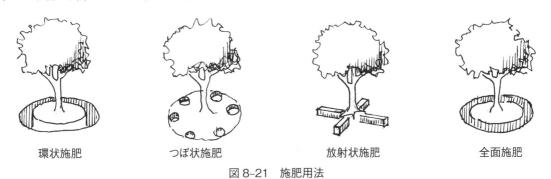

図8-21 施肥用法

8-7 土壌改良

土壌改良の目的は、草花の根が健康に育つように土を良い状態に改良することにある。長年植物が生育した土地では、度重なる灌水や雨により土粒が細かくなることで排水が悪くなったり、有機物が不足して保肥性が弱くなる。

草花管理における土壌改良は植え替え時、冬季の植物休眠時、数年に一度の改植時に行う。

8-7-1 土の観察

土壌改良が必要かどうかは土に棒を挿す、あるいは、スコップで土を掘ってみて判断する。

棒や支柱がすっと簡単に挿せる場合は、根が張りやすく植物が生育しやすい土といえる。15～20cm程度の深さであれば草花は良く育ち、さらに深く棒が入る場合は、低木なども無理なく根を張ることができるので、生育良好となる。

スコップで土を掘ると、土の状態を確認することができる。簡単に掘れる場合は良好であることが多く問題ないが、掘るのが困難でガラやレキが多くて土が少ない場合は、根が張るのに障害となり、土が乾燥しやすいことが分かる。また、水はけが悪くて水が染み出てくるような場合や、土が過湿しているような時は、根腐れするので土壌改良が必要といえる。

さらに、土の色や触った感じ、握った感じで土の状態を診断する（表8-13）。

表8-13 土のタイプと特徴

土のタイプ	土の状態	土の色	つや	触った感じ	握った感じ
有機質が多く良い土	通気性、排水性、保肥性が全て良好	黒っぽい	ある	やわらかく、フカフカとしている	しっかりと固まるが、指で押すと崩れる
有機物が少なく土壌改良が必要な土	通気性、排水性、保肥性が全て悪い	黒っぽい	あまりない	固く、締まった感じ	しっかりと固まるが、粘土状になる
	通気性、排水性は良いが、保肥性が悪い	褐色または茶褐色	ない	サラサラとしている	しっかりと固まらず、すぐに崩れる

8-7-2 主な土壌改良材

通気性、排水性、保水性、保肥性の改良に使用する改良用土には有機質、無機質があり、用途により使い分けるが、庭の植栽の場合は有機質改良材を使用することが多い。有機質土壌改良材には以下のものがある。

A 腐葉土

広葉樹の落ち葉を腐熟させた有機質を豊富に含む改良材。通気性、保水性、保肥性が向上し、微生物の活性化にも役立つ。未熟のものは腐敗臭がして、土への混入後に発酵が進むことで根を枯らす原因となるので、品質を見極めて、完熟していないものは使用しないように注意する。

B バーク堆肥

針葉樹の樹皮を発酵させて粉砕、乾燥させた有機質改良材。主に排水性と保水性を改良し、微量の肥料分を含む。品質にバラつきがあるため、未熟なものを使用しないよう注意が必要である。

C 牛糞堆肥

牛糞を発酵させて完熟、乾燥させた有機質改良材。肥料分はあまり含まないが、繊維質が多く固くしまった粘土状の土をやわらかくし、砂質土の保水性をよくするなど土壌改良効果は抜群である。品質にバラつきがあるため、良品を選ぶようにする。

D 馬糞堆肥

馬糞を発酵させて完熟、乾燥させた有機質改良材。土に混ぜ込むことで通気性、排水性、保水性を向上させる。繊維質が多く、肥料分も多少あるので扱いやすい改良材といえる。

E ピートモス

湿地のヨシ、ヤナギ、ミズゴケなどが堆積、腐食により泥炭化したもの。通気性、排水性を向上させる。無菌で品質が安定しており、弱酸性土を好むブルーベリーやツツジ類植栽時の土壌改良に使用することもある。購入の際は酸度調整済み（石灰が混ぜてある）の場合があるので、用途により確認が必要となる。

F もみ殻くん炭

もみ殻を炭化させた改良材。アルカリ性が強く、施用量には注意が必要だが、通気性、保水性を向上

させる。また、殺菌作用による根腐れ防止効果や、空気を多く含むことができるので保温効果も期待できる。

G　その他

肥料分の多い豚フン堆肥、発酵鶏フンがあるが、主に畑で使用し、庭の植栽での使用は一般的でない。

また、主な無機質土壌改良材として、真珠石を主成分として通気性と排水性に富む「パーライト」、蛭石を高温処理して通気性、保水性と保肥性に富む「バーミキュライト」、沸石を高温処理して保肥性向上と根腐れ防止に役立つ「ゼオライト」などがある。これらの無機質土壌改良材は、園芸培養土の土壌改良に使用されることが多いため、庭での使用は一般的でないが、用途によっては施用量に注意して使用する。

8-7-3　土壌改良時期

土壌改良の時期については、必ずしも決まっていないが、植栽時、植え替え時、冬季がよいとされている。土の状態を観察し、向上すべき土の物理性（通気性、排水性、保水性、保肥性）を確認して、用途に合う土壌改良材を選ぶ。

牛糞堆肥、腐葉土などの有機質改良材の投入は、25～30cm程度の深さまで土を掘り起こし、取り出した土の30％程度を目安として混ぜ込む。全体が良く混ざったら整地して、植栽作業に入る。その際に、土壌改良材の品質が悪く、未熟な状態だと根が傷むので、匂い、状態をチェックしてから施す。

土壌改良材投入後から植栽までに時間をおくことができる場合は、1週間から10日程度放置して、土にしっかりと馴染んでから植栽すれば、より安定する。

植栽地全体を裸地にして土壌改良することができなくても、植栽する穴や植える周りにシャベルで改良材を投入して混ぜるだけでも、改良効果はある。

8-7-4　天地返し

深さ50cmほどの深層の土と、表層の土を入れ替える作業を「天地返し」という（図8-22）。表層土は病害虫や植物の生育を阻害する菌が多いため、殺菌を目的として、表層の土を酸素の少ない地中深くに埋め込むことで病害虫や菌に酸欠を起こさせ、死滅させる目的で行う。

深層の土には菌が少ないが、固まっていることも多いため、天日に当てて乾燥させることで土を崩す。作業を冬季に行えば土も寒ざらしとなり、より殺菌効果が高まる。

庭で深さ50cmまで土を掘ることは重労働だが、スコップ一つ分の深さ（25cm程度）であっても土質は向上する。その際は、根や根の塊、ゴミなどを取り除くようにしておく。

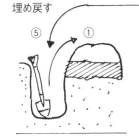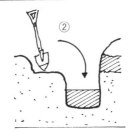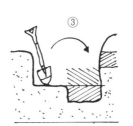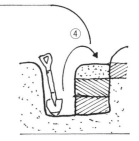

深さ50cm以上の穴を掘り、3回に分けて埋め戻す

図8-22　天地返しの方法

第9章　植栽の表現

　エクステリアの計画や図面の作成に植栽は欠かせない要素である。しかし、図面の中の植栽表現は、工業生産品や構築物のように基準となる書き方などが明確に示されてこなかった。過去の図面などを参考にしながら、それぞれが適宜、その計画に応じた描き方をしてきたようで、統一された表現は確立されていない。本章ではこうした状況を踏まえ、エクステリアの植栽計画図において基本となる植栽表現をみていく。

9-1 図面の用途による植栽の描き方

植栽の表現は、図面の用途により描き分けることが必要となる。エクステリアの図面は、計画を顧客に対して効果的に伝達するための提案図書（プレゼンテーション図）と、施工者あるいは顧客との契約図書として作成する設計図書とに大きく分けることができる。

この図面の用途の違いは、平面図、立面図、完成予想図などにおける植栽表現に大きく関係してくる。そこでまず最初に、提案図書・設計図書の用途や植栽表現の違いについて述べる。

9-1-1 提案図書での植栽表現

提案図書は、植栽の計画を効果的に伝達（プレゼンテーション）することが優先される（図9-1）。したがって、顧客に理解してもらえる、分かりやすい植栽表現が必要であり、さらに図面全体の印象も重要な要素の一つとなる。実際の植栽計画とかけ離れた形状や描き方、不明瞭な位置関係の図面では後で問題となるが、どちらかと言えば植栽の正確な形状や位置よりも、庭全体の完成予想図として、夢のある美しい景観をイメージさせる表現が求められる。

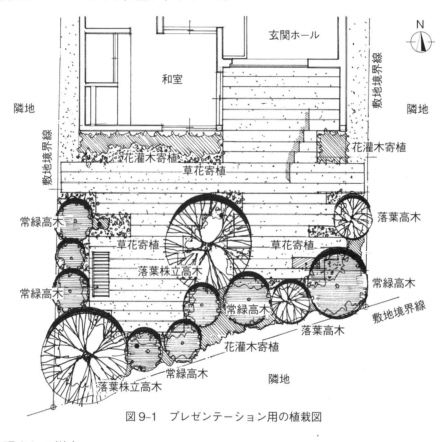

図9-1　プレゼンテーション用の植栽図

A　平面で表現される樹木

一般的に、樹木の平面記号は真上からの投影図として、図面の縮尺に合わせて描く。樹木の幹を中心として四方に均等な正円の枝張り（葉張り）を示し、中心点の幹を樹木の位置とする模式的な記号とする。

実際の樹木の枝張りは、四方に均一に枝を伸ばしてはいないので、正円になることはほとんどないが、四方の枝張りの平均をその樹木の葉張りと考え、表現している（図9-2）。

提案図書の場合は、枝張りを示す円弧を分かりやすくするため意匠的に描く。常緑や落葉、針葉や広葉などの樹木の特徴的な区別を表現し、枝張り、樹木によってできる陰などを意識しながら記入すると、絵画的な効果のある樹木記号が描ける。しかし、着彩などを施す場合は、枝張りの範囲の中に書き込みを多くすると、着彩の効果を損なうことも考えられるので、あらかじめ着彩に配慮した書き込みが必要となる。

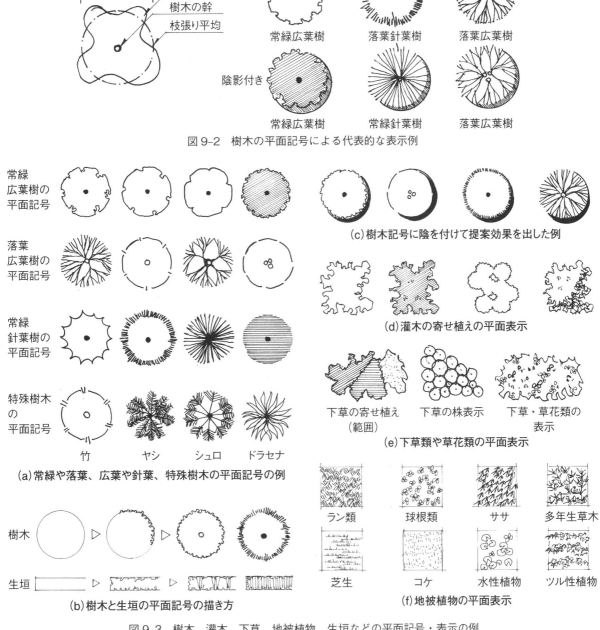

図9-2 樹木の平面記号による代表的な表示例

図9-3 樹木、灌木、下草、地被植物、生垣などの平面記号・表示の例

特殊樹木の場合も同様に、特徴的な枝張りを意識しながら描く。

樹木以外の灌木の寄せ植え、下草や草花、地被植物、生垣などの平面表現はその範囲を示し、範囲内にハッチングや塗つぶしなどを用いる。草花や地被植物などは花と葉の姿を書き込んだりする（樹木、灌木、下草、地被植物、生垣などの平面記号については図9-3参照）。

B 立面で表現される樹木

立面では、樹木、灌木、特殊樹木ともに共通して、枝張り（葉張り）の外形線、樹冠線を意匠的に描き、幹や枝、葉の形状などの書き込みにより樹木らしい印象をつくりだす。また、樹木の樹冠外形線を模式的に描く方法や、着彩を優先して樹冠線内を白抜きにしておく方法もある（図9-4）。

平面図の描き方と同様に、樹種により樹形が違ってくるので、提案する樹木の特徴を考慮しながら表現することが大切である。着彩を施す場合については平面の描き方と同様に、樹冠内の幹や枝葉の書き込みに注意が必要となる。

第9章 植栽の表現

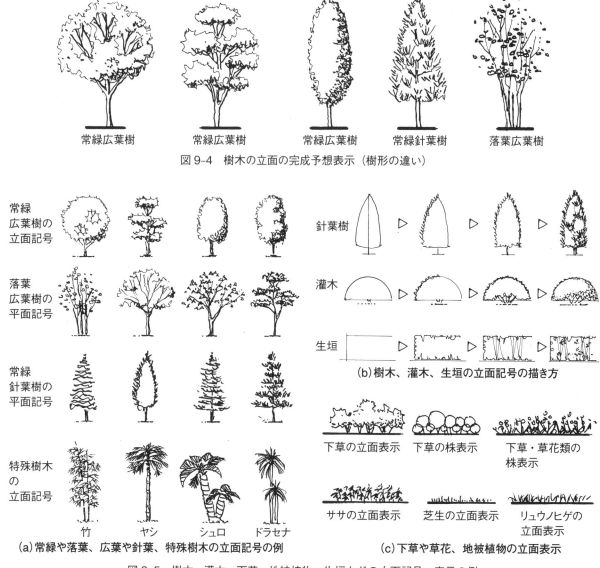

図9-4 樹木の立面の完成予想表示（樹形の違い）

(a) 常緑や落葉、広葉や針葉、特殊樹木の立面記号の例

(b) 樹木、灌木、生垣の立面記号の描き方

(c) 下草や草花、地被植物の立面表示

図9-5 樹木、灌木、下草、地被植物、生垣などの立面記号・表示の例

　下草や草花、地被植物、生垣などの立面表現は、その外形線などで範囲を示すと同時に、樹木と同じようにその特徴を意匠的に描くと、より印象的になる。草花などは花と葉の姿を書き込むと効果的である（図9-5）。

C　透視図で表現される樹木

　透視図で描く完成予想図の植栽は、庭全体の雰囲気や添景物との調和を考えながら、計画を印象的に伝達することを優先する。顧客にとっては、完成予想の透視図が一番分かりやすい図となる。しがたって、立面での書き込みと同様に、その樹木の持つ幹や枝の出方、葉の形などの特徴的な形状に、厚みを加えた形で表現する。樹木の厚みを表現するためには影をつけることも効果的である（図9-6）。

　着彩をする場合は、樹冠線の中はあまり書き込まないで、着彩で日の当たるところや陰などを表現する。

図9-6　透視図での表示例
（完成予想図として描かれた植栽）

D 植栽情報の表示

植栽情報は、図面上に引出線を用いて、参照線上に樹名や樹高、または、常緑・落葉、針葉・広葉などの区別といった最低限の情報記入にとどめ、意匠的表現を優先した書き込みにする。

地被植物などの場合は範囲を示し、範囲内に模様記号などを用いて表現する。範囲内に用いる植物名を引出線を用いて記入する方法もあるが、提案図の段階では本数や株数などまでは示さなくてもよい（図9-7）。

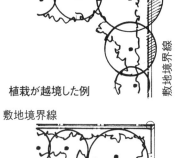

図9-7　提案図での植栽情報の表示例

9-1-2　設計図書用の植栽表現

植栽を図面上に分かりやすく、美しく書くことも重要だが、設計図書としての植栽の表現は、実際の樹木の名称や形状寸法、植栽位置などが明確に記載されていなければならない。記載されてはいるが、判読が困難であったり、記載内容が高木、中木、低木などのように漠然としていては役に立たない。したがって、その記載内容も決めておく必要がある。

植栽を施工者に正確に伝達するには、材料としての樹木情報として、樹名、樹高（H）、幹周り（C）、枝張り（葉張り[W]）などが必要であり、さらに、植栽によって景観をつくっていくための情報として、樹木の位置、植え方などが示されていなければならない。形状や位置については、植栽時点における表現とし、提案図のような数年後の完成予想図では誤解を招くことになる。

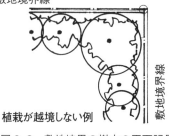

図9-8　敷地境界の樹木の平面記号

図面上では、樹木の平面記号が、敷地境界から越境しないように表示する（図9-8）。さらに、着彩や枝張り範囲内の枝の書き込みなどもしないようにする。

A　平面で表現される樹木

樹木の平面記号は、基本的に提案図書で記述した内容と同様だが、意匠的な表現よりも情報を正確に伝達する表現が優先される。例えば、エクステリア全体を示す一般平面図での樹木の表現は、提案図と同じでもよいが、植栽計画図では、枝張り、樹冠線の表現は単線の円弧とし、陰や意匠的なフリーハンドの書き込みは最小限にして、樹木の位置や形状寸法を明確に記す。

樹木の枝張り範囲内には記号を表示し、植栽リストと照合できるようにしておく（図9-9、9-10）。ただし、植栽として記入すべき内容が比較的少なく、図面上に表記しても紛らわしくならない場合は、引出線を用いて参照線上に樹木名称、形状、寸法を記入する方法もある（図9-11、9-12）。

図9-9　樹木の表示例（リスト表示）　　　図9-10　灌木や草花類の表示例（リスト表示）

図9-11　樹木の表示例（引出線の例）　　　図9-12　灌木や草花類の表示例（引出線の例）

第9章　植栽の表現

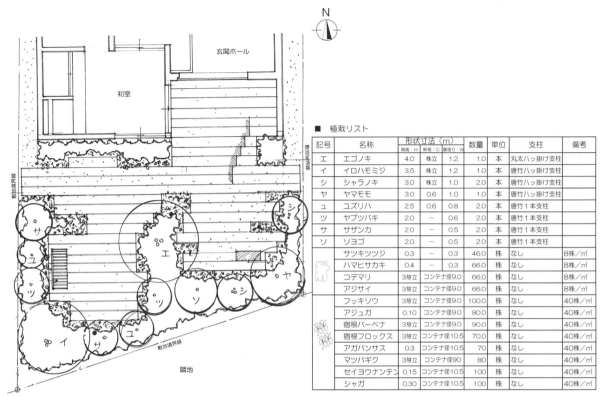

図9-13　植栽リストを用いた植栽計画図例

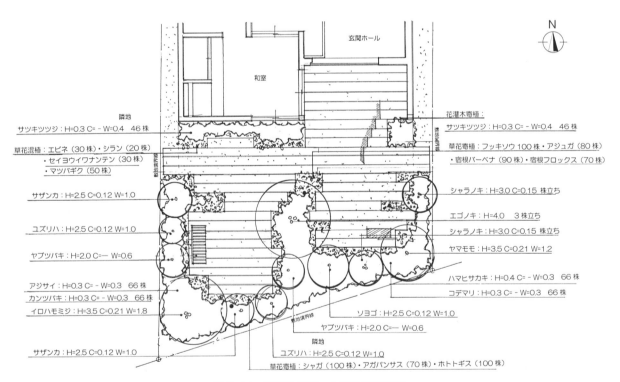

図9-14　引出線を用いた植栽計画図例

植栽リストを作成する場合、樹種を示す記号の表現には特に決めごとはなく、一般に樹木名や植物名の頭文字をカタカナ表示する方法が多く用いられている。他にも数字やひらがな、カタカナ、アルファベットなどが用いられている。いずれの記号や表示を用いても問題ないが、リスト表の記号欄に記入した記号と、平面図に表示した記号が一致することが不可欠である。常緑、落葉、広葉、針葉などの区別は特に記入しない。樹木名を理解することにより、その樹木の性質が分かるからである。

灌木の寄せ植え、下草や草花、地被植物などの本数や株数の多い植栽については、その植栽範囲を示す。その際に、範囲内の区別を分かりやすくする表現として、ハッチングや塗つぶしなどを用いる。範囲内に用いる樹木や草花、地被植物の名称や株数、形状寸法などについては、引出線を用いる場合は参照線上に、植栽リストを作成する場合は表に記載する。

植栽リストを用いた植栽計画図の例と、引出線を用いた植栽計画図の例を図9-13、9-14に示す。

B 立面で表現される樹木

一般的に、植栽計画図は平面図上や、対応した植栽リストに樹木名や形状寸法、数量などの必要な情報を表示することが多いので、こうした情報の記入がない立面的な植栽の表示は、提案図での描き方とほぼ変わらない。ただし、設計図書であるので平面図と同様に、植栽時の樹高や枝張り（葉張り）、植栽位置などを正確に示すことが大切となる。幹の位置や枝張りの外形線は、意匠的になり過ぎないように単純に書き、その樹木の持つ樹形や樹姿を意識して、できるだけ平面記号や樹木情報と整合するように樹高や枝張りに注意して書き込む（図9-15、平面記号との整合は「9-3 樹木の形状寸法の書き方」を参照）。

樹木の特徴的な形状、樹高や枝張りなどを正確に表示し、樹冠線内の書き込みを少なくする例
図9-15　設計図書での樹木の立面表示例

9-2　樹木の描き方

図面の用途に応じた表現を中心にここまで述べてきたが、高木、中木、低木や灌木、下草などの一つ一つの表現、常緑や落葉、広葉や針葉などの樹木を区別する具体的な表現について整理しておく。

9-2-1　高木、中木、低木の表現

平面記号では樹木の高さを表現できないが、樹木は成長に伴って枝張りを広げ、樹高を伸ばす相関関係がある。したがって、平面記号における樹木の表現は、枝張りが小さい範囲の樹木は低木となり、大きな範囲の樹木は高木ということになる。

立面の表現では、樹木ごとに高木、中木、低木などの樹高範囲が規定されているので、その範囲内の高さに描いた場合は高木、中木あるいは低木などと判断できる。立面表示では樹高や枝張り、樹形なども、植栽樹木を想定した書き込みとなる（図9-16）。

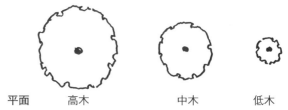

枝張りの大きさによって高木、中木、低木を区別する

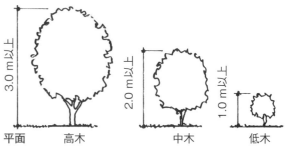

樹木の高さによって高木、中木、低木を区別する
図9-16　高木、中木、低木の平面・立面表示例

9-2-2 常緑樹と落葉樹の区分

設計図書の植栽計画図における常緑樹と落葉樹の区別は、平面記号に引出線を用いて参照線の上に、あるいは、植栽リストに記載する樹木名などによって明らかにする方法がある。一方、エクステリア全体の一般平面図や植栽提案図ではより分かりやすく印象的にするため、樹木の平面記号、立面記号について次のような表現を用いている（図9-17、ただし、着彩による区別は除く）。

〈平面記号での区分〉
- 常緑樹……枝張り外形線の表現を丸みのある柔らかな線で構成し、枝張りの範囲を塗りつぶして表現。
- 落葉樹……枝の張り方の記入や、枝張り外形線内の塗りつぶしを行わない表現。

〈立面記号での区分〉
- 常緑樹……常緑樹特有の樹形と枝張り線をフリーハンドの波線で表示、枝張りの範囲を塗りつぶして表現。
- 落葉樹……枝張り外形線よりは幹や枝の線を優先し、枝先に数枚の葉を記入して表示。

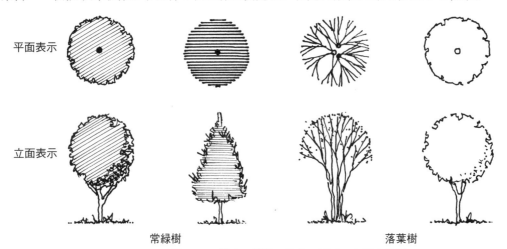

図9-17　樹木の常緑・落葉の平面・立面表示例

9-2-3 針葉樹と広葉樹の区分

平面図および立面図での針葉樹と広葉樹の区別は、一般に次のように表現を分けている（図9-18、ただし、着彩による区別は除く）。

〈平面記号・立面記号での区分〉
- 針葉樹……枝張り外形線をジグザグ線で描いて表現。
- 広葉樹……枝張り外形線を柔らかい曲線・波型線で描いて表現。

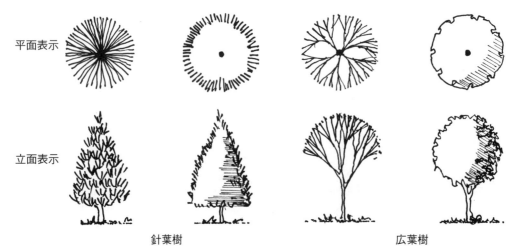

図9-18　樹木の針葉樹・広葉樹の平面・立面表示例

9-2-4 特殊樹木の表現

提案図などにおいて、特殊樹木と呼ばれるシュロやヤシの類の平面記号は、樹木を真上から見た水平投影を模式的にフリーハンドで表現して、他の枝張りを示す円形外形線を持った樹木と区別して描く。立面においても樹高と樹形を模式的に書き込んで表現する（図9-19）。

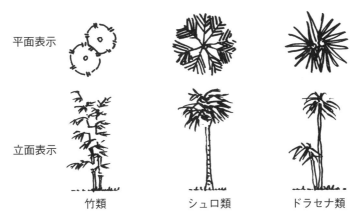

図9-19 特殊樹木の平面・立面表示例

9-2-5 下草・灌木の表現

灌木、中高木などの樹木の根元に植栽する低灌木、草花などの下草を提案図の平面記号で表現する場合は、一株ずつ枝張り範囲を書き込む方法と、株の植栽がまとまっている範囲で示す方法の2つの描き方がある。立面記号でも平面記号と同様に、葉張り樹冠線を個々の樹木ごとに描く方法と、植栽の範囲をまとめて描く方法とに分かれる（図9-20）。

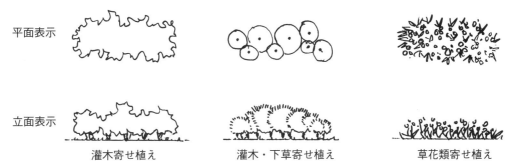

図9-20 灌木・下草植栽の平面・立面表示例

9-2-6 地被植物の表現

地被植物であるササやコケ、芝生などの平面的な表現は、植栽の範囲を示し、その範囲の中に、模式的な模様を描く方法がある。

提案図では、植栽範囲を示して範囲内にハッチイング、塗りつぶし、あるいは葉の形、花の形などを模式的に書き込み、地被植物の名称を記入しておく。

設計図書では植栽植物名、植栽範囲（数種類に渡る場合は塗りつぶしや記号、ハッチングなどにより種類を表現）、植栽密度（単位面積あたりの植栽株数）、植栽方法（混植、同種まとめ、刈り込み仕上げ）などが明確に分かるように、引出線を用いた参照線上、あるいは植栽リストに記入する。

立面的な表現では、地被植物の丈が小さいので高さを表現することは難しい。したがって、地被植物の特徴を捉えたフリーハンドによる立ち姿を描く（図9-21）。

図 9-21　地被植物・草花の平面・立面表示例

9-2-7　生垣の表現

生垣の表現は、平面記号では真上から見た植栽の投影図を、立面記号では生垣の仕上り高さを描く（図9-22）。提案図では、葉や陰などを書き込むが、設計図書では生垣の葉張り外形線を描き、植栽樹木の名称とm当たりの植栽本数などの必要な情報を記入する。

生垣として用いる樹木の性質は図面上に表現することができないので、設計図書に書く場合は、樹木名や生垣の仕上がり高さ、m当たりの使用本数などを記入する（図9-23は引出線を用いた例）。

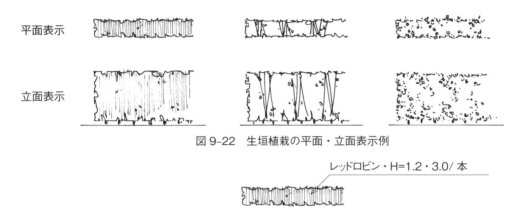

図 9-22　生垣植栽の平面・立面表示例

図 9-23　生垣植栽の設計図書での表示例（平面）

9-3　樹木の形状寸法の書き方

樹木の形状寸法の記入はすでに「9-1-2　設計図書用の植栽表現」で述べているが、引出線を用いる場合と、植栽リストを使った場合の記入方法についてまとめておく。

提案図あるいは簡易な植栽の設計図書であれば、名称（設計図書の場合は形状寸法、数量なども必要）を記入する余地が図面の上に十分あり、他の書き込みと一緒になっても煩雑にならない場合は、引出線を用いて参照線上に記入する方法でもよいだろう。

設計図書では植栽計画図に対応した植栽リストを作成することが原則となる。

植栽リストへの記載は、最初に平面図の樹木記号と整合させた記号、次に樹木名（樹木名はカタカナの大文字が原則）、形状寸法（樹高・H、目通り・C、枝［葉］張り・W）、植栽数量、単位（本、株、m^2、m）、支柱（風除支柱）の順に記入する。地被植物については、単位当たりの植栽数量を明記し、生垣についても高さと単位当たりの植栽本数などを記載する。

引出線を用いて表示した例は、図9-11、9-12、9-14で示したので、ここでは植栽リストの参考例を表9-1に示す。

表 9-1 樹木の形状寸法、植栽リストの表示例

植栽リスト								
記号	名称	形状寸法（m）			数量	単位	支柱	備考
		樹高：H	幹周：C	葉張：W				
ソ	ソメイヨシノ	4.0	0.21	1.8	4.0	本	丸太八ッ掛け支柱	
ヨ	ヨウコウザクラ	4.0	0.21	1.8	3.0	本	丸太八ッ掛け支柱	
ヤ	ヤブツバキ	3.0	0.15	0.9	5.0	本	唐竹八ッ掛け支柱	
ハ	ハナミズキ	3.0	0.12	1.0	5.0	本	唐竹八ッ掛け支柱	
イ	イロハモミジ	3.0	0.15	1.2	1.0	本	唐竹八ッ掛け支柱	
ル	サルスベリ	3.0	0.15	1.2	1.0	本	唐竹八ッ掛け支柱	
サ	サザンカ	2.5	－	0.7	3.0	本	唐竹八ッ掛け支柱	
キ	キンモクセイ	2.0	－	0.6	6.0	本	唐竹1本支柱	
	レンギョ	0.6	－	0.4	10.0	本	なし	
	ユキヤナギ	0.6	－	0.4	8.0	本	なし	
	サツキツツジ	0.3	－	0.3	40.0	株	なし	8株/m²
	カンツバキ	0.4	－	0.4	30.0	株	なし	8株/m²
	ツルバラ	L=1.5m/株			4.0	株	なし	8株/m²
	タマリュウ	3芽立ち、φ9			60.0	株		40株/m²
	芝生	コウライシバ、ベタ張り				m²		40株/m²

9-4 植栽の位置の表し方

植栽された樹木の位置を平面図の中で明確に示すには、図にグリッド線を引いて位置を座標的に示す方法と、基準点からの幹の距離を記入することによって指定する方法がある（図9-24）。

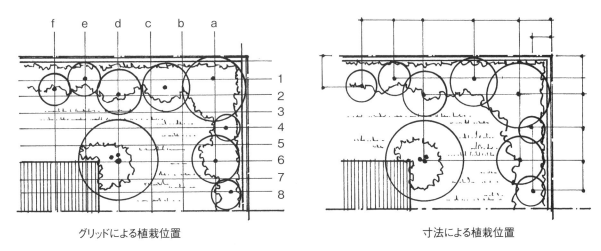

グリッドによる植栽位置　　　　　　　　寸法による植栽位置

図 9-24　灌木・下草植栽の平面・立面表示例

9-5 植栽計画図（設計図書用）参考例

最後に引出線で形状寸法を記入した植栽計画図の例を図9-25に示しておく。

第9章 植栽の表現

図 9-25 植栽計画図（設計図書）

第10章　植栽の積算

　植栽は、敷地の条件、気候、土壌、植栽時期、樹種、規格、数量、搬入、養生などを考慮して緑化の目的に合わせ、様々な状況の中で樹木が健全に生育できるように工事を行うことが大切である。植栽は生物が対象であるところが特徴であり、他の建設工事の積算に比べて特異な工種になる。植栽の材料は、樹形や樹高などの形状が一つ一つ異なるほか、樹木の品質が重要になることもある。それらを美しく組み合わせることによって価値が高まるようにするには、工事費を適切に積算することが重要である。

第 10 章　植栽の積算

10-1　適用範囲
　エクステリアの植栽作業および移植作業に適用する。なお、高木とは樹高 3m 以上、中低木とは樹高 3m 未満とする。

10-2　用語の定義
　国土交通省「公園緑地工事共通仕様書」（2018 年 4 月）で規定されている用語の定義に基づき、次によるものとする。

樹形……樹木の特性、樹齢、手入れの状態によって生ずる幹と樹冠によって構成される固有の形をいう。なお、樹種特有の形を基本として育成された樹形を「自然樹形」という。

樹高（略称：H）……樹木の樹冠の頂端から根鉢の上端までの垂直高をいい、一部の突出した枝は含まない。なお、ヤシ類など特殊樹にあって「幹高」と特記する場合は幹部の垂直高をいう。

幹周（略称：C）……樹木の幹の周長をいい、根鉢の上端より、1.2m 上りの位置を測定する。この部分に枝が分岐しているときは、その上部を測定する。幹が 2 本以上の樹木の場合においては、おのおのの周長の総和の 70％をもって幹周とする。なお、「根元周」と特記する場合は、幹の根元の周長をいう。

枝張り（葉張り・略称：W）……樹木などの四方面に伸長した枝（葉）の幅をいう。測定方向により幅に長短がある場合は、最長と最短の平均値とする。なお一部の突出した枝は含まない。葉張りとは低木の場合についていう。

株立（物）……樹木などの幹が根元近くから分岐して、そう状を呈したものをいう。なお株物とは低木でそう状を呈したものをいう。

株立数（略称：B、N）……株立（物）の根元近くから分岐している幹（枝）の数をいう。樹高と株立数の関係については次のように定める。
- 2 本立：1 本は所要の樹高に達しており、他は所要の樹高の 70％以上に達していること。
- 3 本立以上：指定株立数について、過半数は所要の樹高に達しており、他は所要の樹高の 70％以上に達していること。

根鉢……樹木の移植に際し、掘り上げられる根系を含んだ土のまとまりをいう。

ふるい掘り……樹木の移植に際し、土のまとまりをつけずに掘り上げること。ふるい根、素掘りともいう。

根巻……樹木の移動に際し、土を着けたままで鉢を掘り、土を落とさないよう、鉢の表面を縄その他の材料で十分に締め付けて掘り上げること。

10-3　樹姿と樹勢の品質規格
　樹木は生き物であるため、その品質は植栽後の活着や成長を大きく左右する。しかし、その形状は一つ一つが異なっているので、外見からの品質評価には、樹木に関して一定の経験と知識が必要とされる場合が多い。

　ここでは、品質評価の着眼点として、国土交通省「公園緑地工事共通仕様書」（2018 年 4 月）などに基づいた規格を紹介する。

10-3-1　樹姿
　樹姿の品質規格は次の通り。

樹形（全姿）……樹種の特性に応じた自然樹形で、バランスがよいこと、樹形が整っていること。

幹（高木のみ）……幹が、樹種の特性に応じ、単幹もしくは株立ち状であること。ただし、その特性上、幹が斜上するものはこの限りでない。

枝葉の配分……配分が四方に均等であること。

枝葉の密度……徒長的な成長をしておらず、樹種の特性に応じて節間が詰まり、枝葉密度が良好であること。
枝下の位置……下枝が枯れ上がらず、樹冠を形成する一番下の枝の高さが、適正な位置にあること。

10-3-2 樹勢

樹勢の品質規格は次の通り。

生育……健全な生育状態にあり、樹木全体で活力のある健康な状態で育っていること。
根……根系の発達がよく、四方に均等に配分され、根鉢範囲に細根が多く、乾燥していないこと。
根鉢……樹種の特性に応じた適正な根鉢、根株をもち、鉢くずれがないように根巻きやコンテナなどにより固定され、乾燥していないこと。ふるい掘りでは、特に根部の養生を十分にするなどして乾き過ぎないようにし、根の健全さが保たれ、損傷がないこと。
葉……正常な葉形、葉色、密度（着葉量）を保ち、しおれ、変色、変形や衰弱した葉がなく、生き生きとしていること。
樹皮（肌）……損傷がないか、その痕跡がほとんど目立たず、正常な状態を保っていること。
枝……樹種の特性に応じた枝の姿を保ち、徒長枝、枯損枝、枝折れなどの処理、および、必要に応じ適切な剪定が行われていること。
病虫害……発生がないもの。過去に発生しことのあるものにあっては、発生が軽微で、その痕跡がほとんど認められないよう育成したものであること。

10-3-3 地被類の材料

地被類の材料については、下記の事項に適合したもの、または、これと同等以上の品質を有するものとする。使用する材料については、設計図書によるものとし、雑草の混入がなく、根系が十分発達した細根の多いものとする。

シバ類、草本類、ツル性類、ササ類……指定の形状を有し、傷・腐れ・病虫害がなく、茎葉および根系が充実したコンテナ品または同等以上の品質を有するものとする。着花類については花およびつぼみの良好なものとする。
球根類……傷・腐れ・病害虫がなく、品種、花の色・形態が、品質管理されたもので、大きさが揃っているものとする。
種子……腐れ、病虫害がなく、雑草の種子、きょう雑物を含まない良好な発芽率をもつものとし、品種、花の色・形態が、品質管理されたもので、粒径が揃っているものとする。
花卉類……指定の形状を有し、傷・腐れ・病虫害がなく、茎葉および根系が充実したコンテナ品、または、同等以上の品質を有するものとし、着花のあるものについては、その状態が良好なものとする。

10-4 直接工事費の算出方法

植栽工事費の構成は大きく工事原価と一般管理費等に分けられ、さらに工事原価は直接工事費と間接工事費に分けることができる（図10-1）。本章で扱うのはこの直接工事費であり、材料費、労務費、直接経費（機械損料や運転経費などの機械経費）について、単位面積当たりの歩掛りを求めていく。

直接工事費の積算においては、国土交通省「土木工事標準積算基準書」などに基づきながら、住宅エクステリアの植栽工事に適用するものとしてまとめておく。

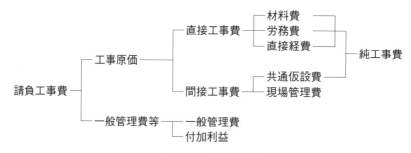

図10-1 工事費の構成
(日本エクステリア建設業協会『エクステリアプランナー・ハンドブック 第8版』
[建築資料研究社、2017]より)

直接工事費の算出にあたっては、以下の点に留意すること。
A 植樹の仕様
①コンテナ樹木（コンテナプランツまたはポット樹木）にも適用する。ただし、草花類には適用しない。
②植穴の埋戻しにあたって客土を使用する場合は、別途客土材料費を計上する。
③残土（発生土）の処分費については、運搬費と処分費を別途計上する。
B 支柱設置の仕様
①支柱の材質はスギ（杉）またはヒノキ（檜）とし、防腐加工（焼きは除く）が施されたものとする。また、間伐材であっても材質が同一で、防腐加工（焼きは除く）が施されていれば適用できる。
C 地被類植付けの仕様
①ササ類、草本類、ツル性類で、コンテナ径12cm以下のものに適用する。
②高さ（長さ）60cm以下の地被類に適用する。
D その他
植樹工および地被類植付け工で土壌改良材を使用する場合は、材料費を別途計上すること。

10-5 施工歩掛り

植栽工事を施工するにあたり、単位当たりの工事には、どのくらいの材料と人員が必要になるかが歩掛りである。歩掛りには材料と人工の歩掛りがあり、これらを知ることにより工事に必要な材料と人員の数が決められる。同時に、この歩掛りに材料価格と人工価格を値入れすることにより、単位当たりの工事費が算出されることになる。

10-5-1 工種

施工にあたり、どのような職種の人が必要となるのか、その工種を明らかにすることは重要である。本章で示す歩掛り表で取り上げる工事の工種内容について、国土交通省「公共工事設計労務単価」などに定義されている作業内容から該当するものを示しておく。
A 普通作業員
①普通の技能および肉体的条件を有し、主として次に掲げる作業を行うもの。
　a. 人力による土砂などの掘削、積込み、運搬、敷均しなど
　b. 人力による資材などの積込み、運搬、片付けなど
　c. 人力による除草
②その他、普通の技能および肉体的条件を有し、各種作業について必要とされる補助的業務を行うもの。
B 軽作業員
①主として人力による軽微な次の作業を行うもの。

a. 軽易な清掃または後片付け

　　b. 敷地内における除草作業

　　c. 簡易な灌水作業

　　d. 仮設物、安全施設などの小物の設置または撤去

　　e. 現場内の軽易な小運搬

②その他、各作業において主として、人力による軽易な補助作業を行うもの。

C　造園工

　造園工事について相当程度の技術を有し、主として次に掲げる作業について主体的業務を行うもの。

①樹木の植栽または維持管理

②庭園、緑地などを築造する工事における次の作業

　　a. 地ごしらえ

　　b. 園路または広場の築造

　　c. 池または流れの築造

　　d. 景石の据付け

　　e. 芝などの地被類の植付け

D　運転手（特殊）

　重機械（道路交通法第84条に規定する大型特殊免許または労働安全衛生法第16条第1項に規定する免許、資格もしくは技能講習の修了を必要とし、運転および操作に熟練を要するもの）の運転および操作について相当程度の技能を有し、主として重機械を運転または操作して行う次に掲げる作業について主体的業務を行うもの。

　　a. 機械重量3t以上のブルドーザ・トラクタ・パワーショベル・バックホウ・クラムシェル・ドラグライン・ローディングショベル・トラクタショベル・レーキドーザ・タイヤドーザ・スクレープドーザ・スクレーパ・モータスクレーパなどを運転または操作して行う土砂などの掘削、積込みまたは運搬

　　b. 吊上げ重量1t以上のクレーン装置付きトラック・クローラクレーン・トラッククレーン・ホイールクレーン、吊上げ重量5t以上のウィンチなどを運転または操作して行う資材などの運搬

　　c. ロードローラ、タイヤローラ、機械重量3t以上の振動ローラ（自走式）、スタビライザ、モータグレーダなどを運転または操作して行う土砂などのかき均しまたは締固め

　　d. コンクリートフィニッシャ、アスファルトフィニッシャなどを運転または操作して行う路面などの舗装

　　e. 杭打機を運転または操作して行う杭、矢板などの打込みまたは引抜き

　　f. 路面清掃車（3輪式）、除雪車などの運転または操作

E　運転手（一般）

　道路交通法第84条に規定する運転免許（大型免許、中型免許、普通免許など）を有し、主として機械を運転または操作して行う次に掲げる作業について主体的業務を行うもの

　　a. 資機材の運搬のための貨物自動車の運転

　　b. もっぱら路上を運行して作業を行う散水車、ガードレール清掃車などの運転

　　c. 機械重量3t未満のトラクタ（ホイール型）・トラクタショベル（ホイール型）・バックホウ（ホイール型）などを運転または操作して行う土砂などの掘削、積込みまたは運搬

　　d. 吊上げ重量1t未満のホイールクレーン・クレーン装置付きトラックなどを運転または操作して行う資材などの運搬

　　e. アスファルトディストリビュータを運転または操作して行う乳剤の散布

　　f. 路面清掃車（4輪式）の運転または操作

10-5-2 植栽工

　植栽工は、材料準備、位置出し、植穴掘り、植付け、埋戻し、養生（水ぎめ、土ぎめ）、残土敷均しまでの一連の作業を指す。場内20m内外の小運搬を含むものとする。また、埋戻し作業には肥料、土壌改良材などを混入する場合も含まれる。埋戻し後、残土処分については場内敷均しまでは含まれるが、場外処分の歩掛りは含まれないものとする。

　植付けの立入れ後は適切な方法により植穴の埋戻しを行い、植栽した樹木が乾燥により衰弱しないよう十分に注意する。また、樹木の根元には水鉢をつくり、雨水を溜めて乾燥防止とする。

　単価表の構成は、機械および労務単価に一連の作業（小運搬、植穴掘り、土壌改良材などの混入、植付け、埋戻し、養生、残土積込みまたは現場付近への残土敷均し）費を加えたものになる。

　樹木の搬入については、掘取りから植付けまでの間、乾燥、損傷に注意して活着不良とならないように処理しなければならない。

A　樹木の植付け施工

　高木、中低木、特殊樹木とも基本は同じであり、国土交通省「公園緑地工事共通仕様書」（2018年4月）などに基づき、次のように行う。

①樹木の植栽は、設計意図および付近の風致を考慮して、まず景趣の骨格をつくり、配植の位置出しを行い、全体の配植を行う。

②植栽に先立ち、水分の蒸散を抑制するため、適度に枝葉を切り詰め、または、枝透かしをするとともに、根部は、割れ、傷の部分を切り除き、活着を助ける処置をする。

③樹木の植付けが迅速に行えるようにあらかじめ、その根に応じた余裕のある植穴を掘り、植付けに必要な材料を準備しておく。

④植穴については、生育に有害な物を取り除き、穴底をよく耕した後、中高に敷均す。

⑤植付けについては、樹木の目標とする成長時の形姿、景観および付近の風致を考慮し、樹木の表裏を確かめたうえで修景的配慮を加えて植込む。

⑥水ぎめをする樹種については、根鉢の周囲に土が密着するように水を注ぎながら植付け、根部に間隙のないよう土を十分に突き入れる。仕上げについては、水が引くのを待って土を入れ、軽く押さえて地均しをする。

⑦植付けに際して土ぎめをする樹種については、根廻りに土を入れ、根鉢に密着するよう突き固める。

⑧樹木植付け後、直ちに支柱を取り付けることが困難な場合は、仮支柱を立て樹木を保護する。

⑨植栽後整姿・剪定を行う場合は、付近の景趣に合うように、修景的配慮を加えて行い、必要な手入れをする。

⑩土壌改良材を使用する場合は、客土または埋戻し土と十分混ぜ合わせて使用する。

B　施工歩掛りにおける留意点

　国土交通省「土木工事標準積算基準書」などに基づき、次の「C　歩掛り表」は以下の事項を基準としている。

①高木の幹周25cm以上は、機械施工を標準とする。使用機械はトラック（クレーン装置付・4t・2.9t吊）および小型バックホウ（排ガス対策型・クローラー型・山積$0.13m^3$［平積$0.1m^3$］）、トラッククレーン（油圧伸縮ジブ型・4.9t吊）とする。

②幹周は、地際より高さ1.2mの周囲長とする。なお、幹が枝分かれ、株立している樹木の場合の幹周は、各々幹周の総和の70%とする。

③樹木の現場着後の歩掛りとする。

④残土を植栽付近に敷均し、運搬車へ積込む歩掛りは歩掛り表に含む。それ以外の残土処分は別途計上する。

⑤支柱設置歩掛りは含まない。
⑥標準的植穴掘り以外の施工は別途考慮する。
⑦使用機械は賃料とする。
⑧歩掛り表は根鉢付き樹木の標準歩掛りとする。
⑨表中の歩掛りの埋戻し作業には、肥料、土壌改良材を混合する作業も含まれるが、肥料および改良材の材料費は含まないものとする。

C　植栽工の歩掛り表

　国土交通省「土木工事標準積算基準書」などに基づき、住宅エクステリア工事であることを考慮して、樹木の形状寸法ごとにまとめた。

①高木（樹高 3m 以上）

表 10-1　高木植栽工（幹周 15cm 未満・人力施工）歩掛り　　　本当たり

名称	摘要	単位	数量	備考
造園工	植付け手間	人	0.33	
普通作業員	手元	人	0.161	

表 10-2　高木植栽工（幹周 15cm 以上 25cm 未満・人力施工）歩掛り　　　本当たり

名称	摘要	単位	数量	備考
造園工	植付け手間	人	0.35	
普通作業員	手元	人	0.17	

表 10-3　高木植栽工（幹周 25cm 以上 40cm 未満・機械施工）歩掛り　　　本当たり

名称	摘要	単位	数量	備考
造園工	植付け手間	人	0.33	
普通作業員	手元	人	0.17	
トラック運転	クレーン装置付・4 t	h	0.47	
バックホウ運転	小型・クローラ型・山積 0.13m^3	日	0.021	

表 10-4　高木植栽工（幹周 40cm 以上 60cm 未満・機械施工）歩掛り　　　本当たり

名　称	摘要	単位	数量	備考
造園工	植付け手間	人	0.35	
普通作業員	手元	人	0.26	
トラック運転	クレーン装置付・4 t	h	0.57	
バックホウ運転	小型・クローラ型・山積 0.13m^3	日	0.048	

表 10-5　高木植栽工（幹周 60cm 以上 90cm 未満・機械施工）歩掛り　　　本当たり

名　称	摘要	単位	数量	備考
造園工	植付け手間	人	0.90	
普通作業員	手元	人	0.45	
バックホウ運転	小型・クローラ型・山積 0.13m^3	日	0.105	
トラッククレーン運転	油圧伸縮ジブ型・4.9 t 吊	日	0.09	賃料

②中低木

表10-6 中低木植栽工（樹高30cm未満・人力施工）歩掛り　　　本当たり

名称	摘要	単位	数量	備考
造園工	植付け手間	人	0.009	
普通作業員	手元	人	0.01	

表10-7 中低木植栽工（樹高30cm以上100cm未満・人力施工）歩掛り　　　本当たり

名称	摘要	単位	数量	備考
造園工	植付け手間	人	0.014	
普通作業員	手元	人	0.01	

表10-8 中低木植栽工（樹高100cm以上200cm未満・人力施工）歩掛り　　　本当たり

名称	摘要	単位	数量	備考
造園工	植付け手間	人	0.042	
普通作業員	手元	人	0.03	

表10-9 中低木植栽工（樹高200cm以上300cm未満・人力施工）歩掛り　　　本当たり

名称	摘要	単位	数量	備考
造園工	植付け手間	人	0.17	
普通作業員	手元	人	0.13	

D　樹木の運搬歩掛り

　高木のうち、幹周25cm以上の樹木についての植栽に際しては、機械施工が標準といえる。植付けに使用されるクレーン装置付トラック（4t積、2.9t吊）の運転費は、時間当たりにて計上される。トラック・クレーン油圧伸縮ジブ型（4.9t吊）は、日当たりの賃料にて計算される。

　植穴の掘削機械は、小型バックホウ（排ガス対策型・クローラ型・山積0.13m³［平積0.1m³］）を標準とする。この運転費は日当たりにて計上される。その他、歩掛りには次の数値を用いる。

〈トラック〉

● トラック運転手（特殊）歩掛りは、運転日当たりの標準運転時間（T）は「5.6（h/日）」とする。運転1時間当たりの労務歩掛りは「1/T=1/5.6=0.18（人/h）」となる。

〈バックホウ〉

● 運転日当たりの標準運転時間（T）は「5.6（h/日）」とする。
● バックホウの燃料消費料率は、0.175（ℓ/kW-h）とする（燃料消費量率表などから得られる）。
● 運転1時間当たりの燃料消費量は「0.175（ℓ/kW-h）×25（kW）=4.4（ℓ/h）」。
● 運転1日当たり燃料消費量は「4.4（ℓ）×5.6（h）=24.6≒25.0（ℓ/日）」。

E　運転歩掛り表

表10-10 トラック（クレーン付・4t・2.9t吊）運転歩掛り　　　1時間当たり

名称	摘要	単位	数量	備考
運転手	特殊	人	0.18	
燃料費	軽油	ℓ	6.6	
機械損料	トラック（クレーン装置付・4t・2.9t吊）	h	1.0	

表10-11 小型バックホウ（山積0.13m³・平積0.1m³）運転歩掛り　　　1日当たり

名称	摘要	単位	数量	備考
運転手	特殊・運転1時間当たり労務歩掛り×T	人	1.0	
燃料費	軽油・運転1時間当たり燃料消費量×T	ℓ	25.0	
機械損料	小型バックホウ・クローラ型	日	1.0	

10-5-3 植穴

樹木の植穴の大きさは一般に、中高木で、根本径の4～6倍とされている。

植穴は、設計図書の形状寸法を踏まえ、搬入された植物材料の根鉢に合わせて大きさを決定する。植穴の大きさはその場合、根鉢直径の2倍以上、あるいは、根鉢直径にスコップを操作できる余裕幅を加えた大きさを目安とする（図10-2）。

植穴の底は、根の伸長を阻害しないよう耕して柔らかくし、客土や肥料を施しておくことが望ましい。植穴深さは、根鉢高（鉢の深さ）に客土などを考慮した余裕高を加えるが、根鉢高（鉢の深さ）の1.4倍程度と考え、深植えにならないように留意する。

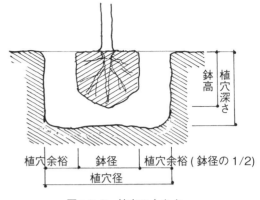

図10-2 植穴の大きさ

植穴容量から鉢容量を差し引いたものは、客土、土壌改良材の算出基準となる。掘上げた土（在来土）をそのまま埋戻す場合の残土は鉢容量と同じであるが、土の変化率を考慮する。

国土交通省「土木工事積算基準」などに掲載されている高木と中低木の鉢容量・植穴容量を参考として表10-12、10-13に示しておく。

表10-12 高木の鉢容量および植穴容量

形状	幹周 (cm)	鉢径 (cm)	鉢高 (cm)	植穴径 (cm)	植穴深さ (cm)	鉢容量 (m^3)	植穴容量 (m^3)
高木	10 未満	33	25	69	37	0.017	0.09
	10 以上 15 未満	38	28	75	40	0.028	0.14
	15 以上 20 未満	47	33	87	46	0.061	0.27
	20 以上 25 未満	57	39	99	53	0.11	0.44
	25 以上 30 未満	66	45	111	59	0.17	0.65
	30 以上 35 未満	71	48	117	62	0.21	0.76
	35 以上 45 未満	90	59	141	75	0.40	1.34
	45 以上 60 未満	113	74	171	90	0.74	2.28
	60 以上 75 未満	141	91	207	109	1.32	3.70
	75 以上 90 未満	170	108	343	128	2.08	5.45

表10-13 中低木の鉢容量および植穴容量

形状	樹高 (cm)	鉢径 (cm)	鉢高 (cm)	植穴径 (cm)	植穴深さ (cm)	鉢容量 (m^3)	植穴容量 (m^3)
中低木	30 未満	15	8	29	23	0.001	0.015
	30 以上 50 未満	17	10	33	26	0.002	0.022
	50 以上 80 未満	20	12	37	28	0.004	0.030
	80 以上 100 未満	22	13	41	31	0.005	0.040
	100 以上 150 未満	26	16	46	35	0.008	0.067
	150 以上 200 未満	30	19	54	40	0.013	0.090
	200 以上 250 未満	35	23	61	46	0.022	0.133
	250 以上 300 未満	40	26	69	51	0.032	0.188

10-5-4 客土と土壌改良

客土には植栽地全体を対象とする場合と、樹木などの植穴に行う場合がある。客土は樹木などの順調な生育が続くように土壌環境を整えるものである。一般的には、良質な畑土などが用いられるが、安易に入れ替えるのではなく、在来土の活用を図ることにより周囲とも馴染み、樹木の将来にとっても効果がある。

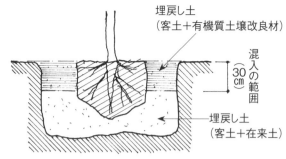

図10-3 埋戻しにおける土壌改良材の混入の範囲

在来土を客土として活用するために、ピートモスやバーク堆肥などの有機質土壌改良材が採用される。ピートモスは酸性土壌のアルカリ化や粘性土などの改良に適している。バーク堆肥は樹皮に鶏糞を添加醗酵させたもので、砂質土の改良に適している。土壌改良材はその特性に応じて、施用の量を決めなければならない。樹勢回復や根廻しなどの特別な場合を除き、深さ30cm程度の範囲にとどめることがよい。

A 歩掛り表

国土交通省「土木工事標準積算基準書」「公園緑地工事共通仕様書」（2018年4月）などに基づき、住宅エクステリア工事であることを考慮して、土壌改良材の施用量の歩掛りを表10-14に示す。

①土壌改良材の混入

表10-14 土壌改良材の施用量　　　　　　　　　　　本当たり

名称	ミネロックファイバー2号（相当品）／kg	バーク推肥（A級品）／kg	埋戻し量／m³
低木・樹高30cm未満	0.14	1.4	0.014
低木・樹高30～60cm未満	0.20	2.0	0.02
中木・樹高1.0～1.5m未満	0.49	4.9	0.049
中木・樹高2.0～2.5m未満	1.1	11.0	0.111
高木・目通り10cm未満	0.73	7.3	0.073
高木・目通り15～20cm未満	2.09	20.9	0.29
高木・目通り25～30cm未満	4.8	48.0	0.48

（注）・10本程度の植栽規模とする
　　　・現場の状況により、別途計上する場合がある
　　　・土壌条件に合わせて適宜変更して使用すること

②埋戻し不足土量

移植などにおける、掘削部を埋戻しする場合の不足土は必要量を計上する。なお、不足土は運搬とする。埋戻し不足土量は下記の計算式を参照する。

　Q＝r×v

　　Q：運搬土量（m³）
　　r：1本あたりの不足土量（m³/本）
　　v：掘取り本数（本）

表10-15 埋戻し不足土量（r）　　　　　m³/本

形状寸法	中低木	高木
	樹高1.0～2.0m未満	幹周30cm未満
不足土量	0.004	0.36

10-6　樹木の支柱設置

　支柱は、樹木が活着するまでの期間、風による動揺や倒伏に対応するように設置される仮設物である。土地の状況や強風対策から永続的な工作物として設置することもある。また、支柱を樹木の添景物として見せる場合や、支柱が見えないように根系部を地中で支える方法もある。

　標準的な支柱の形式には、杉丸太、真竹などを主材料にしたもので、幹に沿わせて樹木を支える「添柱支柱」、斜めに幹の上部に取付ける「一本支柱」あるいは「三本支柱（八ッ掛）」、幹の下部に鳥居形に取り付ける「鳥居支柱」があり、樹高に応じて適用する（表10-16）。

　中木に適用される支柱は、添柱支柱、布掛支柱、生垣支柱、二脚鳥居支柱、八ッ掛支柱が主なものである。

表10-16　支柱適用樹高

名称	適用樹高（m）	名称	適用樹高（m）
二脚鳥居添木付支柱	2.5 m以上	布掛支柱	1.0 m以上
八ッ掛支柱	1.0 m以上	生垣支柱	1.0 m以上
添柱支柱（1本柱）	1.0 m以上		

10-6-1　樹木の支柱設置施工

　高木、中低木、特殊樹木とも基本は同じであり、国土交通省「公園緑地工事共通仕様書」（2018年4月）などに基づき、次のように行う。なお、単価の構成は、労務および材料の価格に小運搬を加えたものになる。

①支柱の丸太・唐竹と樹幹（枝）との交差部分は、全て保護材を巻き、しゅろ縄は緩みのないように割り縄掛けに結束し、支柱の丸太と接合する部分は、釘打ちのうえ、鉄線掛けとする。

②八ッ掛、布掛の場合の支柱の組み方については、立地条件（風向、土質、樹形）を考慮し、樹木が倒伏・屈折および振れることのないよう堅固に取付け、その支柱の基礎は地中に埋込んで根止めに杭を打込み、丸太は釘打ちし、唐竹は竹の先端を節止めしたうえ、釘打ち、または、ノコギリ目を入れて鉄線で結束する。

③八ッ掛の場合は、控えとなる丸太（竹）を幹（主枝）または丸太（竹）と交差する部位の2カ所以上で結束する。なお、修景的に必要な場合は、支柱の先端を切り詰める。

④ワイヤロープを使用して控えとする場合は、樹幹の結束部には設計図書に示す保護材を取付け、指定の本数のロープを効果的な方向と角度にとり、止め杭に結束する。また、ロープの末端結束部は、ワイヤクリップで止め、ロープ交差部も動揺しないように止めておき、ロープの中間にターンバックルを使用するか否かに関わらず、ロープは緩みのないように張る。

⑤地下埋設型支柱の施工については、周辺の舗装や施設に支障のないようにする。

10-6-2　支柱材料

　支柱の材料については、国土交通省「公園緑地工事共通仕様書」（2018年4月）などに基づき、下記の事項に適合したもの、または、これと同等以上の品質を有するものとする。

①丸太支柱材は、杉、檜または唐松の皮はぎもので、設計図書に示す寸法を有し、曲がり・割れ・虫食いのない良質材とし、その防腐処理は設計図書によるものとする。なお、杭に使用する丸太は元口を先端加工とし、杭および鳥居型に使用する横木の見え掛り切り口は全面、面取り仕上げしたものとする。

②唐竹支柱材は、2年生以上の真竹で曲がりがなく粘り強く、割れ・腐れ・虫食いのない生育良好なものとし、節止めとする。

③パイプ支柱材は、設計図書によるものとするが、これに示されていない場合は、JIS G 3452（配管用炭素鋼鋼管）の規格品に防錆処理を施したうえ、合成樹脂ペイント塗仕上げするものとする。
④ワイヤーロープ支柱材は、設計図書によるものとするが、これに示されていない場合は、JIS G 3525（ワイヤーロープ）の規格品を使用するものとする。
⑤杉皮または檜皮は、大節・割れ・腐れのないものとする。
⑥しゅろ縄は、より合わせが均等で強靱なもので、腐れ・虫食いがなく、変質のないものとする。

10-6-3　施工歩掛り表

支柱設置は、建込み、結束からなり、支柱形式別、支柱材料および歩掛りは、次表とする。「土木工事標準積算基準書」などに基づき、住宅エクステリア工事であることを考慮して、本当たりで立面図、平面図とともに示した。

①支柱

表 10-17　唐竹添柱支柱歩掛り　　　　　　　　　　　　　　　　本当たり

名称	摘要	単位	数量	備考
造園工		人	0.02	
普通作業員	手元	人	0.02	
唐竹	末口 25mm　L=4.0m	本	0.5	
鉄線	亜鉛引き鉄線♯18	kg	0.016	
杉皮	700×400mm	枚	0.2	
しゅろ縄	径3mm×長さ20m／束	束	0.2	

図 10-4　唐竹添柱支柱

表 10-18　一脚唐竹支柱（一本支柱）歩掛り　　　　　　　　　　本当たり

名称	摘要	単位	数量	備考
造園工		人	0.02	
普通作業員	手元	人	0.02	
唐竹	末口 25mm　L=4.0m	本	0.5	
鉄線	亜鉛引き鉄線♯18	kg	0.016	
杉皮	700×400mm	枚	0.2	
しゅろ縄	径 3mm×長さ 20m／束	束	0.2	

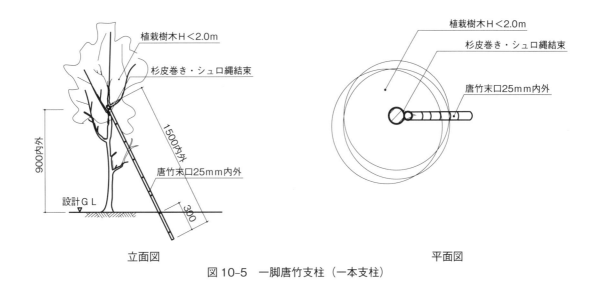

図 10-5　一脚唐竹支柱（一本支柱）

表 10-19　丸太添柱支柱歩掛り　　　　　　　　　　本当たり

名称	摘要	単位	数量	備考
造園工		人	0.03	
普通作業員	手元	人	0.02	
丸太	末口 60mm　L=1.8m	本	1.0	
杉皮	700×400mm	枚	0.2	
しゅろ縄	径 3mm×長さ 20m／束	束	0.15	

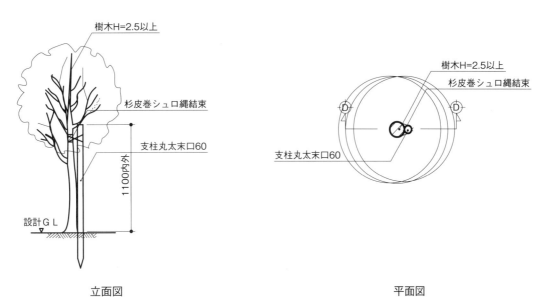

図 10-6　丸太添柱支柱

表10-20 一脚丸太支柱（一本支柱）歩掛り　　　　　　　　　　　　　　　　本当たり

名称	摘要	単位	数量	備考
造園工		人	0.03	
普通作業員	手元	人	0.03	
丸太	末口60mm　L=1.8m	本	1.0	
杉皮	700×400mm	枚	0.2	
しゅろ縄	径3mm×長さ20m／束	束	0.15	

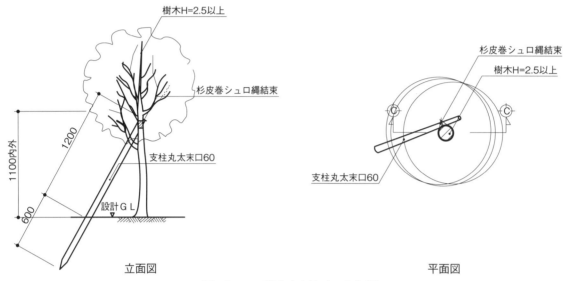

図10-7　一脚丸太支柱（一本支柱）

表10-21　二脚鳥居支柱・添木付歩掛り　　　　　　　　　　　　　　　　本当たり

名称	摘要	単位	数量	備考
造園工		人	0.12	
普通作業員	手元	人	0.06	
杉丸太	長0.6m×末口60mm	本	1.0	
杉丸太	長さ2.0m×末口60mm	本	2.0	
梢丸太	長さ4m×末口30mm	本	1.0	
釘	鉄丸釘　N=125	本	2.0	
鉄線	亜鉛引鉄線#18	kg	0.168	
杉皮	700×400mm	枚	0.5	
しゅろ縄	径3mm×長さ20m／束	束	0.6	

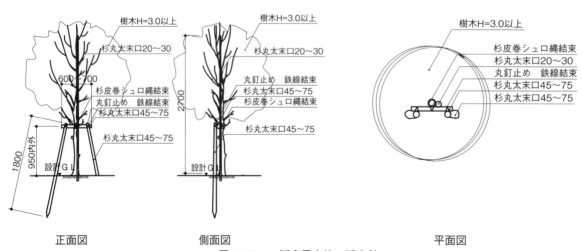

図10-8　二脚鳥居支柱・添木付

表 10-22 二脚鳥居支柱・添木なし歩掛り　　　　　　　　　　本当たり

名称	摘要	単位	数量	備考
造園工		人	0.09	
普通作業員	手元	人	0.044	
杉丸太	長さ0.6m×末口60mm	本	1.0	
杉丸太	長さ1.8m×末口60mm	本	2.0	
鉄丸釘	N-125	本	2.0	
鉄線	亜鉛引鉄線♯18	kg	0.1	
杉皮	700×400mm	枚	0.2	
しゅろ縄	径3mm×長さ20m／束	束	0.05	

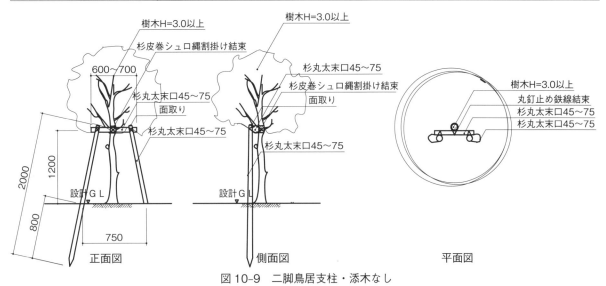

図 10-9　二脚鳥居支柱・添木なし

表 10-23　唐竹八ッ掛支柱歩掛り　　　　　　　　　　本当たり

名称	摘要	単位	数量	備考
造園工		人	0.03	
普通作業員	手元	人	0.03	
唐竹	長さ4.0m×末口25mm	本	3.0	
鉄線	亜鉛引鉄線♯18	kg	0.075	
杉皮	700×400mm	枚	0.2	
しゅろ縄	径3mm×長さ20m／束	束	0.3	

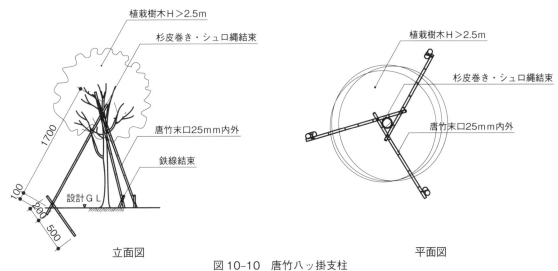

図 10-10　唐竹八ッ掛支柱

第10章　植栽の積算

表10-24　丸太八ッ掛支柱歩掛り　　　　　　　　　　　　　　　　　　　　　　本当たり

名称	摘要	単位	数量	備考
造園工		人	0.06	
普通作業員	手元	人	0.06	
杉丸太	長さ0.6m×末口60mm	本	3.0	
杉丸太	長さ5.0m×末口40mm	本	3.0	
鉄線	亜鉛引鉄線♯18	kg	0.285	
杉皮	700×400mm	枚	1.2	
しゅろ縄	径3mm×長さ20m／束	束	1.3	

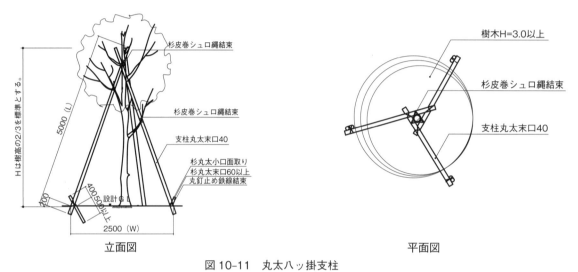

図10-11　丸太八ッ掛支柱

表10-25　生垣支柱歩掛り　　　　　　　　　　　　　　　　　　　　　　　　m当たり

名称	摘要	単位	数量	備考
造園工		人	0.02	
普通作業員	手元	人	0.02	
杉丸太	柱・長さ1.8m×末口75mm	本	0.5	
組子	唐竹・長さ4.0m×末口25mm	本	5.0	
鉄線	亜鉛引鉄線♯18	kg	0.01	
しゅろ縄	径3mm×長さ20m／束	束	0.33	

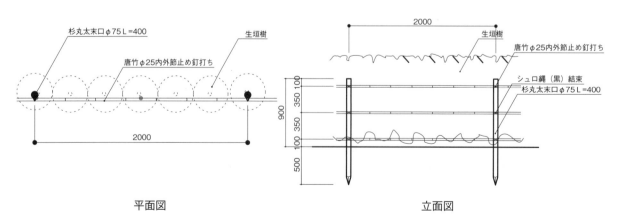

図10-12　生垣支柱

表 10-26　唐竹布掛支柱歩掛り　　　　　　　　　　　　　　　　　　　　　m当たり

名称	摘要	単位	数量	備考
造園工		人	0.02	
普通作業員	手元	人	0.02	
唐竹	唐竹・長さ4.0m×末口25mm	本	0.6	
組子	唐竹・長さ4.0m×末口25mm	本	0.25	
鉄線	亜鉛引鉄線#18	kg	0.01	
しゅろ縄	径3mm×長さ20m／束	束	0.33	

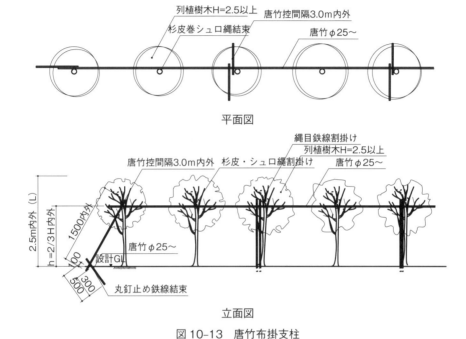

図 10-13　唐竹布掛支柱

表 10-27　三脚鳥居支柱・添木なし歩掛り　　　　　　　　　　　　　　　本当たり

名称	摘要	単位	数量	備考
造園工		人	0.12	
普通作業員	手元	人	0.059	
杉丸太	長さ0.6m×末口75mm	本	1.0	
杉丸太	長さ1.8m×末口75mm	本	3.0	
諸雑費率	杉皮、しゅろ縄、釘、鉄線	%	3.0	

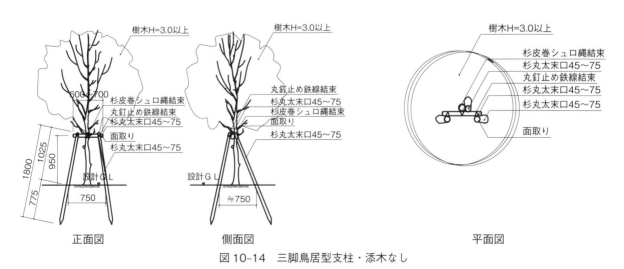

図 10-14　三脚鳥居型支柱・添木なし

②ワイヤー支柱

表10-28 ワイヤー支柱（樹高5m以上7m未満・幹周40cm以上50cm未満）歩掛り　本当たり

名称	摘要	単位	数量	備考
造園工		人	0.04	
普通作業員	手元	人	0.04	
ワイヤー支柱	アンカー・A（2号） ターンバックル・A 沈ジャックル・8mm ワイヤーグリップ・FR-8 ワイヤーロープφ6mm	組	1	
杉皮	750×300mm	枚	0.7	
しゅろ縄	径3mm×長さ20m／束	束	1.2	

表10-29 ワイヤー支柱（樹高7m以上9m未満・幹周50cm以上70cm未満）歩掛り　本当たり

名称	摘要	単位	数量	備考
造園工		人	0.06	
普通作業員	手元	人	0.06	
ワイヤー支柱	アンカー・B（4号） ターンバックル・A 沈ジャックル・12mm ワイヤーグリップ・FR-10 ワイヤーロープφ9mm	組	1	
杉皮	750×300mm	枚	1.2	
しゅろ縄	径3mm×長さ20m／束	束	1.3	

表10-30 ワイヤー支柱（樹高9m以上11m未満・幹周70cm以上100cm未満）歩掛り　本当たり

名称	摘要	単位	数量	備考
造園工		人	0.08	
普通作業員	手元	人	0.08	
ワイヤー支柱	アンカー・C（6号） ターンバックル・B 沈ジャックル・16mm ワイヤーグリップ・FR-12 ワイヤーロープφ12mm	組	1	
杉皮	750×300mm	枚	1.4	
しゅろ縄	径3mm×長さ20m／束	束	1.8	

（注）1. ガイドパイプによる打ち込み深さは樹高5〜7mの樹木で0.6m、樹高7〜9mの樹木で0.75m、樹高9〜11mの樹木で0.9mとする。
　　　2. ワイヤー支柱の標準取付け高は、樹高5〜7mの樹木で4.0m、樹高7〜9mの樹木で5.5m、樹高9〜11mの樹木で7.0mとする。

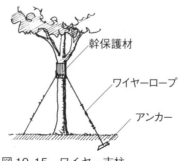

図10-15　ワイヤー支柱

10-7 移植工

移植工は、樹木を掘取りして、運搬し、植付けるまでの一連の作業を指す。掘取りは、中低木および幹周 25cm 未満の樹木については人力で行うものとする。幹周 25cm 以上の樹木の掘取りは機械施工を標準とする。

機械施工における床掘りおよび掘下げはバックホウ排出ガス対策型、クローラー型山積 0.13m³ を標準とする。吊上げには 2.9t 吊クレーン装置付トラックまたは油圧伸縮ジブ型 4.9t 吊トラック・クレーンを使用するものとする。

掘取りの歩掛りは養生、根巻き、埋戻しは含まれるものとする。根巻きを必要とする場合としない場合とに分けて計上する。また、歩掛り表の諸雑費率は、根巻きでは、こも、わら縄などの費用となる。幹巻きでは、わら、しゅろ縄などの費用となる。

10-7-1 掘取り工

掘取りは、人力または小型バックホウによる床掘り、掘下げ、クレーンによる吊上げおよび養生、根巻き、埋戻しであり、施工歩掛りは次の事項に留意する。

①使用機械のトラック（クレーン装置付・4t・2.9t 吊）の運転時間計上。
②使用機械の小型バックホウ（排ガス対策型・クローラ型・山積 0.13m³ [平積 0.1m³]）運転は 1 日賃料として計上。
③トラック・クレーン（油圧伸縮ジブ型 4.9t 吊）は 1 日賃料として計上。
④数値（10-7-2 歩掛り表の数量）は根巻きを行う場合の歩掛りであり、その右側にある（ ）内の数値は、根巻きを行わない場合の歩掛りである。
⑤幹巻きが必要な場合は、「10-7-4 幹巻き歩掛り」の歩掛りを計上する。
⑥あらかじめ根切りを行い、埋戻しておき、後日移植する場合は別途積算する。
⑦掘取りの歩掛りには、養生、根巻き、埋戻しは含まれている。
⑧高木の幹周 25cm 以上は、機械施工を標準とする。
⑨高木の幹周 25cm 以上は積込み、取卸し時間を含む。
⑩掘取り後の残土は、埋戻しとして含むが、不足土量に係る費用が必要な場合は別途計上する。
⑪歩掛り表は根鉢付樹木の標準歩掛りであるため、ふるい根の場合は別途計上できるものとする。
⑫諸雑費は、根巻き（こも・わら縄）幹巻き（わら・しゅろ縄）の費用である。ただし、緑化テープを使用する場合は、別途考慮する。
⑬歩掛り表は新規に植栽する場合にも適用できる。
⑭掘取り歩掛りには、30m 程度の小運搬を含む。

10-7-2 掘取り工歩掛り表

国土交通省「土木工事標準積算基準書」などに基づき、住宅エクステリア工事であることを考慮して、高木、中低木に分けてまとめた。

①高木（樹高 3m 以上）

表 10-31　高木掘取り（幹周 15cm 未満・人工施工）歩掛り　　本当たり

名称	摘要	単位	数量	備考
造園工	掘取り手間	人	0.148 (0.122)	
普通作業員	手元	人	0.073 (0.073)	
諸雑費率	こも、わら縄	%	4.0	

第 10 章　植栽の積算

表 10-32　高木掘取り（幹周 15cm 以上 25cm 未満・人力施工）歩掛り　　本当たり

名称	摘要	単位	数量	備考
造園工	掘取り手間	人	0.32 (0.26)	
普通作業員	手元	人	0.158 (0.158)	
諸雑費率	こも、わら縄	%	5.0	

表 10-33　高木掘取り（幹周 25cm 以上 40cm 未満・機械施工）歩掛り　　本当たり

名称	摘要	単位	数量	備考
造園工	掘取り手間	人	0.52 (0.44)	
普通作業員	手元	人	0.156 (0.156)	
トラック運転	クレーン装置付・4t	h	0.108 (0.108)	
バックホウ運転	小型・クローラ型・山積 0.13m^3	日	0.077 (0.077)	
諸雑費率	こも、わら縄	%	6.0	

表 10-34　高木掘取り（幹周 40cm 以上 60cm 未満・機械施工）歩掛り　　本当たり

名称	摘要	単位	数量	備考
造園工	掘取り手間	人	0.78 (0.7)	
普通作業員	手元	人	0.252 (0.252)	
トラック運転	クレーン装置付・4t	h	0.156 (0.156)	
バックホウ運転	小型・クローラ型・山積 0.13m^3	日	0.109 (0.109)	
諸雑費率	こも、わら縄	%	5.0	

表 10-35　高木掘取り（幹周 60cm 以上 90cm 未満・機械施工）歩掛り　　本当たり

名称	摘要	単位	数量	備考
造園工	掘取り手間	人	1.26 (1.10)	
普通作業員	手元	人	0.41 (0.41)	
バックホウ運転	小型・クローラ型・山積 0.13m^3	h	0.178 (0.178)	
トラッククレーン運転	油圧伸縮ジブ型・4.9t 吊	日	0.036 (0.036)	
諸雑費率	こも、わら縄	%	5.0	

②中低木（樹高 3m 未満）

表 10-36　中低木掘取り（樹高 60cm 未満・人力施工）歩掛り　　本当たり

名称	摘要	単位	数量	備考
造園工	掘取り手間	人	0.028 (0.022)	
普通作業員	手元	人	0.019 (0.019)	

表 10-37　中低木掘取り（樹高 60cm 以上 100cm 未満・人力施工）歩掛り　　本当たり

名称	摘要	単位	数量	備考
造園工	掘取り手間	人	0.04 (0.032)	
普通作業員	手元	人	0.028 (0.028)	

表 10-38　中低木掘取り（樹高 100cm 以上 200cm 未満・人力施工）歩掛り　　本当たり

名称	摘要	単位	数量	備考
造園工	掘取り手間	人	007 (0.06)	
普通作業員	手元	人	0.054 (0.054)	

表10-39　中低木掘取り（樹高200cm以上300cm未満・人力施工）歩掛り　　本当たり

名称	摘要	単位	数量	備考
造園工	掘取り手間	人	0.176 (0.137)	
普通作業員	手元	人	0.137 (0.137)	

10-7-3　幹巻き

幹巻きは、植栽する樹木全部に対して行うものではなく、木肌や日焼けを起こしやすい樹木に施すものとする。また、移植に伴う衰弱や病虫害の被害を受けやすい樹木、貴重な樹木などにも行う。一般的に幹周25cm以上のものを対象としているが、これ以下の規格の樹木であっても幹巻きを必要とする樹木については別途考慮する。

10-7-4　幹巻き歩掛り表

国土交通省「土木工事標準積算基準書」などに基づき、住宅エクステリア工事であることを考慮してまとめた。

表10-40　高木幹巻き（幹周25cm以上40cm未満）歩掛り　　本当たり

名称	摘要	単位	数量	備考
造園工	幹巻き手間	人	0.06	
普通作業員	手元	人	0.019	
諸雑費率	わら、しゅろ縄など	％	15.0	

表10-41　高木幹巻き（幹周40cm以上60cm未満）歩掛り　　本当たり

名称	摘要	単位	数量	備考
造園工	幹巻き手間	人	0.107	
普通作業員	手元	人	0.034	
諸雑費率	わら、しゅろ縄など	％	17.0	

表10-42　高木幹巻き（幹周60cm以上90cm未満）歩掛り　　本当たり

名称	摘要	単位	数量	備考
造園工	幹巻き手間	人	0.174	
普通作業員	手元	人	0.055	
諸雑費率	わら、しゅろ縄など	％	20.0	

10-7-5　樹木運搬工

樹木運搬は「4〜4.5t積トラック」または「4t積2.9t吊クレーン装置付トラック」によるものとし、運搬歩掛りは、次の事項に留意する。

①運搬距離が5kmを超える場合は、超えた距離5kmごとに「10-7-6　運搬歩掛り表の備考欄」の値を加算する。

②高木の幹周25cm未満については積込み、取卸し時間を含み、幹周25cm以上は積込み、取卸し時間を含まない。

10-7-6　運搬歩掛り表

国土交通省「土木工事標準積算基準書」などに基づき、住宅エクステリア工事であることを考慮してまとめた。

第10章 植栽の積算

①中低木（樹高3m未満）

表10-43 中低木運搬・5km未満（樹高50cm未満）歩掛り　本当たり

名称	摘要	単位	数量	備考
トラック運転	4～4.5tトラック積 積載量110本	h	6.6	5kmを超え5km増すごとに0.5h加算

表10-44 中低木運搬・5km未満（樹高50cm以上100cm未満）歩掛り　本当たり

名称	摘要	単位	数量	備考
トラック運転	4～4.5tトラック積 積載量50本	h	9.4	5kmを超え5km増すごとに1.0h加算

表10-45 中低木運搬・5km未満（樹高100cm以上200cm未満）歩掛り　本当たり

名称	摘要	単位	数量	備考
トラック運転	4～4.5tトラック積 積載量45本	h	11.7	5kmを超え5km増すごとに1.1h加算

表10-46 中低木運搬・5km未満（樹高200cm以上300cm未満）歩掛り　本当たり

名称	摘要	単位	数量	備考
トラック運転	4～4.5tトラック積 積載量45本	h	15.0	5kmを超え5km増すごとに1.1h加算

②高木（樹高3m以上）

表10-47 高木運搬・5km未満（幹周15cm未満）歩掛り　本当たり

名称	摘要	単位	数量	備考
トラック運転	4～4.5tトラック積 積載量20本	h	21.3	5kmを超え5km増すごとに2.4h加算

表10-48 高木運搬・5km未満（幹周15cm以上25cm未満）歩掛り　本当たり

名称	摘要	単位	数量	備考
トラック運転	4～4.5tトラック積 積載量13.3本	h	29.4	5kmを超え5km増すごとに3.8h加算

表10-49 高木運搬・5km未満（幹周25cm以上40cm未満）歩掛り　本当たり

名称	摘要	単位	数量	備考
トラック運転	クレーン付トラック4t積　2.9t吊り 積載量7.7本	h	8.7	5kmを超え5km増すごとに8.7h加算

表10-50 高木運搬・5km未満（幹周40cm以上60cm未満）歩掛り　本当たり

名称	摘要	単位	数量	備考
トラック運転	クレーン付トラック4t積　2.9t吊り 積載量2.5本	h	20.5	5kmを超え5km増すごとに20.5h加算

表10-51 高木運搬・5km未満（幹周60cm以上90cm未満）歩掛り　本当たり

名称	摘要	単位	数量	備考
トラック運転	4～4.5tトラック積 積載量1.0本	h	49.0	5kmを超え5km増すごとに49.0h加算

10-8　地被類植付け工

　地被類の植付けについては、下地を耕し、生育に支障となるごみ、がれき、雑草を除去した後、水勾配をつけ、不陸整正を行う。その後、植付けに適した形に調整したものを植え、根の周りの空隙をなくすように根鉢の周りを適度に押さえて地均しした後、静かに灌水をする。

10-8-1　シバの植付け施工

　シバ（芝）の植付けは、国土交通省「公園緑地工事共通仕様書」（2018年4月）に基づき、以下のように行う。

①シバを現場搬入後は、材料を高く積み重ねて圧迫したり、長期間寒乾風や日光にさらして乾燥させたりしないように注意する。

②シバの張付けに先立って、設計図書に示す深さに耕し、表土をかき均し、生育に支障となるごみ、がれき、雑草を除去した後、良質土を設計図書に示す厚さに敷均し、不陸整正を行う。

③平坦地のシバの張付けについては、床土の上に切りシバを並べ、目土を入れた後、周囲に張り付けたシバが動かないように転圧する。

④傾斜地のシバの張付けについては、床土の上に切りシバを並べ、周囲に張り付けたシバが動かないように目串を2以上ずつ打込んで止める。

⑤目土を施す場合については、均し板で目地のくぼんだところに目土をかき入れ、かけ終えた後締固めを行う。

⑥シバ張付け完了後から引渡しまでの間、適切な管理を行わなければならない。

⑦シバおよび地被類の補植については、シバ付けおよび植付け箇所に良質土を投入し、不陸整正を行い、植付け面が隣接する植付け面と同一平面をなすよう、施工する。

10-8-2　シバ類の品質規格

　国土交通省「公園緑地工事共通仕様書」（2018年4月）などに基づいた規格を紹介する。

葉……正常な葉形、葉色を保ち、萎縮、徒長、蒸れがなく、生き生きとしていること。全体に、均一に密生し、一定の高さに刈込んであること。

匍匐茎（ほふく）……日本芝に適用し、ほふく茎が、生気ある状態で密生していること。

根……根が、平均にみずみずしく張っており、乾燥したり、土くずれのないもの。

病虫害……病害（病斑）がなく、害虫がいないこと。

雑草類……石が混じったり、雑草、異品種など混入していないこと。また、根際に刈りカスや枯れ葉が堆積していないこと。

10-8-3　シバ張りの歩掛り表

　シバ張りは、地拵え（ごしら）、植付け、目土かけ、小運搬などの作業を行うもので、施工歩掛りは、国土交通省「土木工事標準積算基準書」などに基づき、ベタ張り、目地張りに分けて、住宅エクステリア工事であることを考慮してまとめた。なお、現場条件などによりこれにより難い場合は別途考慮する。

表10-52 シバ（芝）ベタ張り歩掛り　　　　　　　　　　　　　　　　　　　　　　　m² 当たり

名称	摘要	単位	数量	備考
造園工		人	0.016	
普通作業員		人	0.03	
シバ（芝）	コウライ芝	m²	1.0	芝名を記入する
目土	畑土	m³	0.03	
諸雑費		%	5	芝串を必要とする場合のみ、労務費の合計額の5%を上限に計上
植栽割増費		式	1	労務費の0.5%を上限に計上

表10-53 シバ（芝）目地張り歩掛り　　　　　　　　　　　　　　　　　　　　　　　m² 当たり

名称	摘要	単位	数量	備考
造園工		人	0.016	
普通作業員		人	0.03	
シバ（芝）	コウライ芝	m²	0.7	芝名を記入する
目土	畑土	m³	0.03	目地張りの場合の数量は必要量
諸雑費		%	5	芝串を必要とする場合のみ、労務費の合計額の5%を上限に計上
植栽割増費		式	1	労務費の0.5%を上限に計上

10-8-4　その他の地被類植付け工

地被類の植付けはシバ類のほか、ササ類やタマリュウなどが主に扱われてきたが、草本類など多くの種類が加わってきた。ここでは、国土交通省「公園緑地工事共通仕様書」（2018年4月）に基づき、品質規格をまとめておく。

〈その他地被類の品質規格〉

形態……植物の特性に応じた形態であること。

葉……正常な葉形、葉色、密度を保ち、しおれや軟弱葉がなく、生き生きしていること。

根……根系の発達が良く、細根が多く、乾燥していないこと。

病虫害……発生がないもの。過去に発生したことのあるものについては、発生が軽微で、その痕跡がほとんど認められないよう育成されたものであること。

種子……腐れ、病虫害がなく、雑草の種子、きょう雑物を含まない良好な発芽率をもつものとし、品種、花の色・形態が、品質管理されたもので、粒径がそろっているものとする。

10-8-5　その他の地被類の植付け歩掛り表

その他地被類の植付けには、地拵え、植付け、小運搬を含む。ここでは、国土交通省「土木工事標準積算基準書」などに基づきコグマザサとタマリュウの歩掛り表を示す。地被としての標準的な植栽密度は44株/m²とした。なお、現場条件、植付け株数などの違いにより、これに適当でない場合は別途考慮する。

表10-54 コグマザサ植付け歩掛り　　　　　　　　　　　　　　　　　　　　　　　m² 当たり

名称	摘要	単位	数量	備考
造園工		人	0.048	
普通作業員		人	0.041	
ササ	コグマザサ・3芽立以上	株	44.0	1m² 当たり44株
植栽割増費		式	1	労務費の0.5%を上限に計上

表 10-55　タマリュウ植付け歩掛り　　　　　　　　　　　　　　　　　　　m² 当たり

名称	摘要	単位	数量	備考
造園工	地被類植付	人	0.042	
普通作業員		人	0.036	
タマリュウ	5芽立・コンテナ径9mm	m²	44.0	1m² 当たり44株
植栽割増費		式	1	労務費の0.5%を上限に計上

10-9　樹木整枝工

　樹木整姿工の範囲は、高中木整姿工、低木整姿工、樹勢回復工、その他これらに類する工種とする。対象となる植物の特性、樹木整姿の目的および樹木整姿が、対象植物におよぼす影響の度合いを十分理解したうえで、施工しなければならない。

　施工により発生する剪定枝葉、残材については、建設発生木材として処分しなければならない。また、建設発生木材を再利用する場合の処分方法については、設計図書による。

10-9-1　材料

　樹木整姿工に使用する材料、防腐剤の種類および材質については、設計図書によるものまたはこれと同等以上の品質とする。

10-9-2　発生材の処理

　樹木の整姿工では剪定により発生した枝葉の処理は欠かすことはできない（詳細は8-1　樹木の剪定と整姿を参照）。一般的には、場内で処理することはできないので、運搬処理することになる。剪定された枝葉などの発生材は重さで表すには適当でなく、一般的な運搬物として扱うことは難しいので、見掛けの「かさ量」として扱い、運搬に使用する2tトラックの1台当たりの経費で示す。また、燃料の軽油の消費量は1時間当たり4.4ℓ、一日当たり6時間を見込んで26.4ℓとする。

表 10-56　2tトラック運転歩掛り　　　　　　　　　　　　　　　　　　　　1台当たり

名称	摘要	単位	数量	備考
運転手	一般	人	1.0	
燃料費	軽油	ℓ	26.4	
機械損料	2tトラック	h	1.17	「建設機械等損料算定表」より

（注）　運転距離を考慮した計算
　　　A：機械損料の対象時間 (h/回) ＝Pr+(L+2)/V
　　　Q：1回当たりの燃料消費量 (ℓ/回) ＝{(Pr/2)+(L×2)/V}×q
　　　　　L：平均片道距離 (km)
　　　　　V：平均走行速度 (km/h)　　　　　　　　　30km/h
　　　　　Pr：1回当たりの積卸し、その他の時間　　0.9 h
　　　　　q：1時間当たりの燃料消費量 (ℓ/h)　　　　88kw×0.05ℓ/kw-h

表 10-57　2tトラック運転（片道8km）歩掛り　　　　　　　　　　　　　　1回当たり

名称	摘要	単位	数量	備考
運転手	普通一般運転	人	0.16	
燃料費	軽油	ℓ	2.34	
機械損料	2tトラック	h	0.2	「建設機械等損料算定表」

（注）　30km/hの速度で16kmを32分の運転、4.4ℓ/hなので、2.34ℓの燃料消費となる
　　　（表10-56、10-57ともに『造園集計積算マニュアル』[風間伸造ほか、建設物価調査会、2013]を参照）

10-9-3　高中木剪定・整枝工

樹木の適正な生育には、ある程度の剪定や樹姿を整えることが必要である。高中木の場合は、美観や台風対策を目的とする夏季剪定と、将来の樹木の形を決める冬季剪定・整枝に分けられる。樹木の剪定・整枝工では、樹木の手入れの程度と状況などにより、剪定の難易度は大きく左右される。

また、剪定・整枝後の枝葉などの発生材処理は「10-9-2　発生材の処理」で述べたように、見掛け上の「かさ量」として扱う。一般的に2t車での運搬を考え、一日6時間の運転を基本に、台数で示す。

A　施工

ここでは、国土交通省「公園緑地工事共通仕様書」（2018年4月）などに基づく施工の留意点をまとめておく。

①高中木整姿工の施工については、以下の各項による。
- 基本剪定の施工については、樹形の骨格づくりを目的とした人力剪定作業をもって、樹種の特性に応じた最も適切な剪定方法により行う。
- 軽剪定の施工については、樹冠の整正、混み過ぎによる枯損枝の発生防止を目的とした人力剪定作業をもって、切り詰め、枝抜きを行う。
- 機械剪定の施工については、機械を用いた刈込み作業で、樹種の特性に応じた最も適切な剪定方法によって行う。

②剪定の施工については、主として剪定すべき枝は、以下の各号による。
- 枯枝
- 成長のとまった弱小な枝（弱小枝）
- 著しく病虫害におかされている枝（病虫害枝）
- 通風、採光、架線、人車の通行の障害となる枝（障害枝）
- 折損によって危険をきたすおそれのある枝（危険枝）
- 樹冠や樹形の形成上および樹木の生育上不要な枝（冗枝、ヤゴ、胴ブキ、徒長枝、カラミ枝、フトコロ枝、立枝）

③剪定の方法については、以下の各号による。
- 修景上、規格形にする必要のある場合を除き、自然樹形仕立てとする。
- 樹木の上方や南側の樹勢が盛んな部分は強く、下方や北側の樹勢が弱い部分は弱く剪定する。
- 太枝の剪定は切断箇所の表皮が剥がれないよう、切断予定箇所の数10cm上よりあらかじめ切除し、枝先の重量を軽くしたうえ、切り返しを行い切除する。また、太枝の切断面には必要に応じて、防腐処理を施す。
- 樹枝については、外芽のすぐ上で切除する。ただし、しだれ物については内芽で切るものとする。
- 樹冠外に飛び出した枝切り取りや、樹勢回復するために行う切り返し剪定については、樹木全体の形姿に配慮し、適正な分岐点より長い方の枝を付け根より切り取る。
- 枝が混み過ぎた部分の中透かしや樹冠の形姿構成のために行う枝抜き剪定については、不必要な枝（冗枝）をその枝の付け根から切り取る。
- 花木類の手入れについては、花芽の分化時期を考慮し、手入れの時期および着生位置に注意する。

B　歩掛り表

国土交通省「土木工事標準積算基準書」などに基づき、住宅エクステリア工事であることを考慮してまとめた。

①常緑広葉樹

表10-58　常緑広葉樹中高木剪定（幹周30cm未満）歩掛り　　　1本当たり

名称	摘要	単位	数量	備考
造園工	剪定作業	人	0.24	
普通作業員		人	0.072	
発生材処分	2tトラック	台	0.01	

表10-59　常緑広葉樹中高木剪定（幹周30cm以上60cm未満）歩掛り　　　1本当たり

名称	摘要	単位	数量	備考
造園工	剪定作業	人	0.35	
普通作業員		人	0.096	
発生材処分	2tトラック	台	0.012	

表10-60　常緑広葉樹中高木剪定（幹周60cm以上90cm未満）歩掛り　　　1本当たり

名称	摘要	単位	数量	備考
造園工	剪定作業	人	0.56	
普通作業員		人	0.17	
発生材処分	2tトラック	台	0.024	

表10-61　常緑広葉樹中高木剪定（幹周90cm以上120cm未満）歩掛り　　　1本当たり

名称	摘要	単位	数量	備考
造園工	剪定作業	人	0.91	
普通作業員		人	0.28	
発生材処分	2tトラック	台	0.036	

表10-62　常緑広葉樹中高木剪定（幹周120cm以上150cm未満）歩掛り　　　1本当たり

名称	摘要	単位	数量	備考
造園工	剪定作業	人	1.7	
普通作業員		人	0.50	
発生材処分	2tトラック	台	0.06	

表10-63　常緑広葉樹中高木剪定（幹周150cm以上180cm未満）歩掛り　　　1本当たり

名称	摘要	単位	数量	備考
造園工	剪定作業	人	2.84	
普通作業員		人	0.85	
発生材処分	2tトラック	台	0108	

表10-64　常緑広葉樹中高木剪定（幹周180cm以上210cm未満）歩掛り　　　1本当たり

名称	摘要	単位	数量	備考
造園工	剪定作業	人	4.1	
普通作業員		人	1.22	
発生材処分	2tトラック	台	0.18	

第10章 植栽の積算

表10-65 常緑広葉樹中高木剪定（幹周210cm以上240cm未満）歩掛り　　1本当たり

名称	摘要	単位	数量	備考
造園工	剪定作業	人	5.47	
普通作業員		人	1.63	
発生材処分	2tトラック	台	0.264	

表10-66 常緑広葉樹中高木剪定（幹周240cm以上270cm未満）歩掛り　　1本当たり

名称	摘要	単位	数量	備考
造園工	剪定作業	人	6.95	
普通作業員		人	2.08	
発生材処分	2tトラック	台	0.36	

表10-67 常緑広葉樹中高木剪定（幹周270cm以上300cm未満）歩掛り　　1本当たり

名称	摘要	単位	数量	備考
造園工	剪定作業	人	8.54	
普通作業員		人	2.56	
発生材処分	2tトラック	台	0.47	
諸雑費		式	1	

②落葉広葉樹

表10-68 落葉広葉樹中高木剪定（幹周30cm未満）歩掛り　　1本当たり

名称	摘要	単位	数量	備考
造園工	剪定作業	人	0.08	
普通作業員		人	0.036	
発生材処分	2tトラック	台	0.01	

表10-69 落葉広葉樹中高木剪定（幹周30cm以上60cm未満）歩掛り　　1本当たり

名称	摘要	単位	数量	備考
造園工	剪定作業	人	0.17	
普通作業員		人	0.072	
発生材処分	2tトラック	台	0.012	

表10-70 落葉広葉樹中高木剪定（幹周60cm以上90cm未満）歩掛り　　1本当たり

名称	摘要	単位	数量	備考
造園工	剪定作業	人	0.35	
普通作業員		人	0.108	
発生材処分	2tトラック	台	0.024	

表10-71 落葉広葉樹中高木剪定（幹周90cm以上120cm未満）歩掛り　　1本当たり

名称	摘要	単位	数量	備考
造園工	剪定作業	人	0.91	
普通作業員		人	0.28	
発生材処分	2tトラック	台	0.036	

表 10-72　落葉広葉樹中高木剪定（幹周 120cm 以上 150cm 未満）歩掛り　　　　1 本当たり

名称	摘要	単位	数量	備考
造園工	剪定作業	人	1.7	
普通作業員		人	0.50	
発生材処分	2tトラック	台	0.06	

表 10-73　落葉広葉樹中高木剪定（幹周 150cm 以上 180cm 未満）歩掛り　　　　1 本当たり

名称	摘要	単位	数量	備考
造園工	剪定作業	人	2.84	
普通作業員		人	0.85	
発生材処分	2tトラック	台	0108	

表 10-74　落葉広葉樹中高木剪定（幹周 180cm 以上 210cm 未満）歩掛り　　　　1 本当たり

名称	摘要	単位	数量	備考
造園工	剪定作業	人	4.21	
普通作業員		人	1.26	
発生材処分	2tトラック	台	0.18	

表 10-75　落葉広葉樹中高木剪定（幹周 210cm 以上 240cm 未満）歩掛り　　　　1 本当たり

名称	摘要	単位	数量	備考
造園工	剪定作業	人	5.7	
普通作業員		人	1.70	
発生材処分	2tトラック	台	0.264	

表 10-76　落葉広葉樹中高木剪定（幹周 240cm 以上 270cm 未満）歩掛り　　　　1 本当たり

名称	摘要	単位	数量	備考
造園工	剪定作業	人	7.40	
普通作業員		人	2.22	
発生材処分	2tトラック	台	0.36	

表 10-77　落葉広葉樹中高木剪定（幹周 270cm 以上 300cm 未満）歩掛り　　　　1 本当たり

名称	摘要	単位	数量	備考
造園工	剪定作業	人	9.12	
普通作業員		人	2.74	
発生材処分	2tトラック	台	0.47	

③針葉樹

表 10-78　針葉樹中高木剪定（幹周 30cm 未満）歩掛り　　　　1 本当たり

名称	摘要	単位	数量	備考
造園工	剪定作業	人	0.24	
普通作業員		人	0.036	
発生材処分	2tトラック	台	0.01	

第 10 章　植栽の積算

表 10-79　針葉樹中高木剪定（幹周 30cm 以上 60cm 未満）歩掛り　　1 本当たり

名称	摘要	単位	数量	備考
造園工	剪定作業	人	0.36	
普通作業員		人	0.132	
発生材処分	2t トラック	台	0.012	

表 10-80　針葉樹中高木剪定（幹周 60cm 以上 90cm 未満）歩掛り　　1 本当たり

名称	摘要	単位	数量	備考
造園工	剪定作業	人	0.79	
普通作業員		人	0.23	
発生材処分	2t トラック	台	0.024	

表 10-81　針葉樹中高木剪定（幹周 90cm 以上 120cm 未満）歩掛り　　1 本当たり

名称	摘要	単位	数量	備考
造園工	剪定作業	人	1.60	
普通作業員		人	050	
発生材処分	2t トラック	台	0.036	

表 10-82　針葉樹中高木剪定（幹周 120cm 以上 150cm 未満）歩掛り　　1 本当たり

名称	摘要	単位	数量	備考
造園工	剪定作業	人	3.42	
普通作業員		人	1.04	
発生材処分	2t トラック	台	0.06	

表 10-83　針葉樹中高木剪定（幹周 150cm 以上 180cm 未満）歩掛り　　1 本当たり

名称	摘要	単位	数量	備考
造園工	剪定作業	人	5.12	
普通作業員		人	1.54	
発生材処分	2t トラック	台	0108	

表 10-84　針葉樹中高木剪定（幹周 180cm 以上 210cm 未満）歩掛り　　1 本当たり

名称	摘要	単位	数量	備考
造園工	剪定作業	人	6.84	
普通作業員		人	2.05	
発生材処分	2t トラック	台	0.18	

表 10-85　針葉樹中高木剪定（幹周 210cm 以上 240cm 未満）歩掛り　　1 本当たり

名称	摘要	単位	数量	備考
造園工	剪定作業	人	8.64	
普通作業員		人	2.59	
発生材処分	2t トラック	台	0.264	

表 10-86　針葉樹中高木剪定（幹周 240cm 以上 270cm 未満）歩掛り　　1 本当たり

名称	摘要	単位	数量	備考
造園工	剪定作業	人	10.37	
普通作業員		人	3.11	
発生材処分	2t トラック	台	0.36	

表 10-87　針葉樹中高木剪定（幹周 270cm 以上 300cm 未満）歩掛り　　1 本当たり

名称	摘要	単位	数量	備考
造園工	剪定作業	人	12.08	
普通作業員		人	3.62	
発生材処分	2t トラック	台	0.47	

10-9-4　軽剪定

　軽剪定は夏季に美観や台風対策を目的に行うもので、春に伸長した枝先を剪定したり、樹冠を一定の形に整える。軽剪定は、剪定を強くすると秋の充実期に向けて栄養活動を妨げ、樹勢が衰えることにもなる。樹木の手入れの程度や発生材の処理については「10-9-2　発生材の処理」「10-9-3　高中木剪定・整枝工」と同様である。

A　軽剪定の歩掛り表

　国土交通省「土木工事標準積算基準書」などに基づき、住宅エクステリア工事であることを考慮してまとめた。

①常緑広葉樹

表 10-88　常緑広葉樹中高木軽剪定（幹周 15cm 未満）歩掛り　　1 本当たり

名称	摘要	単位	数量	備考
造園工	剪定作業	人	0.06	
普通作業員		人	0.018	
発生材処分	2t トラック	台	0.004	

表 10-89　常緑広葉樹中高木軽剪定（幹周 15cm 以上 30cm 未満）歩掛り　　1 本当たり

名称	摘要	単位	数量	備考
造園工	剪定作業	人	0.14	
普通作業員		人	0.043	
発生材処分	2t トラック	台	0.005	

表 10-90　常緑広葉樹中高木剪定（幹周 30cm 以上 60cm 未満）歩掛り　　1 本当たり

名称	摘要	単位	数量	備考
造園工	剪定作業	人	0.23	
普通作業員		人	0.06	
発生材処分	2t トラック	台	0.006	

表 10-91　常緑広葉樹中高木剪定（幹周 60cm 以上 90cm 未満）歩掛り　　1 本当たり

名称	摘要	単位	数量	備考
造園工	剪定作業	人	0.36	
普通作業員		人	0.108	
発生材処分	2t トラック	台	0.012	

第10章　植栽の積算

表 10-92　常緑広葉樹中高木剪定（幹周 90cm 以上 120cm 未満）歩掛り　　1本当たり

名称	摘要	単位	数量	備考
造園工	剪定作業	人	0.6	
普通作業員		人	0.18	
発生材処分	2tトラック	台	0.018	

表 10-93　常緑広葉樹中高木剪定（幹周 120cm 以上 150cm 未満）歩掛り　　1本当たり

名称	摘要	単位	数量	備考
造園工	剪定作業	人	1.07	
普通作業員		人	0.324	
発生材処分	2tトラック	台	0.024	

表 10-94　常緑広葉樹中高木剪定（幹周 150cm 以上 180cm 未満）歩掛り　　1本当たり

名称	摘要	単位	数量	備考
造園工	剪定作業	人	1.79	
普通作業員		人	0.54	
発生材処分	2tトラック	台	0.048	

②落葉広葉樹

表 10-95　落葉広葉樹中高木剪定（幹周 15cm 未満）歩掛り　　1本当たり

名称	摘要	単位	数量	備考
造園工	剪定作業	人	0.016	
普通作業員		人	0.005	
発生材処分	2tトラック	台	0.004	

表 10-96　落葉広葉樹中高木剪定（幹周 15cm 以上 30cm 未満）歩掛り　　1本当たり

名称	摘要	単位	数量	備考
造園工	剪定作業	人	0.048	
普通作業員		人	0.017	
発生材処分	2tトラック	台	0.005	

表 10-97　落葉広葉樹中高木剪定（幹周 30cm 以上 60cm 未満）歩掛り　　1本当たり

名称	摘要	単位	数量	備考
造園工	剪定作業	人	0.10	
普通作業員		人	0.043	
発生材処分	2tトラック	台	0.006	

表 10-98　落葉広葉樹中高木剪定（幹周 60cm 以上 90cm 未満）歩掛り　　1本当たり

名称	摘要	単位	数量	備考
造園工	剪定作業	人	0.23	
普通作業員		人	0.084	
発生材処分	2tトラック	台	0.012	

第 10 章　植栽の積算

表 10-99　落葉広葉樹中高木剪定（幹周 90cm 以上 120cm 未満）歩掛り　　1本当たり

名称	摘要	単位	数量	備考
造園工	剪定作業	人	0.59	
普通作業員		人	0.18	
発生材処分	2tトラック	台	0.018	

表 10-100　落葉広葉樹中高木剪定（幹周 120cm 以上 150cm 未満）歩掛り　　1本当たり

名称	摘要	単位	数量	備考
造園工	剪定作業	人	1.07	
普通作業員		人	0.324	
発生材処分	2tトラック	台	0.024	

表 10-101　落葉広葉樹中高木剪定（幹周 150cm 以上 180cm 未満）歩掛り　　1本当たり

名称	摘要	単位	数量	備考
造園工	剪定作業	人	1.79	
普通作業員		人	0.54	
発生材処分	2tトラック	台	0.048	

③針葉樹

表 10-102　針葉樹中高木剪定（幹周 15cm 未満）歩掛り　　1本当たり

名称	摘要	単位	数量	備考
造園工	剪定作業	人	0.04	
普通作業員		人	0.004	
発生材処分	2tトラック	台	0.004	

表 10-103　針葉樹中高木剪定（幹周 15cm 以上 30cm 未満）歩掛り　　1本当たり

名称	摘要	単位	数量	備考
造園工	剪定作業	人	0.12	
普通作業員		人	0.049	
発生材処分	2tトラック	台	0.005	

表 10-104　針葉樹中高木剪定（幹周 30cm 以上 60cm 未満）歩掛り　　1本当たり

名称	摘要	単位	数量	備考
造園工	剪定作業	人	0.23	
普通作業員		人	0.10	
発生材処分	2tトラック	台	0.006	

表 10-105　針葉樹中高木剪定（幹周 60cm 以上 90cm 未満）歩掛り　　1本当たり

名称	摘要	単位	数量	備考
造園工	剪定作業	人	0.468	
普通作業員		人	0.144	
発生材処分	2tトラック	台	0.012	

表 10-106　針葉樹中高木剪定（幹周 90cm 以上 120cm 未満）歩掛り　　　1 本当たり

名称	摘要	単位	数量	備考
造園工	剪定作業	人	1.296	
普通作業員		人	0.384	
発生材処分	2tトラック	台	0.018	

表 10-107　針葉樹中高木剪定（幹周 120cm 以上 150cm 未満）歩掛り　　　1 本当たり

名称	摘要	単位	数量	備考
造園工	剪定作業	人	2.38	
普通作業員		人	0.708	
発生材処分	2tトラック	台	0.024	

表 10-108　針葉樹中高木剪定（幹周 150cm 以上 180cm 未満）歩掛り　　　1 本当たり

名称	摘要	単位	数量	備考
造園工	剪定作業	人	3.56	
普通作業員		人	1.07	
発生材処分	2tトラック	台	0.048	

10-9-5　低木剪定・整枝工

　低木の剪定・整枝工は手刈り、機械刈りに分けられ、歩掛りの基本単位は m^2 とする。さらに、剪定対象を寄植え、玉物、生垣に区別し、歩掛りの単位はそれぞれ、m^2、株、m とする。

　このうち、寄植えは仕上がり面の高さを基準に平面的な広がりのあるものとする。また、側面の刈り込みと脚立程度の足場も含むものとする。

　玉物は、生育期間を含め、継続的に整姿、剪定が行われてきた一本の樹木と捉え、一本または数本のまとまりであるかは問わず、整ったまとまりを一つの単位とする。

　生垣は、仕上がり高さを基準に、その長さを m 単位で表現する。生垣の両面、端部の刈り込みと、脚立程度の足場使用も含むものとする。

A　施工

　低木剪定・整枝工の施工については、国土交通省「公園緑地工事共通仕様書」（2018 年 4 月）などに基づく施工の留意点をまとめておく。記載のないものについては「10-9-3　高中木剪定・整枝工　A 施工」による。

- 枝の密生した箇所は中透かしを行い、目標とする樹冠を想定して樹冠周縁の小枝を輪郭線をつくりながら刈り込む。
- 裾枝の重要なものは、上枝を強く、下枝を弱く刈り込む。また、萌芽力の弱い針葉樹については弱く刈り込んで、萌芽力を損なわないよう、樹種の特性に応じ、十分注意しながら芽つみを行う。
- 大刈り込みは、各樹種の生育状態に応じ、目標とする刈り高に揃うように刈り込む。また、植え込み内に入って作業する場合は、踏み込み部分の枝条を損傷しないように注意し、作業終了後は枝条が元に戻るような処置を行う。

B　手刈り歩掛り表

　大刈り込みや高生垣などの刈り込みについては、別途割増し積算とする。玉物の刈り込みは、形の仕上がりを確認しながら行うもので、一株あるいは数株のまとまりを株とする単位で扱う。玉物は機械で刈り込むこともあるが、人力による手刈りで行う場合が多い。

　生垣の刈り込みは、植栽の幅よりも高さのある列植が対象になる。刈り込みの面は天端と表裏面となる。定期的に剪定されている場合が多く、発生材は少ないと考えるが、通常より発生材が多い場合は別途計上とする。

　国土交通省「土木工事標準積算基準書」などに基づき、住宅エクステリア工事であることを考慮してまとめた。

①低木

表 10-109　低木手刈り剪定工（高さ 1.5m 未満）歩掛り　　　　　　　　　　　　　m² 当たり

名称	摘要	単位	数量	備考
造園工	刈り込み作業	人	0.013	
普通作業員		人	0.004	
発生材処分	2t トラック	台	0.003	

表 10-110　低木手刈り剪定工（高さ 1.5m 以上 2.5m 未満）歩掛り　　　　　　　　m² 当たり

名称	摘要	単位	数量	備考
造園工	刈り込み作業	人	0.03	
普通作業員		人	0.008	
発生材処分	2t トラック	台	0.004	

表 10-111　低木手刈り剪定工（高さ 2.5m 以上）歩掛り　　　　　　　　　　　　　m² 当たり

名称	摘要	単位	数量	備考
造園工	刈り込み作業	人	0.04	
普通作業員		人	0.012	
発生材処分	2t トラック	台	0.005	

②玉物

表 10-112　玉物手刈り剪定工（径 0.45m 未満）歩掛り　　　　　　　　　　　　　株当たり

名称	摘要	単位	数量	備考
造園工	刈り込み作業	人	0.012	
普通作業員		人	0.005	
発生材処分	2t トラック	台	0.0008	

表 10-113　玉物手刈り剪定工（径 0.45m 以上 0.75m 未満）歩掛り　　　　　　　　株当たり

名称	摘要	単位	数量	備考
造園工	刈り込み作業	人	0.017	
普通作業員		人	0.006	
発生材処分	2t トラック	台	0.0024	

第10章 植栽の積算

表10-114 玉物手刈り剪定工（径0.75m以上1.2m未満）歩掛り　　株当たり

名称	摘要	単位	数量	備考
造園工	刈り込み作業	人	0.023	
普通作業員		人	0.008	
発生材処分	2tトラック	台	0.006	

表10-115 玉物手刈り剪定工（径1.2m以上）歩掛り　　株当たり

名称	摘要	単位	数量	備考
造園工	刈り込み作業	人	0.06	
普通作業員		人	0.02	
発生材処分	2tトラック	台	0.012	

③生垣

表10-116 生垣手刈り剪定工（径0.75m未満）歩掛り　　m当たり

名称	摘要	単位	数量	備考
造園工	刈り込み作業	人	0.008	
普通作業員		人	0.003	

表10-117 生垣手刈り剪定工（径0.75m以上1.5m未満）歩掛り　　m当たり

名称	摘要	単位	数量	備考
造園工	刈り込み作業	人	0.017	
普通作業員		人	0.006	

表10-118 生垣手刈り剪定工（径1.5m以上）歩掛り　　m当たり

名称	摘要	単位	数量	備考
造園工	刈り込み作業	人	0.023	
普通作業員		人	0.008	

C　機械刈り歩掛り表

　低木や生垣をトリマー（1.2PS、バリカン式刈り込み機）などにより機械刈りを行うもので、寄植えと生垣に区別して歩掛りを決めるものとする。玉物は原則として機械刈りは行わないものとする。刈り込み後の枝葉などの発生材処理に関しては、2tトラックを用いた手刈りの歩掛りと同様とする。

　国土交通省「土木工事標準積算基準書」などに基づき、住宅エクステリア工事であることを考慮してまとめた。

①低木

表10-119　低木寄植え機械刈り剪定工（高さ1.5m未満）歩掛り　　　　m² 当たり

名称	摘要	単位	数量	備考
造園工	刈り込み作業	人	0.007	
普通作業員		人	0.002	
燃料	ガソリン	ℓ	0.014	
機械損料	バリカン式トリマー1.2PS	日	0.007	
発生材処分	2tトラック	台	0.003	

表10-120　低木寄植え機械刈り剪定工（高さ1.5m以上2.5m未満）歩掛り　　　　m² 当たり

名称	摘要	単位	数量	備考
造園工	刈り込み作業	人	0.018	
普通作業員		人	0.006	
燃料	ガソリン	ℓ	0.037	
機械損料	バリカン式トリマー1.2PS	日	0.019	
発生材処分	2tトラック	台	0.004	

表10-121　低木寄植え機械刈り剪定工（高さ2.5m以上）歩掛り　　　　m² 当たり

名称	摘要	単位	数量	備考
造園工	刈り込み作業	人	0.025	
普通作業員		人	0.008	
燃料	ガソリン	ℓ	0.052	
機械損料	バリカン式トリマー1.2PS	日	0.026	
発生材処分	2tトラック	台	0.005	

②生垣

表10-122　生垣機械刈り剪定工（高さ0.75m未満）歩掛り　　　　m 当たり

名称	摘要	単位	数量	備考
造園工	刈り込み作業	人	0.005	
普通作業員		人	0.001	
燃料	ガソリン	ℓ	0.009	
機械損料	バリカン式トリマー1.2PS	日	0.005	

表10-123　生垣機械刈り剪定工（高さ0.75m以上1.5m未満）歩掛り　　　　m 当たり

名称	摘要	単位	数量	備考
造園工	刈り込み作業	人	0.009	
普通作業員		人	0.003	
燃料	ガソリン	ℓ	0.018	
機械損料	バリカン式トリマー1.2PS	日	0.01	

表10-124 生垣機械刈り剪定工（高さ1.5m以上）歩掛り　　　m当たり

名称	摘要	単位	数量	備考
造園工	刈り込み作業	人	0.037	
普通作業員		人	0.011	
燃料	ガソリン	ℓ	0.074	
機械損料	バリカン式トリマー1.2PS	日	0.04	

10-9-6　除草工

　除草工は、人力による除草と機械を使用する機械除草の2つに分けて考える。また、除草工の歩掛りには、場内の石やごみの除去、除草後の集草、積み込みを含むものとする。歩掛りの諸雑費は、ガソリン、鎌、熊手、竹ぼうき、ブルーシートなどの道具の費用で、労務費や機械損料などの合計額に諸雑費率を乗じたものとする。

　人力除草では抜根を含むものとする。集草の廃棄、処分については別途計上とする。機械除草の場合は抜根を含まないものとする。

A　除草工の歩掛り表

　人力除草、機械除草、集草廃棄運転場外搬出、除草剤散布について、国土交通省「土木工事標準積算基準書」などに基づき、住宅エクステリア工事であることを考慮してまとめた。

表10-125　人力除草（抜根を含む・除草、集草、積み込み）歩掛り　　　100m²当たり

名称	摘要	単位	数量	備考
普通作業員		人	1.08	
諸雑費率		％	5.0	労務費の5.0％を上限に計上

表10-126　機械除草（人力補助刈を含む、除草、集草、積み込み）歩掛り　　　100m²当たり

名称	摘要	単位	数量	備考
特殊作業員		人	0.17	
普通作業員		人	0.14	
軽作業員		人	0.009	
草刈機損料	肩掛け式カッター径255mm	日	0.03	
草刈機損料	ハンドガイド刈幅95cm	日	0.03	
諸雑費率		％	6.0	労務費と機械損料の合計額の6.0％を上限に計上

表 10-127　集草廃棄運転（2tトラック）場外搬出（1.7km 以下）歩掛り　　　1 台当たり

名称	摘要	単位	数量	備考
運搬時間	2tトラック	h	0.1	

表 10-128　集草廃棄運転（2tトラック）場外搬出（6.0km 以下）歩掛り　　　1 台当たり

名称	摘要	単位	数量	備考
運搬時間	2tトラック	h	0.5	

表 10-129　集草廃棄運転（2tトラック）場外搬出（12.0km 以下）歩掛り　　　1 台当たり

名称	摘要	単位	数量	備考
運搬時間	2tトラック	h	0.8	

注）　運転距離および運転時間は片道として計算。
　　　人工集中地区として考える。
　　　自動車専用道路を利用する場合は別途計上とする。

表 10-130　除草剤散布歩掛り　　　100m² 当たり

名称	摘要	単位	数量	備考
普通作業員		人	0.24	
除草剤	ランドアップ	ℓ	2.4	
動力噴霧器		日	0.18	
燃料費	ガソリン	ℓ	0.83	
諸雑費率		%	6	

（注）　除草剤（ランドアップ）は 100m² 当たり 240mℓ を 25 倍希釈する。
　　　諸雑費は保護具およびタンクなどの費用でありであり、労務費および機械費の合計額に上表の率を乗じた金額を上限として計上する。

引用・参考文献

長谷川秀三「土壌診断の方法について」『グリーン・エージ』2008年8月号、日本緑化センター
今井久「樹木根系の斜面崩壊抑止効果に関する調査研究」『ハザマ研究年報（2008.12）』間組
佐藤孝夫・斎藤昌「樹木の根の特性と植え方」『光珠内季報』北海道立林業試験場、1984
「建築と一体で考える［緑］の作法」『建築知識』2000年6月号、建築知識
建築知識別冊『緑のデザイン図鑑』建築知識、1998
山崎誠子、建築知識編集部『新・緑のデザイン図鑑』エクスナレッジ、2009
藤原俊六郎『図解　土壌の基礎知識』農山漁村文化協会、2013
高橋英一『「根」物語　地下からのメッセージ』研成社、1994
小林達治『根の活力と根圏微生物（自然と科学技術シリーズ）』農山漁村文化協会、1986
「土壌診断なるほどガイド」全国農業協同組合連合会肥料農薬部、2008
鈴木恕、毛利秀雄『解明　新生物』文英堂、1987
宮脇昭編『日本の植生』学習研究社、1977
「環境緑地帯の道路交通騒音低減効果」東京都土木技術センター年報（ISSN1882-2657、14）、2008
「大気浄化植樹マニュアル　2014年度改訂版」環境再生保全機構、2015
藤沼康実、町田孝、岡野邦夫、名取俊樹、戸塚績「大気浄化植物の検索　広葉樹における葉面拡散抵抗特性の種間差異」『国立公害研究所研究報告』第82号、1985
久野春子・横山仁「都市近郊の大気環境下における樹木の生理的特徴（Ⅱ）　24樹種のガス交換速度」『日本緑化工学会誌』第28巻第4号、2003
「ヒートアイランド対策ガイドライン　平成24年度版」環境省
鶴島久男『花き園芸ハンドブック』養賢堂、2008
福嶋司『図説　日本の植生』朝倉書店、2017
高田研一、高梨武彦、鷲尾金弥『森の生態と花修景（環境デザインシリーズ　ランドスケープデザイン）』角川書店、1998
林野庁『森林インストラクター入門』全国林業改良普及協会、1992

只木良也、吉良竜夫編『ヒトと森林　森林の環境調節作用』共立出版、1982
藤井義晴「植物のアレロパシー」『化学と生物』28 巻 7 号、日本農芸化学会、1990
『すてきなガーデンデザイン　素材 & 植物成功実例 500』主婦と生活社、2002
『住まいの和庭　日本の美と心を楽しむ』ニューハウス出版、2003
ロビン・ウィリアムズ著、志田憲一翻訳『英国王立園芸協会ガーデンデザインブック』メイプルプレス、2001
船越亮二『カラー図解　庭木の手入れコツのコツ』農山漁村文化協会、2010
青木孝一、真行寺孝『芝生（シバ）NHK 趣味の園芸・作業 12 か月』日本放送出版協会、1995
浅野義人、加藤正広『芝生（NHK 趣味の園芸　よくわかる栽培 12 か月）』NHK 出版、2005
武井和久『一年中美しい　家庭で楽しむ芝生づくり 12 か月』家の光協会、2016
『家庭でできる！　芝生とグラウンドカバー』主婦の友社、2018
藤原二男『花木・庭木・家庭果樹の病気と害虫　樹種別診断と防除』誠文堂新光社、2008
川上幸男、鷲尾金弥『花の造園　都市空間のフロリスケープ』経済調査会、1996
鶴島久男『花卉生産マニュアル　技術革新と経営戦略』養賢堂、1997
『造園施工必携　改訂新版』日本造園組合連合会、2008
樋口春三監修、花卉懇談会編集『なんでもわかる花と緑の事典』六耀社、1996
肥土邦彦、植原直樹『園芸植物　庭の花・花屋さんの花』小学館、1995
「剪定技術のワンポイントアドバイス」日本緑化センター、2002
「街路樹維持標準仕様書（緑地管理編）」東京都建設局公園緑地部、2013
『改訂 22 版　工事歩掛要覧〈建築・設備編〉』経済調査会、2018
『改訂 20 版　造園修景積算マニュアル』建設物価調査会、2013
『改訂 5 版　公園・緑地の維持管理と積算』経済調査会、2016
「公園緑地工事共通仕様書」国土交通省、2018
「公共工事設計労務単価」国土交通省、2018
「土木工事標準積算基準書」国土交通省、2018

一般社団法人　日本エクステリア学会　事務局
〒166-0003　東京都杉並区高円寺南 4-10-2-201
TEL　03-3312-8764　　FAX　03-3312-6317
http://es-j.net/　　　front@es-jp18.net

エクステリアの植栽
基礎からわかる計画・施工・管理・積算

発行	2019年3月5日　初版第1刷
編著者	一般社団法人　日本エクステリア学会
発行人	馬場　栄一
発行所	株式会社　建築資料研究社 〒171-0014 東京都豊島区池袋2-38-2 COSMY-Ⅰ　4階 tel. 03-3986-3239 fax.03-3987-3256 http://www2.ksknet.co.jp/book/
装丁	加藤　愛子（オフィスキントン）
印刷・製本	大日本印刷　株式会社

ISBN 978-4-86358-617-8
Ⓒ 建築資料研究社 2019, Printed in Japan
本書の複写複製、無断転載を禁じます。
万一、落丁・乱丁の場合はお取り替えいたします。